普 通 高 等 教 育 一 流 本 科 专 业 建 设 成 果 教 材

# 能源化学工程概论

田 斌 李 卓 赵 炜 编

U0231225

化学工业出版社

·北京·

**内容简介**

《能源化学工程概论》全面介绍了当前人类在使用现有能源和开发新能源过程中所涉及的化学、化工的原理、方法和技术。全书共分 9 章，包括绪论、煤炭利用技术、石油炼制与化工、天然气转化与利用、生物质转化与利用、储能技术、燃料电池与氢能、太阳能转化技术、碳中和与 CCUS 技术。本书在内容的广度和深度上取了平衡，突出了知识的趣味性、内容的新颖性以及理念的前瞻性。

本书可作为高等院校能源化学工程、化学工程与工艺、碳储科学与工程、新能源科学与工程、应用化学等专业的教材，也是一本普及性的能源化学工业读物，可供化工、能源、材料、环保、电力等部门从事研究、设计和生产的工程技术人员参考。本书配有教学 PPT，可供老师教学使用。

**图书在版编目（CIP）数据**

能源化学工程概论 / 田斌，李卓，赵炜编 . —北京：
化学工业出版社，2023. 12
　　ISBN 978-7-122-44761-6

Ⅰ. ①能… Ⅱ. ①田… ②李… ③赵… Ⅲ. ①能源-化学工程-高等学校-教材 Ⅳ. ①TK01

中国国家版本馆 CIP 数据核字（2023）第 236848 号

责任编辑：丁文璇　　　　　　　文字编辑：刘　莎　师明远
责任校对：刘　一　　　　　　　装帧设计：张　辉

出版发行：化学工业出版社
　　　　　（北京市东城区青年湖南街 13 号　邮政编码 100011）
印　　刷：三河市航远印刷有限公司
装　　订：三河市宇新装订厂
787mm×1092mm　1/16　印张 13¾　字数 352 千字
2024 年 6 月北京第 1 版第 1 次印刷

购书咨询：010-64518888　　　　售后服务：010-64518899
网　　址：http://www.cip.com.cn
凡购买本书，如有缺损质量问题，本社销售中心负责调换。

定　　价：45.00 元　　　　　　　版权所有　违者必究

# 前 言

　　能源是人类社会赖以生存和发展的重要物质基础，国民经济的发展离不开优质能源的出现和先进能源技术的使用，能源的供给关系到国家安全，是社会发展的全局性、战略性问题，各个国家都无比重视能源的开发和利用。

　　当前，煤炭、石油和天然气等化石能源仍然是世界的主要能源。在"双碳"背景和产业升级的要求下，用好化石能源，发展低碳、清洁和高效的化石能源利用技术是保障能源安全、支撑经济快速发展的关键。而要实现化石能源（尤其是煤炭）的清洁、低碳利用，离不开化学、化工领域的基本原理、转化方法与技术。例如，未来煤炭利用的方向是制备特种材料和化学品等，发挥其资源属性，这要以煤化工技术为基础，发展新型煤转化技术路线。

　　人类目前面临着化石能源枯竭、环境污染和全球变暖等一系列严峻问题，开发可再生能源、新能源和新材料是应对上述问题、实现人类社会可持续发展的重要途径。生物质能、氢能和太阳能等新型能源的开发、利用和存储过程仍需要化学、化工过程的强力支撑。

　　为了尽早实现"双碳"目标并保护人类健康，管控好 $CO_2$、治理好能源开发和利用过程中的污染问题也是当前的重要任务。化学、化工过程在调整能源结构，提高能源利用效率以及支撑 $CO_2$ 减排、$CO_2$ 分离和储存、$CO_2$ 资源化利用以及 $CO_2$ 封存等技术的开发方面同样扮演着重要角色。而污染物的治理以及废弃物再利用技术的开发也主要通过化工过程来实现。

　　随着越来越多的化学化工过程应用于能源的开发和利用，能源化学工程这一新兴学科应运而生。凡是在能源的开发和利用中涉及化学、化工学科体系内容的过程都属于能源化学工程范畴，其内涵是用化学工程科学应对能源问题。能源化学工程产品应用非常广泛，关系到人类衣食住行的各个方面和国民经济的各个领域。在此背景下，形成了能源化学工程这一战略性新兴产业相关的本科新专业，本教材亦为西北大学国家级一流本科专业建设成果之一。本书配套在线课程已在学堂在线精品在线课程学习平台上线。

　　本书由西北大学田斌、李卓、赵炜、徐龙、代成义、朱燕燕和焦林郁编写，第 1 章由田斌和徐龙编写，第 2 章由田斌和焦林郁编写，第 3 章由田斌和朱燕燕编写，第 4 章由田斌和代成义编写，第 5 章由田斌编写，第 6 章和第 9 章由赵炜编写，第 7 章由李卓编写，第 8 章由田斌和李卓编写。每章章后附有思考题答案二维码，可扫码查看。

　　本书得到西北大学"双一流"建设项目资助。在本书编写过程中参考了大量文献资料，也受到业内各高校和企业专家的指点，在此向这些文献的作者们和专家们表示衷心感谢。特别感谢研究生仲梦茹、杨龙和司琦对全书插图的处理与重构。

　　本书涉及的知识面较宽，限于编者水平，书中难免有不妥之处，恳请读者给予批评指正。

编者

2023 年 7 月

# 目 录

# 第 4 章　天然气转化与利用　　58

## 第5章 生物质转化与利用     **82**

## 第6章 储能技术     **113**

## 第7章　燃料电池与氢能　　140

## 第8章　太阳能转化技术　　166

# 第9章　碳中和与 CCUS 技术　　192

# 第 1 章

# 绪 论

　　能源是可以提供能量的资源，是国民经济的重要物质基础，人类社会的发展离不开优质能源的出现和先进能源技术的使用，能源的开发和有效利用程度以及人均消费量是生产技术和生活水平的重要标志。本章主要介绍能源利用和发展历史、能源种类、能源消费情况、能源利用与转化形式、化工过程与能源利用的关系等内容。

## 1.1　能源利用历史

　　纵观人类文明发展，随着社会生产力和科技水平的进步，人类利用能源的历史经历了五个阶段：①火的发现和利用；②风力、水力等自然动力的利用；③化石燃料的开发与利用；④电力的发现、开发和利用；⑤新型可再生能源的开发和利用。在上述能源历史阶段中人类社会经历了三个能源时期——柴薪时期、煤炭时期和石油时期，能源消费结构经历了两次大转变，并正在经历着第三次大转变。

　　火的发现和利用是人类第一次支配一种自然力量，从刀耕火种的原始农业，到烧制陶器、冶炼铜器等都离不开火的发现和利用。在 18 世纪前人类主要以柴薪和秸秆等生物质燃料来生火、取暖和照明，而且木材在世界能源消费结构中长期占据主导，该时期也被称为柴薪时期。

　　18 世纪 60 年代开始，产业革命的兴起推动了人类历史上第一次能源大转变。出现了以煤炭作燃料的蒸汽机，蒸汽机的广泛应用使煤炭迅速成为第二代主体能源，在世界一次能源消费结构中所占的比重从 1860 年的 25％上升到 1920 年的 62％。蒸汽机的发明和使用，大大提高了劳动生产力，同时也促进了煤炭勘探、开采和运输业的大发展。19 世纪以来，电磁感应现象的发现使得由蒸汽轮机作动力的发电机开始出现，煤炭作为一次能源被转换成更加便于输送和利用的二次能源——电能。此时，蒸汽机逐渐被电动机取代，油灯、蜡烛被电灯取代，电力逐渐成为工矿企业的主要动力，成为生产动力和生活照明的主要来源，这时的电力工业主要是以煤炭为燃料。

　　随着石油、天然气资源的开发和利用，世界又进入了能源利用的新时期——石油时期。1854 年，美国宾夕法尼亚州打出了世界上第一口油井，石油工业由此开启。19 世纪末，人们发明了以汽油和柴油为燃料的内燃机，福特研制成功了第一辆汽车。此后，汽车、飞机、柴油机轮船、内燃机车、石油发电等快速普及，石油以及天然气的开采与消费大幅度增加。到 1959 年，石油和天然气在世界能源构成中的比重由 1920 年的 11％上升到 50％，而煤炭的比重则由 87％下降到 48％，至此，石油和天然气首次超过煤炭，占据第一位，成为第三代主体能源，世界进入了石油时期。

　　煤、石油和天然气等化石能源的大规模使用，虽然创造了人类社会发展史上的空前繁荣，但也给全球环境带来了严重的污染。温室效应、化石能源枯竭、生态环境破坏等已成为威胁人类生存和发展的严重问题。为了解决这一系列的问题，人类不得不大力开发和发展太阳能、地热能、海洋能、风能、生物质能和核能等新能源。随着新能源的开发和利用，从20世纪70年代开始，人类能源消费结构进入了新的转变期，即从以石油、天然气为主转向以清洁、低碳和可再生的新能源为主，但预计这次转变将经历一个漫长的过程。

## 1.2　能源的分类

　　能源种类繁多，而且经过人类不断的开发与研究，出现了更多形式的能源，并被人类所利用。根据不同的划分方式，能源也可分为不同的类型，主要有以下几种：

　　(1) 按能源的生产方式分类

　　从能源生产方式角度看能源可分为一次能源和二次能源。一次能源是指自然界中以天然形式存在的、未经过人为加工或转换的、可供直接使用的能量资源，主要包括煤炭、石油、天然气、水力资源，以及风能、太阳能、生物质能、地热能和核能等能源。二次能源是指由一次能源加工转化而成的能源产品，如电力、煤气、蒸汽、焦炭、氢能、沼气以及各种石油产品等。

　　(2) 按能源是否可再生分类

　　按能源的循环方式及是否可再生，一次能源又可进一步分为可再生能源和非再生能源。可再生能源是可以不断得到补充或能在较短周期内再产生的能源，如水能、太阳能、风能、地热能、潮汐能、生物质能等。随着人类的使用会越来越少的能源称为非再生能源，如煤炭、石油、天然气、油页岩等。

　　(3) 按能源使用的类型分类

　　根据能源使用的类型可分为常规能源和新型能源。技术上成熟、普遍使用的能源为常规能源，包括一次能源中可再生的水力资源和不可再生的煤炭、石油、天然气等资源。新型能源是采用新技术和新材料获得的，目前正在研究和开发、尚未大规模应用的能源，包括太阳能、风能、地热能、海洋能、生物能、氢能，以及用于核能发电的核燃料等能源。新能源虽然只能因地制宜地开发和利用，但新型能源大多数是可再生能源，资源丰富，分布广阔，是未来的主要能源。

　　(4) 按使用过程中能否造成污染分类

　　从环境污染的角度，能源可分为污染型能源和清洁型能源。污染型能源是利用过程中会对环境造成污染的能源，包括煤炭、石油等。清洁型能源是对环境无污染或污染很小的能源，包括太阳能、水能、海洋能、风能以及核能等。污染型能源和清洁型能源是相对的，若在利用过程中能将污染有效控制，污染型能源同样可以做到清洁利用。

　　(5) 按地球上能源的来源分类

　　根据地球上能源的成因，可将能源分为以下三类：

　　① 地球本身蕴藏的能源，如核能、地热能等。

　　② 来自地球外天体的能源，如宇宙射线及太阳能，以及由太阳能引发的水能、风能、波浪能、海洋温差能、生物质能和化石燃料等。

　　③ 地球与其他天体相互作用的能源，如潮汐能。

　　(6) 按能源的性质进行分类

　　按能源性质不同可将能源分为燃料型能源，如煤炭、石油、天然气、泥炭、木材等，以及非燃料型能源，如水能、风能、地热能、海洋能等。

　　能源的分类形式多种多样，没有固定统一的标准，某个能源按不同分类方法可具备多种能源属性，例如太阳能既属于新能源，还属于一次能源，也属于可再生能源。

## 1.3　能源消费状况

　　社会的进步和经济的发展持续拉动着能源的快速增长。如图 1-1 所示，1965 年世界一次能源消费量为 $1.55 \times 10^{20}$ J，至 2021 年增加到 $5.95 \times 10^{20}$ J，世界一次能源消费年均增加约 5%，预计到 2050 年世界一次能源消费量将突破 $7.30 \times 10^{20}$ J。自第二次工业革命以来，化石能源的消费量急剧上涨，起初形成了以煤炭为主的消费格局。进入 20 世纪以后，尤其是第二次世界大战以来，石油和天然气的消费量持续增加，石油取代了煤炭成为最主要的能源。根据 BP（英国石油公司）年鉴数据，石油占世界一次能源消费量的比重在 1973 年达到峰值，约为 48.7%，随后逐年降低，到 2021 年，石油占比为 30.9%。天然气所占份额不断提升，由 1965 年的 15.8% 上升到 2021 年的 24.4%，提高了约 9%；煤炭的占比在 1999 年降到最低点后（约 25%），又出现小幅回升，近几年占比维持在 27% 左右；核能的占比在经历了短暂上升后又开始下滑，到 2021 年占比不到 4.3%；可再生能源的消费量在过去几十年间一直稳步增加，其中主要以水电为主，所占比重由 1965 年的 5.6% 上升到 2021 年的 13.4%，提高了约 8%。由图 1-1 可见，迄今为止，石油仍然是最重要的能源，化石能源之间的消费比例此消彼长，它们占世界一次能源消费量的比重一直维持在 80% 以上，核能以及可再生能源的占比依旧很小。

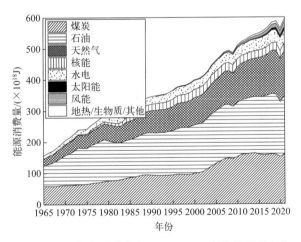

图 1-1　世界各能源形式在 1965～2021 年的消费量变化

　　我国对能源的需求量也与经济的发展密切相关，自 2001 年加入 WTO 以来的 10 年，经济高速增长，能源消费总量从 2000 年的 16.7 亿吨标煤增加到 2010 年的 36.1 亿吨标煤，年均增速超过 10%。自 2011 年后我国经济增速放缓，同时对能源的消费量也随之放缓，2011 年之后的 10 年能源消费年均增速不到 3%。

　　我国是一个"富煤贫油少气"的国家，煤炭长期在一次能源消费中占主导，但在国家环保理念和"双碳"背景的影响下，煤炭在能源结构中的比重持续下降，从 2000 年的 70% 左右降低到 2022 年的 56% 左右，未来煤炭的消费比例仍将持续降低，但仍是主要能源。由于我国石油对外依存度大，其消费占比在过去 20 多年中基本维持在 18% 左右，近三年我国全年石油表观消费量都在 7 亿吨左右，未来石油的消费占比将有微弱的下降。天然气作为清洁能源，在能源结构中的比例将持续上升，2021 年我国天然气消费量为 3726 亿立方米，占比 8.9%。当前我国正在大力发展水电、核电、太阳能、风能、生物质能等清洁能源，它们在能源结构中的比例在逐年增加，未来有望取代传统化石能源。表 1-1 列出了 2000～2022 年我国能源消费总量与能源结构变化。

表 1-1　2000～2022 年我国能源消费总量与能源结构变化

| 年份 | 能源消费总量/亿吨标煤 | 煤炭占比/% | 石油占比/% | 天然气占比/% | 清洁能源占比/% |
|---|---|---|---|---|---|
| 2000 | 16.7 | 68.5 | 22.0 | 2.2 | 7.3 |
| 2005 | 26.1 | 72.4 | 17.8 | 2.4 | 7.4 |
| 2010 | 36.1 | 69.2 | 17.4 | 4.0 | 9.4 |
| 2011 | 38.7 | 70.2 | 16.8 | 4.6 | 8.4 |
| 2012 | 40.2 | 68.5 | 17.0 | 4.8 | 9.7 |
| 2013 | 41.7 | 67.4 | 17.1 | 5.3 | 10.2 |
| 2014 | 42.6 | 66.0 | 17.1 | 5.7 | 11.2 |
| 2015 | 43.0 | 64.0 | 18.1 | 5.9 | 12.0 |
| 2016 | 44.1 | 62.2 | 18.3 | 6.2 | 13.3 |
| 2017 | 45.6 | 60.6 | 18.8 | 7.2 | 13.6 |
| 2018 | 47.2 | 59.0 | 18.9 | 8.0 | 14.1 |
| 2019 | 48.7 | 57.7 | 18.9 | 8.1 | 15.3 |
| 2020 | 49.8 | 56.8 | 18.9 | 8.5 | 15.9 |
| 2021 | 52.4 | 56.0 | 18.7 | 8.9 | 16.4 |
| 2022 | 54.1 | 56.2 | 18.1 | 8.5 | 17.4 |

## 1.4　能源的利用与转化

能够直接用作终端能源的一次能源是很少的，大部分一次能源需要转换成二次能源（电力，用作燃料的各种石油制品、焦炭、煤气、热能、氢能等），以便运输、分配和提高终端使用效率，也有利于更清洁地使用。能源的利用与转换形式和能量的转化形式密切相关。如图 1-2 所示，能量是物质的一种形态，具有多种表现形式，按照物质不同运动形式分类，主要有机械能、内能、光能、化学能以及电能。

机械能是动能与势能的总和，是表示物体运动状态与位置的物理量，包含自然界中的风能、潮汐能、水能和波浪能。内能是物体内部全部分子做热运动时的分子动能和分子势能的总和，主要表现为物质所具有的热，内能的大小与物质的数量和温度成正比，自然系统中几乎所有物质都具有内能，如地热、余热、水蒸气热等。光能指一切发光物发出的光的能量，其实质是光子运动对应的能量形式，如太阳、蜡烛等发光物体所释放出的辐射能量以及热能。化学能是物质在发生化学反应过程中由于原子最外层电子运动状态的改变而吸收或者释放的能量，化学能是一种很隐蔽的能量，它不能直接用来做功，只有在发生化学变化的时候才可以释放出来，变成热能或者其他形式的能量，例如石油、煤、天然气、生物质和氢气的燃烧放热。电能指电以各种形式做功的能力，也就是电产生能量的能力。

上述五种类型的能量通过一定的途径和装置可相互转化，转化形式共有 20 种（图 1-2），但在能源的利用过程中所涉及的转化形式主要有以下几种：

① 化学能到内能的转变。煤炭、石油、天然气、生物质等常规燃料以及核燃料（铀、钍、钚等）通过燃烧、核聚变反应过程可将化学能转化为介质的内能（热能）。

② 内能到机械能的转变。在蒸汽机、燃气轮机、内燃机等热机系统中通过膨胀做功可将物质内能转变为机械能。

③ 机械能到电能的转变。利用发电机和压电反应可将蒸汽、风、水所蕴含的机械能转变为电能。

④ 化学能到电能的转变。利用各种形式的蓄电池和燃料电池系统可将物质中的化学能直接转变为电能。

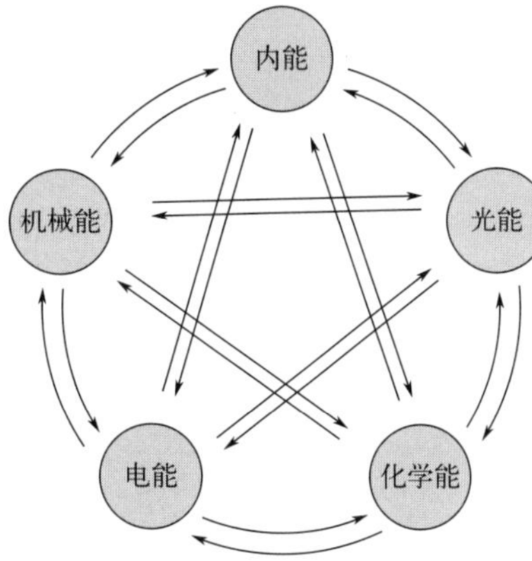

图 1-2 能量的转化形式

⑤ 光能到电能的转变。通过各种形式的太阳能电池，利用半导体的光生伏特效应可将以太阳能为代表的光能转变为电能。

⑥ 光能到化学能的转变。利用半导体在光照下激发出电子和空穴对来进行光化学反应和光化学合成等过程可将光能转变为化学能。

⑦ 电能到化学能的转变。蓄电池的充电过程以及电解过程（电解水制氢）都可将电能转化为化学能。

## 1.5　化工在能源利用与转化中的作用

能源与化工的关系非常密切，化工在能源利用与转换中的作用主要表现在以下四个方面：

① 化学化工科学和技术强力支持着能源的利用与转化过程。一次能源往往无法直接利用，而是通过将一次能源转化为其他各种形式的能量，再进行利用，例如将化石燃料中的化学能通过燃烧转变为内能，再通过汽轮机转变为机械能，最后通过发电机将机械能转变为电能。上述的能量转换方式仅是形态的转变，能量转换还包括能量的转移。能量在空间上的转移就是能量的传输，而在时间上的转移就是能量的储存。能量的传输和储存过程都需要特定的物质载体，例如石油、天然气等能源通过输油输气管道实现能量的传输，而蓄电池、燃料电池等可以实现化学能的储存。这些能量的转换以及在时间和空间上的转移大多是以化学化工知识为基础的。化学化工所研究的内容不仅涉及物质的组成、结构、性质以及变化规律等化学方面的内容，还包括物质组成和位置的变化、反应、传质、传热和动量传递等化工过程工程方面的内容。

② 许多一次能源及其衍生产品不仅是能源，还是化学工业的基础原料。例如，以传统三大化石能源或生物质为原料生产合成气的化工过程中，它们既提供转化过程中所需的能源，同时又是原料，两者合二为一；再如以石油为基础，已经形成了现代化的石油化学工业，生产出成千上万种石油化工产品，石油的加工和炼制过程所需的能量大部分都需要通过消耗自身而自给。因此，能源的转换离不开化工，化工过程也需要能源。

③ 当前油气资源替代技术的开发也要依靠化学化工过程。石油和天然气资源的匮乏和危机问题是国家能源安全的重大挑战。为了解决这个问题，人们又转向化工过程寻求出路，各种以煤和生物质为原料来制油、制天然气的过程应运而生。例如通过煤直接液化技术可以

实现从固体煤到燃料油和液化气的转变，通过煤气化以及费托合成可实现煤炭间接液化，制备汽柴油、石蜡和液化气。通过生物质热解、气化可将可再生的生物质资源转变为油气资源。目前，虽然以煤、生物质为原料，通过热解、气化和费托合成法制取发动机燃料和气体燃料的工艺较复杂，且技术在工业应用过程还存在一些问题，但对煤炭资源丰富且廉价、石油资源贫缺的国家或地区来说，尤其是在原油价格处于高位时，不失为是一种可行的方法。

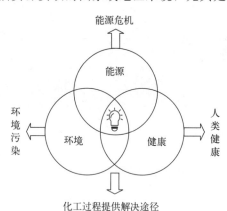

图 1-3　化工过程与能源、环境、健康的关系

④ 化工过程可以解决能源利用过程中的污染问题、应对能源危机、保护人类健康，是有效解决上述问题的途径（图 1-3）。化石能源的过度使用首先带来了一系列环境问题，例如化工生产过程中气体物质不达标排放所造成的臭氧空洞、酸雨、光化学污染以及大气 $PM_{2.5}$ 问题，工业生产废水未彻底净化而排放所引起的水体、土壤污染问题以及固废随意堆放所引起的土壤和周边环境问题等等。随着工业生产规模的不断发展，各种污染物的排放逐年上升。气体净化、污水治理以及固废资源化、无害化处理等环境污染治理领域仍然离不开化学化工手段。其次，过度依赖化石能源导致大气中的 $CO_2$ 浓度剧增，进而产生温室效应，在当前"双碳"背景下，化学化工过程在调整能源结构、提高能源利用效率以及支撑 $CO_2$ 减排、$CO_2$ 的分离和储存、$CO_2$ 资源化利用以及 $CO_2$ 封存等技术的开发方面同样扮演着重要角色。此外，为了人类社会的可持续发展，提高化石能源利用效率、大力开发新型可再生能源、最大限度地减少有害物质和温室气体排放，努力构建绿色、低碳、高效、安全的能源系统是未来各国都要实现的能源发展目标。通过改进化工生产工艺和系统能量优化既能降低生产成本，还可提高能源利用效率和经济效益；在化工生产过程设置污染物控制和净化系统可有效降低有害物质和温室气体排放；新理论、新技术、新材料和新型化工系统的研究与开发，是可再生能源、绿色能源以及新型能源发展与应用的关键，对建设低碳经济、构建未来人类低碳社会具有举足轻重的作用。

 思考题

1. 人类对能源的利用经历了哪几个阶段？
2. 新能源与可再生能源之间有何关系？
3. 人类利用能源过程中涉及的能量转化形式主要有哪些？
4. 化工过程在能源的转化和利用中有哪些方面的作用？

思考题答案

◆ 参考文献 ◆

［1］　高晓明. 能源与化工技术概论. 西安：陕西科学技术出版社，2017.
［2］　李文翠，胡浩权，鲁金明. 能源化学工程概论. 北京：化学工业出版社，2015.
［3］　BP. BP Statistical Review of World Energy 2022, https://www.bp.com.

# 第2章
# 煤炭利用技术

煤炭在人类能源利用历程中扮演着重要角色，当前煤炭是我国的主要能源形式，但在"双碳"背景下，煤炭的消费比例会不断下降，未来将以更清洁、更低碳的形式被利用。本章首先介绍煤炭利用历史、煤的物化特性以及传统煤炭利用技术；在此基础上重点介绍当前煤化工领域中以生产燃料为目的的煤炭利用技术；最后，介绍在能源结构转型和"双碳"背景下的新型煤炭转化与利用技术，包括煤制能源材料以及高值化学品。

## 2.1 传统煤炭利用技术

人类利用煤炭的历史非常悠久，3500 年前我国祖先已燃用煤炭，到目前为止，燃煤供热或发电仍然是煤炭的主要利用途径。此外以生产焦油、焦炭和电石为目的的煤炭热解技术以及焦化技术也属于传统煤炭利用技术。

### 2.1.1 煤的形成与煤炭利用历史

（1）煤的形成

煤炭是古代植物埋藏在地下经历了复杂的生物化学和物理化学变化逐渐形成的固体可燃生物有机岩。随着科技进步和研究的不断深入，在煤中发现了栉羊齿化石和孢子等，这是煤来源于植物的有力证据。如图 2-1 所示，煤炭的形成总体上包含两个阶段，分别是泥炭化阶段和煤化阶段。煤化阶段又可以分为成岩作用和变质作用两个阶段；成岩作用是泥炭变为褐煤的过程，主要变化是脱水和硬结，这时植物残骸真正意义上变成了煤炭；变质作用是褐煤在持续高温高压以及长时间物理化学作用下逐渐变成烟煤和无烟煤的过程。褐煤到烟煤的转变主要是水和氧的流失，烟煤到无烟煤的转变主要是脱氧和脱甲基，在变质作用阶段，组成

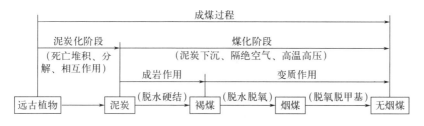

图 2-1  成煤过程的变化阶段

煤炭的元素和化学结构不断发生变化，最终使低阶褐煤变为高阶无烟煤。

（2）煤炭利用历史

人类对煤炭的认识最早可追溯到公元前，中国是世界上开采和使用煤炭最早的国家之一。辽宁沈阳发掘的新乐遗址内发现多种煤炭雕制品，证实了中国先民早在新石器时代就已认识和利用了煤炭。西汉时期已开始采煤炼铁，唐朝开始用煤炼焦，至宋代已是"汴京数百万家，尽仰石炭（煤），无一家燃薪者"。明朝的《天工开物》中详细记录了煤的性能、用途和开采方法。18 世纪 60 年代，瓦特发明了蒸汽机，英国产业革命由此兴起。蒸汽机对动力燃料的需求急剧增加，促进了能源结构由柴薪时期向煤炭时期转变。第二次世界大战期间，德国开发了由煤炭制取液体燃料的技术并实现了工业生产。到 20 世纪 50 年代中期，世界石油和天然气的消费超过了煤炭，成为世界能源供应的主力，曾作为重要能源的煤退居次要地位。由于南非所处的特殊地理和政治环境以及资源条件，以煤炭为原料合成液体燃料的工业一直在发展，1955 年萨索尔一厂（SASOL-Ⅰ）建成，1982 年二厂和三厂相继建成，SASOL 的三座工厂都是以煤炭为原料来生产化工产品的，它们的综合产能大约为 $7.6 \times 10^6$ t/a。由于能源禀赋特点，煤炭在我国能源消费结构中的比重一直较高，从国家战略角度考量，发展了众多具有自主知识产权的煤炭利用技术，当前我国煤炭燃烧发电、煤炭气化和煤炭直接液化技术的水平和规模都处于世界前列。

## 2.1.2 煤的基本物化特性与组成

（1）煤的基本物化特性

煤的物理和化学性质是确定煤炭加工利用途径的重要依据。如图 2-2 所示。

① 煤的物理性质  主要包括煤的密度、硬度、导电性、光学性质和孔隙率等。

煤的密度是指单位体积煤的质量，有视密度和真密度两种类型。测定视密度时，体积包括煤的内部毛细孔和裂隙。煤的视密度范围在 $1.05 \sim 1.80$ g/cm$^3$。测定真密度时，体积不包括煤的内部毛细孔和裂隙，煤的真密度范围在 $1.30 \sim 1.90$ g/cm$^3$。

煤的硬度是指煤抵抗外来机械作用的能力，分为刻划硬度、压痕硬度和抗磨硬度三类。煤的硬度与煤化程度有关，褐煤和焦煤的硬度最小，约 $2 \sim 2.5$；无烟煤的硬度最大，接近 4。

煤的导电性是指煤传导电流的能力，通常用电阻率来表示。褐煤电阻率低，褐煤向烟煤过渡时，电阻率剧增，至无烟煤时又急剧下降，无烟煤具有良好的导电性。

煤的光学性质主要是指煤岩组分反射率、折射率、荧光特性和透光特性。各煤岩显微组分的反射率都随煤阶的增高而增大，这反映了煤中有机芳香稠环化合物缩聚程度在增加。在各煤岩组分中镜质组反射率随煤阶的变化更快、规律更强，是表征煤阶的重要指标。煤中的孔隙率用单位质量的煤所包含的孔隙体积来表示，单位为 cm$^3$/g。褐煤、长焰煤等低煤阶煤的孔隙率较大，随煤化程度加深而减小，至肥煤、焦煤时，孔隙率最小；由瘦煤、贫瘦煤、贫煤至无烟煤的孔隙率又随煤化程度加深而增大。煤中孔隙根据孔径可分为微孔、中孔和大孔。直径小于 2nm 的为微孔，孔径在 $2 \sim 50$nm 的为中孔，孔径大于 50nm 的为大孔。褐煤以大孔为主，长焰煤、不黏煤以中孔为主，肥煤、焦煤等以微孔为主。

② 煤的化学性质  煤炭有机质发生化学反应的特性称为煤的化学性质，主要包括煤的氧化、加氢和磺化。

煤的氧化是煤与氧化剂反应生成小分子产物的过程。氧化温度越高、氧化剂越强、氧化反应时间越长，氧化产物的分子结构就越简单，氧化产物涵盖了从结构复杂的腐殖酸到结构较简单的芳香羧酸，直到完全氧化产物二氧化碳和水。

煤的加氢是在一定条件下通过化学反应在煤的有机质分子上增加氢元素比例的过程。通过加氢可以改变煤的分子结构和性质，例如加氢可以破坏煤的大分子结构，生成分子量小、H/C 原子比大、结构简单的烃，从而可将煤转化为油；在加氢过程中煤中的杂原子氧、氮、硫和金属也会被脱除，达到净化产品的目的；此外，加氢还可以抑制煤在热化学转化过程的缩聚反应，促进生成更多的轻质产物。

　　煤的磺化是浓硫酸或发烟硫酸与煤进行反应，将磺酸基团引入到煤的缩合芳香环和侧链上，生成磺化煤的过程。

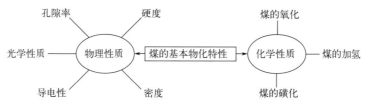

图 2-2　煤的基本物化特性

（2）煤的组成

　　煤炭是一种以有机组分为主的复杂混合物，从宏观角度看，煤是由有机组分和无机组分构成的。有机组分指的是煤中由 C、H、O、N 和 S 等元素所构成的大分子有机结构；无机组分主要包括煤中的矿物质和水。由于煤是一种混合物，而且组成特别复杂，这使得研究和表示煤的组成变得十分困难，但仍有一些宏观组成表示方法被用来研究和评价煤的组成，主要有煤的工业分析、元素分析以及岩相组成（图 2-3）。

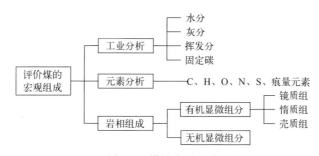

图 2-3　煤的宏观组成

　　煤的工业分析是测定煤中水分、灰分、挥发分和固定碳的质量分数的一种重要定量分析技术，是了解煤质和评价煤质的基本依据之一。图 2-4 所示为不同变质程度煤的工业分析变化。

　　煤的元素分析是对煤中的元素含量进行检测和分析，包括常规的 C、H、O、N、S、Al、Si、Fe、Na、K、Ca、Mg 等元素，还包括煤中的痕量元素 Ti、Mn、Zn、Pb 和 Cr 等。其中 C、H、O、N 和 S 五种元素是组成煤炭有机质的主要元素，可采用标准或仪器分析方法测得。从煤岩学角度来看，煤是由有机显微组分和少量无机显微组分构成的有机生物岩。有机显微组分可以划分为镜质组、惰质组、壳质组三大类。各煤岩显微组分的物理和化学性质有很大差异，导致不同煤岩显微组分的工艺性质和化学加工行为有显著不同。例如壳质组最容易释放出挥发物，所以在煤热解过程中壳质组最先裂解。

　　上面介绍的是将煤作为整体时的宏观组成。煤中的有机质占主要组分，是加工和利用的主体，深入认识有机质的组成和结构能从化学角度认识煤炭和指导化工利用。煤炭有机质的组成可从宏观角度和微观角度两方面来认识。从宏观角度来看煤有机质组成可用两相模型来

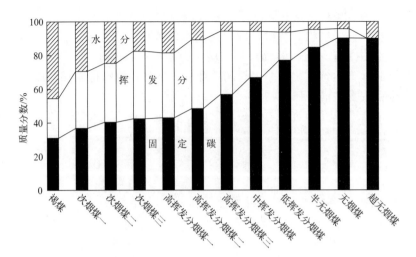

图 2-4　不同变质程度煤的工业分析变化

表示。两相模型认为煤有机结构中同时存在着共价键和非共价键，煤中以芳香片层为主要单元的团块（固定相）内部存在着各种共价键，团块之间存在着以桥键为主的共价键，煤中的小分子化合物（移动相）之间以及移动相与固定相之间主要以非共价键的形式结合在一起，从宏观上看煤处于稳定状态。

　　煤有机质的微观组成是指煤的化学结构，从分子结构组成的层面来表示煤的有机质是最本质和最科学的。煤有机结构具有复杂性和异质性的特点，确定煤的有机化学结构很难，但科学家们还是通过各种途径反演出了一些煤的化学结构，并绘制了诸多结构模型，例如Fuchs 模型、Given 模型和 Wiser 模型等。通过梳理这些模型可得到共识性认知，即煤分子中的基本结构单元是由缩合芳香族结构和脂环族结构组成的，缩合芳香结构组成了煤分子结构中的核，也称为规则部分。醚型的氧、亚甲基、次甲基和杂原子（氧和硫等）在基本结构单元之间以桥键的形式存在，连接着芳香核结构，在芳香核的周围有各种侧链和官能团，称为不规则部分［图 2-5（a）］。

　　虽然煤有机质的化学结构模型可以丰富人们对煤结构的认知，但其所反映的煤有机质结构的范围非常有限，事实上煤有机组分的化学结构远比这些结构模型复杂得多。近些年来，随着计算模拟技术和分析表征手段的发展，对煤有机质化学结构的研究也越来越广泛和深入。通过高分辨率核磁共振和超高分辨率透射电镜技术，并辅于统计学理念和分子模拟方法，科学家们提出了一种具有 18572 个原子、191 个团块的煤炭有机质分子结构模型，该模型考虑了煤中分子结构的相互作用和构象，也是迄今为止规模最大的煤有机质分子结构模型［图 2-5（b）］。

## 2.1.3　煤炭燃烧与发电供热

　　煤炭燃烧是煤中有机组分与空气或纯氧之间发生剧烈反应并放出大量化学反应热的过程。煤炭燃烧需要在特定的反应器——锅炉中进行，按用途可将锅炉分为电站锅炉、工业锅炉和生活锅炉。煤炭在锅炉中的燃烧，一般需经历水分蒸发、挥发物着火、焦炭燃烧和燃尽四个阶段。煤炭进行平稳良好的燃烧必须具备三个条件。

　　① 温度　温度越高化学反应速度越快，燃烧速率就愈快。层燃炉温度通常在 1100~1300℃。

　　② 空气　空气冲刷碳表面的速度愈快，碳和氧接触就越好，燃烧过程就愈快。

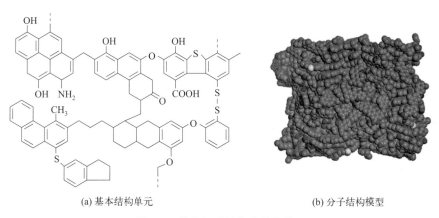

(a) 基本结构单元　　　　　　　　　(b) 分子结构模型

图 2-5　煤有机质的化学结构模型

③ 时间　煤炭燃烧涉及反应、传热和传质等过程，每个过程都需要一定的时间来完成，而且各过程进行的速度也不一致，因此燃烧过程需要足够的时间来完成。

煤的发热量、挥发分、灰分和水分等煤质指标都会影响煤燃烧过程的火焰传递、燃烧和燃尽程度以及锅炉效率，煤粒度的大小会影响煤在锅炉内的燃尽程度、炉渣和烟气中含碳颗粒的量以及热损失。

火力发电技术正是利用煤炭燃烧过程释放的化学反应热来发电的。如图 2-6 所示，煤炭在锅炉内燃烧放出的热量将水加热成具有一定压力和温度的蒸汽，然后蒸汽沿管道进入汽轮机中不断膨胀做功，冲击汽轮机转子高速旋转，汽轮机带动发电机发电。火力发电中存在着三种形式的能量转换过程，在锅炉中煤的化学能转变为热能；在汽轮机中热能转变为机械能；在发电机中机械能转换成电能。进行能量转换的主要设备为锅炉、汽轮机和发电机，它们被称为火力发电厂的三大主机，而锅炉则是三大主机中最基本的能量转换设备。

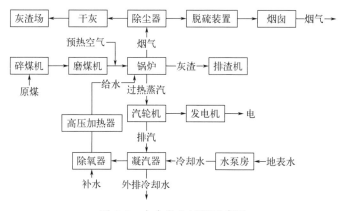

图 2-6　火力发电过程示意图

近些年来，为应对全球气候变暖、提升可再生能源发电比重以及提高燃煤发电效率，出现了许多新型燃煤发电技术，主要集中在三个方面。第一类是为了提高发电效率、节约煤炭资源的发电技术，如超临界和超超临界机组发电；第二类是为应对可再生能源发电的不稳定性和波动性问题而开发的灵活调峰燃煤发电技术，例如煤炭进入燃烧室前先进行热改性形成可燃气体和半焦，然后将可燃气体和疏松多孔的半焦送入炉膛燃烧发电的技术；第三类是耦合二氧化碳捕集的燃煤发电技术，例如燃煤电厂二氧化碳的燃烧前捕集、燃烧中捕集和燃烧后捕集技术（图 2-7）。

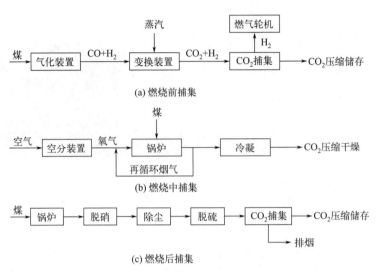

图 2-7　燃煤电厂二氧化碳捕集流程

## 2.1.4　煤的热解与焦化技术

煤热解也称煤的干馏或热分解，是重要的煤化工过程之一，也是其他煤的热化学转化技术的基础。煤炭热分解的知识体系对现代煤化工技术的开发有重要的借鉴和启发意义。煤炭焦化过程是以焦炭为产品的煤高温热解过程，本质上也属于煤热解范畴。

（1）煤热解的定义

煤热解是指在隔绝空气（无氧）的条件下加热煤炭，使煤在一定温度下发生一系列复杂的物理变化和化学反应，并生成气体（煤气）、液体（焦油）和固体（半焦）的过程。如图 2-8 所示，煤热解、燃烧和气化都属于热化学转化过程，在这些过程中煤炭都要被加热到一定温度，煤炭燃烧是在充分的氧气气氛下发生完全燃烧，最终生成二氧化碳和水，目的是利用煤炭中的热量。煤炭气化是在部分氧气存在下，通过气化剂与煤进行反应生成合成气（CO＋$H_2$）。煤炭热解则是在无氧条件下将煤转化为煤气、焦油和半焦的过程，目的是获得轻质气液产品。由此可见，煤炭热解过程简单，反应条件温和，易于实现多联产。

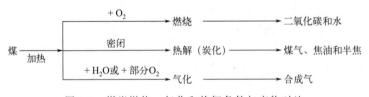

图 2-8　煤炭燃烧、气化和热解条件与产物对比

（2）煤热解过程中的宏观变化

煤炭在热解过程中随着水分和挥发物的逸出以及化学反应的进行，颗粒内部会发生一系列变化，如体积膨胀与收缩、孔隙生成等，这是煤热解过程中最直观的宏观变化。此外，由于煤移动相中的小分子化合物结合力弱、沸点低，在热解过程中随着温度升高会首先释放出来，形成挥发物，当反应温度继续升高达到煤中共价键的键能时，固定相才开始分解并形成挥发物，如图 2-9 所示。煤中移动相的含量较低，由移动相挥发/分解生成的挥发物占比不高，因此煤热解过程生成的挥发物主要来自固定相的分解反应。

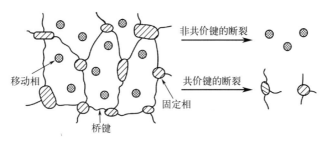

图 2-9  煤炭热解过程移动相与固定相的变化

（3）煤热解过程中的化学反应

煤结构具有复杂性、多样性和不均一性的特点，其热解过程中的化学反应数目繁多、错综复杂，无法用具体的反应方程式来表示煤热解过程所涉及的化学反应。当热解温度所能提供的能量高于煤有机结构中的化学键能时，煤中的桥键、酯环结构和芳环外取代基断裂生成尺寸大小不等的自由基碎片。小自由基碎片之间或小自由基与更小的自由基碎片（·H 和·CH₃ 等）结合就容易生成挥发物，是热解气和焦油的来源。大自由基碎片之间或大自由基与更大的自由基碎片结合就会生成分子量更大的稳定产物，不易挥发，最终成为焦炭。在热解自由基的生成阶段也会发生大尺寸芳香片层的原位缩聚反应，直接生成焦炭，且通过这种途径生成的焦炭占绝大部分。此外，煤炭热解反应具有明显的阶段性，也就是随着热解反应温度逐渐升高，煤中发生着不同类型的反应，生成不同类型的反应产物，如图 2-10 所示。

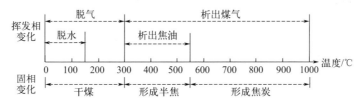

图 2-10  煤炭有机结构随温度的阶段性热解过程

从化学角度看，煤热解是煤有机结构中化学键断裂与重新组合的过程。煤有机质对热的稳定性主要取决于分子中化学键能的大小，煤有机质中典型化学键的键能见表 2-1。在相同条件下，煤中各有机物的热稳定性次序是芳香烃>环烷烃>炔烃>烯烃>开链烷烃。芳环上侧链越长越不稳定，芳环数越多其侧链越不稳定，不带侧链的分子比带侧链的分子稳定。缩合多环芳香烃的稳定性大于联苯基化合物，缩合环数越多，热稳定性越大。

表 2-1  煤中典型有机结构中化学键的键能

| 化学键 | 键能/kJ·mol⁻¹ | 化学键 | 键能/kJ·mol⁻¹ |
|---|---|---|---|
| $C_{芳}$—$C_{芳}$ | 2057 | ![苯-CH₂CH₂CH₂-苯] | 284 |
| $C_{芳}$—H | 425 | | |
| $C_{脂}$—H | 392 | ![苯-CH₂-CH₃] | 301 |
| $C_{芳}$—$C_{脂}$ | 332 | | |
| $C_{脂}$—O | 314 | ![萘-CH₂-CH₃] | 284 |
| $C_{脂}$—$C_{脂}$ | 297 | | |
| ![苯-CH₂-苯] | 339 | ![蒽-CH₂-CH₃] | 251 |

煤的热分解过程遵循一般有机化合物的热裂解规律，按其反应特点和在热解过程中所处的阶段，一般分为煤的裂解反应、二次反应和缩聚反应。当热解温度升高到一定程度时煤有机结构中的化学键就会发生断裂，这种直接发生在煤分子中的分解反应是煤热解过程中首先发生的，通常称之为一次热解反应，主要包括桥键断裂生成自由基、脂肪侧链断裂、含氧官能团裂解以及低分子化合物的裂解。煤热解一次挥发物在颗粒内部析出以及在颗粒外环境停留的过程中，如果遭遇更高温度的作用，还会继续分解并发生二次反应，生成更小分子的裂解产物，主要的二次反应有直接裂解反应、芳构化反应、加氢反应、缩合反应和桥键分解反应。煤热解前期以裂解反应为主，后期则以缩聚反应为主，其反应特点是芳香结构脱氢缩聚，芳香片层面积增大、高度方向增厚，石墨化程度增大。

　　（4）煤热解过程的影响因素

　　煤热解是在多重因素共同影响下进行的，这些影响因素也是煤热解过程的重要操作和调控参数，明确这些因素对煤炭热解过程的影响规律和作用机制不但能更好地理解煤热解过程，还为如何调控煤热解反应过程，进而控制产品质量、实现煤的定向热解转化提供了根本遵循原则。虽然影响煤炭热解的因素较多，但总体上可分为内因（煤本身特性）、外因（热解条件）以及催化作用。煤本身的特性主要包括煤的变质程度、煤岩组成、煤中的矿物质以及煤的粒径等。外部因素主要包括热解温度、升温速率、停留时间、热解压力和热解气氛等。催化剂可以显著调控煤的热解反应过程，改变热解反应历程、降低反应活化能、提高目标产品在热解产物中的选择性。用于煤催化热解的催化剂主要可以分为三大类：金属氧化物，包括 $Fe_2O_3$、$Fe_3O_4$、$Al_2O_3$、$SiO_2$ 和 $CaO$ 等；金属盐类，包括 $ZnCl_2$、$FeCl_3$、$Fe_2S_3$、$MoS_2$ 和 $NiS$ 等；负载型催化剂，包括 $Ni-Mo-S/Al_2O_3$、$CoMo/Al_2O_3$、$Ni/MgO$ 和 $Co/ZSM-5$ 等。天然矿石、金属或金属氧化物及其硫化物适合作为提高焦油产率的催化剂，而沸石、分子筛对煤热解焦油中的轻质芳烃有很好的选择性。

　　（5）煤焦化过程

　　煤焦化简称炼焦，是将炼焦煤按生产工艺要求混配后，投入隔绝空气的密闭炼焦炉内，在 950～1000℃ 高温下，煤料在不断加热升温中发生复杂的热分解反应的过程。炼焦过程留在炭化室内的固体部分是焦炭，生成的荒煤气由炭化室顶部逸出，经回收焦油、氨、粗苯等后再经脱硫脱氧，得到的可燃气体称为焦炉煤气。炼焦过程大致可分为干燥和预热、开始分解、生成胶质体、胶质体固化以及半焦收缩五个阶段。煤经焦化后的产品有焦炭、煤焦油、煤气化学产品三类。焦炭主要用于高炉炼铁，还可用于铸造、有色金属冶炼、制取碳化钙等。煤焦油经分离、提纯后可制备各种无法用石油生产的化学品。煤气中富含氢气和甲烷，经分离后可得到洁净燃气和富氢工业气体。

# 2.2　煤制燃料技术

　　煤炭本身就是一种固体燃料，但将煤转化为气体和液体燃料便于储存和运输，还具有燃烧效率高、燃烧系统简单、燃烧组织容易等特点；此外，气、液燃料易于净化，燃用时更洁净。我国石油和天然气对外依存度很高，将煤炭转化为气、液燃料以部分替代石油具有重要意义。

## 2.2.1　热解制燃料

　　（1）热解产品的燃料属性

　　煤炭热解挥发物中不可冷凝的组分称为热解气，其产率约占原煤质量的 8%～15%，热解气主要组分为 CO、$CO_2$、$H_2$ 和 $CH_4$，$C_2 \sim C_4$ 烃类、$H_2S$ 和 $NH_3$ 等的含量因煤质不同而有较大差异，但含量都相对较低。挥发物在接近室温条件下可冷凝的组分包括热解水和焦油，其产率约分别占原煤质量的 2%～8% 和 5%～15%。焦油的组成很复杂，主要包括烃类化合物和含氧化合物。烃类化合物中烷烃、烯烃和芳香烃是主要成分，含氧化合物主要是酚类物质。半焦是煤炭热解的最主要产物，其结构类似于石墨，但不像石墨那样规则，半焦中保留了原煤中的大部分碳元素，氧、氢、硫和氮等元素的含量一般都低于原煤。

煤炭热解的气、液、固产物具有广泛的燃料属性。如图 2-11 所示，煤气中可燃组分含量高，可直接用于民用燃气、工业燃气，也可用于燃气轮机发电。煤气中的氢气和甲烷含量较高，经分离后可用作燃料电池的原料或工业用氢；分离出的甲烷可以制备成压缩天然气（CNG）或经液化制备成液化天然气（LNG），用于弥补常规天然气资源。煤焦油经催化加氢后可制备汽油、柴油和航空煤油等燃料油，可以有效弥补石油基燃料油的短缺。热解半焦中仍含有一定量的挥发物，其活性好、燃点低、燃烧性能优良，可作为工业和民用燃料以及化工和冶金的原料。

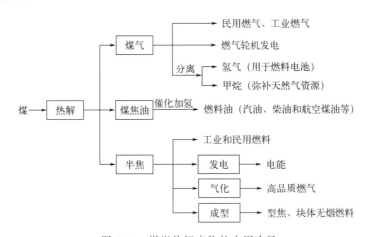

图 2-11　煤炭热解产物的应用途径

（2）煤焦油加氢技术

煤热解的三态产物中只有煤焦油是无法直接作为燃料使用的，因为煤焦油中含有大量的芳烃、胶质、沥青质、硫、氮、氧、氯和金属杂原子。煤焦油必须经过一系列的除杂和加工过程才能成为石脑油、汽油和柴油，其中在高温、高压和催化剂的作用下，通过加氢精制、加氢裂化和加氢改质是最常用的加工方法。煤焦油加氢过程是一种生产石脑油和优质燃料油的工艺，可使煤焦油中大量的不饱和烃、芳烃、胶质、沥青质饱和而变为低分子量的饱和烃，同时脱除煤焦油中的硫、氮、氧、氯和金属杂原子，改善油品的安定性。一般煤焦油加氢后生产的石脑油中 S、N 含量均低于 $5\mu g/g$，芳烃潜含量高于 80%；生产的柴油馏分中 S 含量低于 $5\mu g/g$，N 含量低于 $50\mu g/g$，十六烷值高于 35，凝点为 $-50 \sim -35℃$，是优质的清洁柴油调和组分。煤焦油加氢工艺技术按照其原料预处理方式的不同，类型较多，主要有常减压蒸馏-固定床加氢技术、延迟焦化-固定床加氢技术、悬浮床加氢-固定床加氢技术、全馏分固定床加氢工艺技术以及沸腾床加氢-固定床加氢技术等。煤焦油加氢过程的核心是催化剂的开发以及反应器的设计，当前我国煤焦油加氢制燃料油技术已走在世界前列，以煤焦油为原料通过加氢方法已制备出了航空煤油，并成功在液氧煤油发动机上进行了长程热试车。

### 2.2.2 直接液化制燃料

（1）直接液化概述

煤炭直接液化是将煤磨成细粉后，与溶剂油制成煤浆，在高温、高压和催化剂存在的条件下，通过加氢裂化使煤中复杂的有机大分子结构直接转化为低分子的清洁液化气、汽油、柴油和航空煤油等燃料的过程，又称加氢液化。我国煤炭科学研究总院北京煤化所自 1980 年开始煤直接液化技术的研究，于 2004 年建成 6t/d 的煤直接液化中试装置。2008 年，神华集团建成世界首套规模最大的工业化煤直接液化装置（100 万吨/年），并试车成功，使我国成为世界上唯一掌握百万吨级煤直接液化关键技术的国家。

（2）煤直接液化原理

固态的煤炭转变为液态燃料需要完成三个转变：①降低煤的分子量；②提高煤有机结构的 H/C 原子比；③从油品中脱除杂原子和金属离子。煤的化学结构复杂，分子量一般在 5000～10000，而石油的平均分子量仅为 200，要使煤变成油必须完成大分子结构向小分子结构的转变。煤中有机质的平均 H/C 原子比仅为 0.8，而轻质油品的平均 H/C 原子比高达 1.9，需要额外增加煤有机质的氢含量，提高 H/C 原子比，有机质才能变轻成为液态。此外，煤中的杂原子、碱金属和碱土金属离子的含量较高，在煤炭加氢液化过程中要通过对油品的加氢以去除杂原子 O、N、S 以及金属离子。因此，在煤炭直接液化过程中同时发生着热裂解反应、加氢反应、杂原子脱除反应、缩合反应。

如图 2-12 所示，煤炭直接液化反应过程包括两个重要步骤，煤炭首先要在热的作用下发生化学断键形成自由基碎片，自由基碎片再进一步发生加氢反应生成小分子产物。控制上述两个步骤的反应速度非常关键，如果加热断键形成自由基的速率大于自由基加氢反应速率，就会导致自由基之间接触时间过多而缩聚成大分子固态产物（液化残渣）；若自由基加氢反应速率大于加热断键形成自由基的速率，这时少量生成的自由基容易在氢压下过度加氢生成气态产物，导致液化油的收率降低。

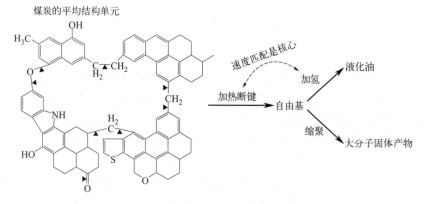

图 2-12 煤炭直接液化反应的重要步骤

（3）煤直接液化典型工艺

过去半个世纪各国相继开发了十余种煤炭直接液化工艺，如德国 IGOR$^+$ 工艺，美国 SRC、EDS、H-coal、CTSL 和 HTI 工艺，苏联低压加氢工艺，日本 BCL 和 Nedol 工艺以及我国的神华煤液化工艺等。在这些工艺中，干燥磨煤、制备氢气和油煤浆、煤浆预热、液化反应、气液固产物分离和油品精制都属于必备单元，差异在于这些必备单元的组织形式、各单元内部结构优化以及催化剂体系。煤直接液化工艺从最初的一段液化发展到先进的二段液化，二段液化对煤进行连续二次加氢，使自由基的产生速率和加氢速率很好地匹配，液化粗油的收率和品质都优于一段液化，如美国的 CTSL 和 HTI 工艺以及我国的神华煤液化工艺。

HTI 工艺流程如图 2-13 所示，其主要工艺特点是：①反应条件缓和，温度为 420～450℃，压力为 17MPa；②采用特殊的液体循环沸腾床（悬浮床）反应器；③催化剂是采用 HTI 专利技术制备的铁系胶状催化剂，活性高，用量少；④在高温分离器后面串联加氢固定床反应器对液化油进行加氢精制；⑤液固分离采用超临界溶剂萃取的方法，大幅提高了液化油的收率。相比于其他一段液化工艺，HTI 工艺最显著的特点是采取了两段液化反应器，对煤进行了两次加氢处理，而不是对一段加氢油再次加氢，是严格意义上的两段加氢液化技术。我国神华集团在吸收近些年国内外煤炭液化研究成果的基础上，对 HTI 工艺进行了优化，提出了中国的煤炭直接液化工艺，目前已建成世界上最大规模煤直接液化工厂。神华煤直接液化工艺创新地发明了超细水合氧化铁（FeOOH）基催化剂，避免了使用贵金属催化剂，该催化剂的活性很高，用量仅为煤的 0.5% 即可达到很高的油收率（55% 以上）。

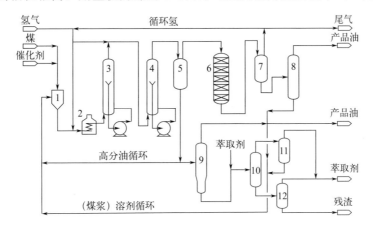

图 2-13　HTI 煤直接液化工艺流程

1—煤浆制备罐；2—预热器；3—一段液化反应器；4—二段液化反应器；5—高温分离器；
6—加氢反应器；7—低温分离器；8—常压蒸馏塔；9—减压蒸馏塔；10—溶剂萃取塔；
11—分离塔；12—固液分离塔

（4）煤直接液化产品类型与特点

以中国神华鄂尔多斯煤直接液化示范项目为例，主要产品包括油品和液化气共 108 万吨/年，其中柴油占 71.3%、石脑油占 17.3%、液化气占 11.4%，此外还有煤直接液化白油和煤液化沥青产品。煤直接液化石脑油组分中环烷烃和芳烃质量分数达 70% 以上，其芳烃潜含量高，是催化重整的优质原料，同时具有低硫、低氮、低烯烃的环保特性。煤直接液化柴油组分中环烷烃质量分数达 90% 以上，以一环和二环为主，二者质量分数之和达 80%；其凝点可达－60℃ 以下，具有高密度、高热值、高热安定性、低硫、低氮、低芳烃的特性，性能优于石油基柴油。煤直接液化航空煤油具有密度大、高热安定性、高体积热值、高体积比热容、超低凝点、低硫、低氮、低芳烃的优异品质，在相同的飞行器和相同油箱容积的情况下，煤直接液化航空煤油具有更大的体积热值，可提高飞行器航速和航程。煤液化油渣经过萃取、分离、沉降工艺，可生产高品质煤液化沥青，与石油沥青和煤沥青相比，煤液化沥青软化点高、硫含量低，结焦值高达 60%，是炭素行业理想的原料。

### 2.2.3 煤炭气化制燃料

煤气化技术是现代煤化工的龙头，是重要的洁净煤技术之一。煤气化可以生产工业燃料气、民用燃料气、化工合成原料气、合成燃料油原料气、氢燃料电池原料气、合成天然气、火箭燃料等，还可与联合循环发电耦合。

（1）煤气化技术概述

煤气化技术具有悠久的发展历史，1857 年，德国的 Siemens 兄弟最早开发出用块煤生产煤气的炉子，称为德士古气化炉。我国煤气化技术起步较晚，最早于 20 世纪 30～40 年代在大连、南京用 UGI 炉生产合成氨。近 10 多年来，我国先后开发成功并应用于工业化生产的气化炉主要有多元料浆气化炉、四喷嘴对置式水煤浆气化炉、两段式干煤粉气化炉、晋华（清华）炉、SE-东方炉、灰熔聚流化床气化炉等，广泛应用于煤制甲醇、煤制合成氨、煤制氢、煤制油、煤制烯烃、煤制天然气、煤制乙醇、煤制乙二醇以及其他化工产品和发电等领域，从而改变了我国煤气化技术依赖引进国外技术的局面，为我国煤化工产业的国产化创造了有利条件。

（2）煤气化原理

煤气化过程是以煤或煤焦为原料，以氧气（空气、富氧或工业纯氧）、水蒸气作为气化剂，在高温高压下通过化学反应将煤或煤焦中的可燃组分转化为可燃性气体的工艺过程。煤炭气化过程涉及一系列物理、化学变化，包括干燥、热解、气化和燃烧四个阶段。干燥属于物理变化，随着温度的升高，煤中的水分受热蒸发。其他三个阶段都属于化学变化，燃烧也可以认为是气化的一部分。煤在气化炉中干燥以后，随着温度的进一步升高，煤分子发生热分解反应，生成大量挥发性物质，同时煤发生缩聚反应生成半焦。煤热解后形成的半焦在更高的温度下与通入气化炉的气化剂发生化学反应，生成以一氧化碳、氢气、甲烷及二氧化碳、氮气、硫化氢、水等为主要成分的气态产物，即粗煤气。煤气化反应包括众多的平行和顺序化学反应，主要是碳、水、氧、氢、一氧化碳、二氧化碳之间的反应，其中碳与氧的反应又称燃烧反应，提供气化过程的热量。主要反应有：

① 水蒸气转化反应： $C+H_2O \Longrightarrow CO+H_2$  $\Delta H=131kJ/mol$

② 水煤气变换反应： $CO+H_2O \Longrightarrow CO_2+H_2$  $\Delta H=-41kJ/mol$

③ 部分氧化反应： $C+0.5O_2 \Longrightarrow CO$  $\Delta H=-111kJ/mol$

④ 完全氧化（燃烧）反应： $C+O_2 \Longrightarrow CO_2$  $\Delta H=-394kJ/mol$

⑤ 甲烷化反应： $C+2H_2 \Longrightarrow CH_4$  $\Delta H=-74kJ/mol$

⑥ Boudouard 反应： $C+CO_2 \Longrightarrow 2CO$  $\Delta H=172kJ/mol$

（3）煤气化工艺类型与特点

如图 2-14 所示，按气化炉内煤料与气化剂的接触方式区分，主要有固定床气化、流化床气化和气流床气化。

固定床（也称移动床）气化一般以块煤为原料，从气化炉顶进入炉内，气化剂由炉底加入，流动气体的上升曳力不致使固体颗粒的相对位置发生变化，即固体颗粒处于相对固定状态，床层高度亦基本保持不变。在固定床气化炉内自上而下可人为分成干燥层、热解层、还原层、燃烧层和灰渣层。常见固定床气化炉有间歇式气化（UGI）和连续式气化（Lurgi）两种。固定床气化工艺的特点是简单、可靠、热效率高；但固定床气化工艺要求块煤进料、对煤的灰熔点和黏结性有要求，气化气体中的焦油会产生大量难以处理的酚氨废水，且单炉的处理能力也较低。

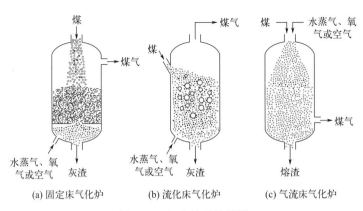

图 2-14　气化炉结构简图

流化床气化又称为沸腾床气化,其以小颗粒煤(0~10 mm)为原料,在自下而上的气化剂的作用下,保持着连续不断和无序的沸腾和悬浮状态运动,气化炉内进行着快速混合和热质交换,整个床层的温度和组成都很均匀。常见流化床气化炉有温克勒(Winkler)、灰熔聚(U-Gas)、高温 HTW、循环流化床(CFB)、加压流化床(PFB)等。流化床气化的生产强度较固定床大,可直接使用小颗粒碎煤为原料,能适应采煤技术发展。此外,流化床气化对煤种和煤质的适应性强,可利用褐煤等高灰劣质煤作原料。但流化床内气流速率较高,煤气中的粉尘含量高,对后处理系统磨损和腐蚀较重;并且全混流反应模式使煤的转化率降低,排放的灰渣携带大量焦粉。

气流床气化是一种并流式气化,原料以水煤浆或干煤粉形式进入气化炉。Texaco 和 Shell 气流床气化技术最具代表性,前者是先将煤粉制成煤浆,用泵送入气化炉,气化温度为 1350~1500℃;后者是用气化剂将煤粉带入气化炉,在 1500~1900℃高温下气化,残渣以熔渣形式排出。在气流床气化炉内,煤炭细粉粒经特殊喷嘴进入反应室,会在瞬间着火,直接发生火焰反应,同时处于不充分的氧化条件下,煤炭的热解、燃烧以及气化反应几乎是同时发生的。随气流的运动,未反应的气化剂、热解挥发物及燃烧产物携带着焦炭粒子高速运动,在运动过程中焦炭颗粒和挥发物的气化反应瞬间完成。这种运动状态,相当于流态化技术领域里对固体颗粒的“气流输送”,习惯上称为气流床气化。除了典型的 Texaco 和 Shell 气流床气化技术外,气流床气化技术还有 GSP 气化、GE 气化、E-GAS$^{TM}$ 气化、多喷嘴对置气化、两段气化和多元料浆气化等。气流床气化具有以下特点:①停留时间短,通常小于 1s;②反应温度高,基本在 1300℃以上;③煤料粒径小(<0.1mm),热质传递迅速,通常小于 0.1mm;④液态排渣,碳转化率高;⑤通常在加压(2~5MPa)和纯氧下运行,反应速率快,单炉处理能力大。

(4)煤气化技术的发展趋势

煤气化技术经历 150 多年的发展已取得了巨大的成就,尤其是近些年来在中国的技术进步更迅速,未来以气流床为代表的气化技术将向高气化压力、高气化温度、大型化方向发展。此外,现代煤气化技术与其他先进技术联合应用也是未来的方向,如 IGCC 技术、煤气化技术与先进的余热回收、脱硫、除尘技术相结合等。总之,先进的流化床、气流床煤气化技术在我国已实现工业化和大型化,并不断改进和完善,应用范围不断扩大。近 10 年来随着我国煤化工产业快速发展,一大批煤气化装置建成投产或在建,煤气化过程中单位有效气体(CO+H$_2$+CH$_4$)的煤耗、氧耗、蒸汽耗、电耗等都在持续优化。

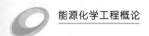 

# 2.3 煤制功能和能源材料技术

在煤炭的燃料属性之外，挖掘和发挥煤炭的"原料"属性，有助于提升煤炭使用价值、延伸新的煤炭产业链和增长点。发展煤基功能和能源材料，实现煤炭从燃料向材料的转型升级是我国煤炭洁净低碳技术发展的必经之路，也为我国在 2060 年实现碳中和提供了强有力的支撑和保障。通过碳原子外层电子的 $sp^n$ 杂化，碳元素可形成许多结构和性质完全不同的同素异形体，不同的碳同素异形体在不同的物化条件下又能相互转化。根据这一原理，以煤为碳源，用不同的方法可制造各种先进碳材料。

## 2.3.1 煤基碳量子点及应用

碳量子点又称碳点或者碳纳米点，是一类尺寸在 10 nm 以下由碳质核心和表面钝化层两部分组成的新型零维碳纳米材料，具有类球形碳颗粒结构。2004 年，出现了利用电弧放电来制备单壁碳纳米管的方法，并在电泳法纯化产物的过程中首次发现了可以放出明亮荧光的碳量子点。根据碳核类型的不同，一般可将碳点分为石墨烯量子点、碳纳米点和聚合物点三类。碳点的结构性质与其前驱体及合成方法密切相关，无烟煤、煤焦油、中间相沥青和煤沥青都可作为制备碳点的原料。碳点的制备方法较多，主要分成"自下而上"和"自上而下"两类。"自下而上"法主要是将小分子或聚合物分子等作为前驱体，采用水热处理、微波辅助热解或超声处理等方式合成碳点。该方法获得的碳点具有丰富的杂原子掺杂位点和官能团，但规模可控制备很困难。"自上而下"法是采用化学氧化、电化学刻蚀或电弧放电等方式，将石墨、炭黑或煤等尺寸较大的碳结构制备成碳点。"自上而下"法对原料的适用性更宽，且可实现碳点的规模化制备，现已成功应用于煤及其热衍生品制备高质量碳点。碳量子点的结构和组成决定了它们性质的多样性，最明显的特征是在紫外光区有较强的吸收峰，并且在可见光区域有长的拖尾。碳量子点另一个突出特点是光致发光特性。碳量子点还具有上转换发光特性，也就是受波长短的、频率高的光激发照射会发出波长长的、频率低的光。由于碳量子点具有上述优异性能，被广泛应用于光催化、生物成像、药物运输、新型纳米传感器、光诊疗剂、LED 器件等各种领域。

## 2.3.2 煤基一维碳纳米材料及应用

在一维方向上尺寸处于纳米尺度范围内的碳材料称为一维碳纳米材料，包括碳纳米纤维、碳纳米管和富勒烯等。

（1）碳纳米纤维

碳纳米纤维是一种呈纤维状结构的一维碳材料，由于其石墨微晶结构沿纤维轴择优取向，故沿纤维轴方向具有较高的强度和模量。碳纳米纤维不仅具有密度小、导电性高、热稳定性良好等优点，还具有纺织纤维的高柔韧和可纺织等特性。碳纳米纤维因其独特的结构及性质，可以作为理想的功能碳材料，如高容量电极材料、高性能复合材料、储氢材料和催化材料等，被广泛应用于航空航天、交通运输和储能等领域。碳纳米纤维的主要合成方法有气相生长法、模板法和静电纺丝法等，其中静电纺丝法工艺较为成熟，且易于实现形貌及结构的有效调控。常规碳纳米纤维的合成过程中一般以有机聚合物如聚丙烯腈、聚乙烯醇和聚乙烯吡咯烷酮等作为驱体。与有机聚合物相比，煤及煤沥青作为一种低成本的碳源，碳含量高，是制备碳纤维的良好前驱体。但煤和沥青在溶剂中的溶解度和分散性较差，如何实现煤及衍生物在有机溶剂中的有效溶解是制备纺丝液的关键。通过氧化剂处理原煤和煤沥青可以改变其表面性质和软化熔融特性，增加在溶剂中的溶解度，并提高纤维表面的亲水性，得到的煤/聚合物碳纤维具有良好的互连结构。

（2）碳纳米管

碳纳米管是由单层或多层石墨片围绕中心轴卷曲而成的无缝管状纳米石墨晶体结构，具有较大的长径比。碳纳米管由于具有极高的力学强度和良好的导电性、热稳定性、化学稳定性以及大比表面积等优点，被广泛用于储氢材料、发光器件、电化学储能及催化材料等领域。煤及其热加工转化衍生物已被用于制备多种碳纳米管，如单壁碳管、多壁碳管和竹节状碳管等。合成碳纳米管的常用方法有化学气相沉积法、电弧放电法和催化热解法等，其中电弧放电法和催化热解法因其操作简便和原料适用性广而备受关注。

（3）富勒烯

洋葱状富勒烯是以 $C_{60}$ 为代表的富勒烯类碳材料中的一员，它具有独特的同心球石墨层结构，自被发现以来就在物理、化学、材料科学等领域引起了广泛关注。目前制备富勒烯的常用方法有电子束辐照法、电弧放电法、金刚石退火法、碳离子注入法和射频等离子体等。但这些方法往往需要高能条件，且原料较昂贵，使得富勒烯的生产成本居高不下，制约其进一步发展。以价格低廉的煤为原料制备富勒烯在经济上极具竞争力，1991 年澳大利亚学者对煤进行脱灰、碳化和电弧放电处理后最先制备出了煤基富勒烯，然而以煤为原料制备富勒烯的产率极低、难以分离提纯，且耗费大量的电能。近年来，国内外科研人员分别以石墨、甲苯、苯和煤等为原料，开展低成本、规模化生产富勒烯的方法，已取得重要进展。例如，以太西无烟煤为原料，通过石墨电弧放电制备富勒烯的产率可达 6.45%，高于天然石墨制备富勒烯的产率；以煤为原料的年产 100 kg 的富勒烯中试设备开发成功。未来，富勒烯产业的发展会向着低成本、宏量化的方向发展，因此以煤为原料制备富勒烯技术会有广阔的发展前景。

### 2.3.3　煤基二维碳纳米材料及应用

（1）石墨烯

石墨烯是一种以 $sp^2$ 杂化碳组成的二维层状碳纳米材料，具有高强度、柔性、大比表面积、高导电性和高导热性等系列优点，在储能、催化、生命科学、航空航天等方面具有巨大的应用潜力。石墨烯的合成方法主要有机械剥离法、氧化还原法、电弧放电法、碳化硅外延生长法、化学气相沉积法等。煤及其衍生物富含芳香族结构，可用来制备石墨烯，无烟煤、煤沥青和煤基腐殖酸都可用来制备煤基石墨烯材料。无烟煤的变质程度最高，其中含有丰富的大尺寸芳香片层结构，与石墨烯的结构非常类似，在隔绝空气的条件下，经高温热解后，碳原子重新组合，会形成类石墨晶体的层状平面结构，作为碳源制备石墨烯材料是非常可行的。我国学者将太西无烟煤球磨到粒径小于 15 $\mu m$，经脱矿处理后加入硫酸铁催化剂在高温条件下石墨化，得到的煤基石墨再经 Hummers 法氧化后可得到煤基石墨烯材料。煤沥青富含三环以上的高分子芳香族化合物，是一种廉价、优质的合成石墨烯的前驱体。制备石墨烯时将乳化/液化的煤沥青涂在模板上，然后在高温条件下石墨化后即可得到石墨烯薄膜材料。热处理温度、时间、催化基底层厚度、煤沥青软化点、煤沥青浓度以及热处理气氛等工艺条件都会对石墨烯材料的结构有显著影响。煤基腐殖酸的大分子结构是芳环和脂环，环上连有羟基、羧基和羰基等多种含氧官能团，这是腐殖酸不同于煤的显著特点。腐殖酸被认为是一种天然的氧化石墨烯，含有多种含氧官能团，因此在制备石墨烯时可省去氧化步骤，直接还原制备石墨烯。但腐殖酸芳香度不够高,生成的石墨烯片层尺寸相对较小。

(2)碳纳米片

在金属离子电池体系中,倍率性能是评价电池性能的关键指标之一。以煤及煤沥青等衍生物为原料制备的碳纳米片具有较薄的层状结构,碳纳米片作为金属离子电池的负极材料时,能够显著缩短离子的扩散路径,促进电解液的快速扩散,有利于提升电池的倍率性能。模板法是一种简单而有效的制备煤基碳纳米片的方法,在设计和构筑各种特殊而复杂的纳米结构中具有明显优势。铁镁铝层状双金属氢氧化物、氯化钠、三嵌段共聚物、氢氧化镁、层状 MgO 和中孔二氧化硅都可作为煤沥青制备碳纳米片的模板剂。

### 2.3.4 煤基三维碳纳米材料及应用

煤基三维碳纳米材料主要包括活性炭、中孔碳、泡沫炭、碳分子筛和多孔碳球等,在能源、环境、生物等技术领域有广阔的应用前景。

(1)活性炭

活性炭是一种由含碳物质经加工得到的人工碳材料制品,具有孔隙发达、比表面积大、表面官能团丰富、性能稳定、吸附容量大、催化活性高和可再生等特点。活性炭在国防、化工、食品、医药、环保等领域有广泛的用途,近年来,作为能源、环境新材料又显示出广阔的应用前景。生产活性炭的原料有木材、果核、果壳、泥炭、不同变质程度的煤、石油焦及合成高分子材料等。与其他原料相比,煤炭来源广泛、价格低廉,煤基活性炭机械强度大、化学性质稳定,世界范围内煤基活性炭产量占活性炭总量的 70% 以上,目前我国煤基活性炭产能已达近 90 万吨/年。

煤基活性炭的制备方法主要有化学活化法、物理活化法和化学物理活化法。化学活化法是将化学试剂加入原料煤中,在惰性气氛中加热,试剂在煤内部渗透、溶胀和溶解,发生氧化和脱水反应,原料中的 H 和 O 以水蒸气的形式放出,形成发达的孔隙结构。化学活化的常见药剂有磷酸、氯化锌和氢氧化钾等。化学活化需要原料中的氧、氢含量分别不低于 25% 和 5%,特别适合木质原料的活化造孔。除了极少数年轻褐煤的氧质量分数达 20%,少数褐煤及中低变质程度烟煤的氢质量分数在 4.5% 左右外,很少有煤的氧、氢含量同时达到上述指标。化学活化法的活化剂多为腐蚀性物质,会腐蚀设备、污染环境,故在工业实践中化学法制备煤基活性炭并不多见。物理活化法首先将煤低温热解除去煤中挥发性物质,得到炭化料,然后用水蒸气或 $CO_2$ 在高温下烧蚀部分碳来获得相应的孔结构。物理活化法制备微孔活性炭的工艺已比较成熟,缺点是活化时间较长,微孔孔径分布较难控制。化学物理活化法是将化学活化法和气体活化法结合的方法。首先在原料煤中加入一定量的化学药剂,加工成型,再经过炭化和气体活化后可制造出具有特殊结构性能的活性炭。化学物理活化法可通过改变添加剂的种类和数量制备孔隙发达且孔径分布合理的活性炭,尤其是在制备中孔发达的活性炭方面有显著效果。此外,利用该方法可在活性炭材料表面添加特殊官能团,借助官能团的化学性质,使活性炭吸附材料具有化学吸附作用,提高其对特定污染物的吸附能力。

(2)泡沫炭

泡沫炭是具有微米至毫米级贯通孔结构的海绵状大孔碳材料,具有密度小、耐高温、抗热震、耐腐蚀、易加工、导热导电和热膨胀系数小等优点。泡沫炭被广泛应用于热防护材料、生物材料、隐身材料、复合材料工装、先进复合材料骨架、高性能电池电极材料、催化剂载体以及轻质装甲材料等诸多技术领域。泡沫炭可以有机聚合物、沥青或煤等为原料采用不同的制备工艺而制得,不同起始原料和制备工艺所得到的泡沫炭结构和性能差异也较大,但目前都是以煤的衍生物制备泡沫炭,如煤焦油、煤沥青、中间相沥青和煤液化残渣等。煤衍生物制备泡沫炭的常用方法有发泡法和模板法，发泡法通常是利用压力使炭化产生的气体溶解于沥青熔体内，随后迅速释放压力形成孔泡，继而通过氧化固化或直接炭化技术保持其孔泡结构。模板法制备泡沫炭时首先将沥青配制成溶液或浆料涂覆于高聚物泡沫表面，再经氧化、炭化得到泡沫碳材料。模板法制备泡沫炭具有结构可控、合成条件温和、易于实现工业化的特点。

（3）碳分子筛

碳分子筛是近几十年发展起来的一种新型非极性碳质吸附材料，以均一和发达的微孔结构区别于活性炭。碳分子筛和沸石分子筛一样，都具有筛分分子的作用，但碳分子筛的耐热、耐酸、耐碱性及疏水性均优于沸石分子筛，这使其广泛应用于气体分离与净化、色谱柱填料和催化剂载体。碳分子筛与活性炭的孔隙率和孔径分布有显著差异，碳分子筛以微孔为主，孔径分布在 0.3～1.0 nm 范围内，微孔体积占 90% 以上；活性炭的孔径分布范围宽，从微孔到大孔都有，相应的孔容也比碳分子筛的孔容大得多。用于制造碳分子筛的原料非常广泛，从天然产物到合成的高分子聚合物均可，煤是制备碳分子筛的重要原料，一般低灰分、高碳含量及高挥发分的煤被认为是理想原料。煤基碳分子筛的基本工艺路线如图 2-15 所示，一般包括破碎、预处理、加黏结剂捏合成型、干燥、碳化、调整孔径分布等步骤。以煤为原料制备碳分子筛的方法有碳化法、气体活化法和碳沉积法。碳化法是在惰性气氛下将成型碳料于适当热解条件下碳化的方法，加热过程中各基团、桥键、自由基和芳环发生分解缩聚反应，使碳化物形成孔隙、孔径扩大和收缩。气体活化法是将成型碳化料在活性介质中加热处理的方法，其基本原理是基于含碳原料中部分碳的烧失，从而形成孔隙结构。气体活化法适用于气孔率低且挥发分较低的含碳原料，常用的活化剂有气体（水蒸气、二氧化碳、空气）、化学药剂（氢氧化钾、氢氧化钠、双氧水、硝酸）等。烟煤和无烟煤常采用此法活化。碳沉积法是在高温下将烃类蒸气通入多孔碳材料中，或将多孔碳材料浸以烃类或高分子化合物，然后在高温或低温下进行热处理的方法，碳沉积法分为气相碳沉积和液相碳沉积两种。碳沉积法基于烃类或高分子化合物在碳分子筛中裂解形成积碳并沉积在多孔炭质吸附剂的孔道口或孔道壁上，以达到堵孔、使孔径缩小和趋向均一化的目的，实现多孔炭质吸附剂孔径的调整。常用的堵孔剂为沸点为 200～360℃ 的有机化合物，例如苯、乙苯、苯乙烯等。

图 2-15　以煤为原料制备碳分子筛的流程

# 2.4　煤制化学品技术

发展煤的非燃料利用途径是煤化工未来发展的方向。除了煤制碳基能源材料技术外，煤制化学品技术也是煤炭低碳清洁利用的重要方向，能够显著提高煤的附加值。煤制化学品技术总体上可分为直接制化学品和间接制化学品，后者是通过煤气化和合成等步骤制备各类替代石油或从石油路线无法合成的化学品，近些年来在我国得到了迅速发展。

## 2.4.1　间接法制化学品

煤炭间接法制化学品是先将煤与气化剂反应转变为粗合成气，再经变换、脱硫、脱碳后制成合适比例的洁净合成气（$H_2$＋CO），最后在催化剂作用下合成化学品的技术。煤气化技术在前面已介绍，本节重点介绍从合成气出发合成各种化学品的技术与方法。

（1）合成气制甲醇

甲醇是最简单的饱和一元醇，俗称"木精"，常温常压下甲醇是无色透明、易燃、极易挥发且略带醇香味、刺激性气味的有毒液体。甲醇能和水以任意比互溶，但不形成共沸物，能和多数常用的有机溶剂（乙醇、乙醚、丙酮、苯等）混溶并形成恒沸点混合物。甲醇是一种重要的基本有机化工原料和溶剂，在世界上的消费量仅次于乙烯、丙烯和苯，可用于生产甲醛、甲酸甲酯、香精、染料、医药、火药、防冻剂、农药和合成树脂等，也可用来制取烯烃（MTP、MTO）和氢气，还广泛用于合成各种重要的高级含氧化学品如醋酸、酸酐和甲基叔丁基醚等。

合成甲醇的方法有高压、中压和低压三种。高压法是 CO 与 $H_2$ 在高温（340～420℃）和高压（30～50MPa）下用锌-铬氧化物作催化剂合成甲醇，此法是 20 世纪 80 年代以前生产甲醇的主要方法。低压法是 CO 和 $H_2$ 在较低温度和压力（275℃、5MPa）下用铜基催化剂合成甲醇。随甲醇合成催化剂和反应器新技术的不断发展，低压法合成甲醇已日趋显示出明显的优势，可节省甲醇合成气压缩功耗，降低投资费用和生产成本，甲醇合成原料气的生产及净化也可在低压下进行。中压法合成甲醇是 CO 和 $H_2$ 在中等温度（235～315℃）和压力（10～27MPa）下合成甲醇。合成气在催化剂表面进行甲醇合成是一系列复杂可逆的化学反应，主要化学反应有：

$$CO+2H_2 \longrightarrow CH_3OH \quad \Delta H=-102.5kJ/mol$$
$$CO_2+3H_2 \longrightarrow CH_3OH+H_2O \quad \Delta H=-59.6kJ/mol$$
$$CO+H_2O \longrightarrow CO_2+H_2 \quad \Delta H=-41.2kJ/mol$$

甲醇合成的主要反应都为放热反应，低温有利于提高转化率，但也应注意到甲醇合成时反应热的及时移出很重要。甲醇合成过程中还伴随着众多副反应，例如可能生成其他醇类、烃类、醛类、醚类和酯类等。无论是锌铬催化剂还是铜基催化剂，甲醇合成反应的多相催化过程都按扩散、吸附、表面反应、解析、再扩散五个步骤进行。甲醇合成全过程的速率取决于上述最慢步骤，表面反应中分子在催化剂活性表面的反应速率最慢，因此整个反应过程取决于表面反应的进行速率。提高压力、升高温度均可使甲醇合成反应速率加快，从热力学角度分析，提高压力、降低温度也有利于化学平衡向生成甲醇的方向移动，同时可抑制副反应的发生。

合成甲醇是典型的气固非均相催化反应过程，没有催化剂的存在，合成甲醇反应几乎不能进行。合成甲醇工业的进展很大程度上取决于催化剂性能的改进，很多工艺指标和操作条件都由所用催化剂的性质决定。工业上使用的甲醇合成催化剂主要是锌铬和铜基催化剂两种。锌铬催化剂一般采用共沉淀法制备，将锌与铬的硝酸盐溶液用碱沉淀，经洗涤、干燥、成型后可制得催化剂。锌铬催化剂的使用寿命长，耐热性和抗毒性能好，机械强度高，但其活性温度高，操作温度在 320～400℃ 之间，为了获得较高的转化率必须在高压下操作（25～35MPa），目前逐步被淘汰。铜基催化剂开发于 20 世纪 60 年代，具有良好的低温活性、较高的选择性，通常用于低、中压流程。铜基催化剂的主要化学成分是 CuO/ZnO/$Al_2O_3$ 或 CuO/ZnO/$Cr_2O_3$，其活性组分是 Cu 和 ZnO，同时还要添加一些助催化剂，促进催化剂活性。$Cr_2O_3$ 的添加可以提高铜在催化剂中的分散度，同时又能阻止分散的铜晶粒在受热时被烧结、长大，延长催化剂的使用寿命。$Al_2O_3$ 价廉、无毒，用 $Al_2O_3$ 代替 $Cr_2O_3$ 的铜基催化剂活性更好。CuO 对甲醇合成无催化活性，使用之前需将其还原成单质铜，工业上采用氢气、一氧化碳作为还原剂，对铜基催化剂进行还原。铜基催化剂最大的特点是活性高，反应温度低，操作压力低；缺点是对合成原料气杂质要求严格，特别是原料气中的 S、As 必须精脱除。

（2）甲醇制化学品

甲醇化工是 $C_1$ 化学的重要基础，以甲醇为原料的下游化工产品种类很多，而煤基甲醇的下游化学品主要有烯烃、二甲醚、芳烃和醋酸等。

① 二甲醚　二甲醚为无色、无毒、有轻微醚香味的气体或压缩液体，是一种重要的化学中间体。二甲醚的生产方法主要有两步法和一步法，一步法是由天然气转化或煤气化生成合成气后，合成气在合成反应器内同时完成甲醇合成与甲醇脱水两个反应过程以及变换反应，产物为甲醇与二甲醚的混合物，经蒸馏装置分离得到二甲醚，未反应的甲醇返回合成反应器。一步法多采用双功能催化剂，其中一类为合成甲醇催化剂，如 Cu-Zn-Al（O）基催化剂等；另一类为甲醇脱水催化剂，如氧化铝、多孔 $SiO_2$-$Al_2O_3$、Y 型分子筛、ZSM-5 分子筛、丝光沸石等。两步法合成二甲醚时先由合成气合成甲醇，甲醇在固体催化剂下脱水制二甲醚。国内外多采用含 $\gamma$-$Al_2O_3$/$SiO_2$ 制成的 ZSM-5 分子筛作为脱水催化剂，反应温度控制在 280～340℃，压力为 0.5～0.8MPa，甲醇的单程转化率在 70%～85% 之间，二甲醚的选择性大于 98%。一步法合成二甲醚没有甲醇合成的中间过程，其工艺流程简单、设备少、投资小、操作费用低、经济效益高。两步法合成二甲醚目前仍是工业生产的主要工艺，技术成熟，装置适应性广，脱水反应副产物少，二甲醚纯度高；但该流程较长，因而设备投资较大。

② 烯烃　乙烯和丙烯是重要的化工原料，甲醇制烯烃是指以甲醇为原料制取低碳烯烃的工艺，在石油资源紧缺背景下，与石油烃类蒸气裂解制得低碳烯烃工艺相比，这种工艺路线更经济，有更广阔的发展空间。甲醇制烯烃反应是两分子或三分子甲醇脱水分别生成乙烯和丙烯，其反应机理比较复杂，目前至少有 20 种不同的反应机理，但归纳起来可以分为串联型机理和并联型机理两大类。串联型机理认为，每步反应仅增加 1 个来自甲醇的碳，可能发生的反应包括：$2C_1 \longrightarrow C_2H_4 + H_2O$、$C_2H_4 + C_1 \longrightarrow C_3H_6$、$C_3H_6 + C_1 \longrightarrow C_4H_8$ 等，但串联型机理无法解释反应存在动力学诱导期的现象。并联型机理中被广泛接受的是"烃池"机理，该机理的基本特征是甲醇在催化剂笼内先反应产生碳氢化合物，然后通过一系列步骤后生成乙烯、丙烯、丁烯等低碳烯烃，并在一个催化循环内使初始的碳氢化合物物种复原。"烃池"机理存在一个动力学诱导期，反应开始时只有少量碳氢化合物生成，当反应进行到一定时间后，碳氢化合物的生成量突然增加后保持相对稳定；该机理表达了一种平行反应的思想，乙烯、丙烯甚至积碳都来源于一种被称为"烃池"的中间产物，这种"烃池"物种是在诱导期内形成的。

甲醇制烯烃催化剂的活性、选择性、使用寿命、价格直接影响到甲醇的转化率、烯烃的收率、生产的连续性以及在行业中的竞争力。可用于甲醇制烯烃的催化制包括菱沸石、毛沸石、T 沸石、ZK-5 等，主产物是 $C_2$～$C_4$ 直链烯烃，但受孔结构限制，催化剂很快就会积碳。中孔沸石，如 HZSM-5 对甲醇制烯烃反应有较高的灵活性，且失活速率明显低于小孔沸石，但对乙烯的选择性较差，而丙烯收率较高。20 世纪 90 年代 UOP/Hydro 采用 SAPO-34 分子筛催化剂和快速流化床反应器取得了良好结果，甲醇转化率保持 100%，乙烯和丙烯纯度超过 99.6%，乙烯与丙烯选择性分别为 55% 和 27%。中国科学院大连化学物理研究所（以下简称大连化物所）是中国较早进行甲醇制烯烃理论及工艺研究的机构。1990 年，大连化物所开始将研究重点从 ZSM-5 分子筛催化剂固定床工艺转向以 SAPO-34 分子筛催化剂为基础的流化床工艺研究，并在此基础上成功研发出合成气经二甲醚制取低碳烯烃（SDTO）工艺和甲醇制烯烃（DMTO）工艺。DMTO 采用 SAPO-34 分子筛催化剂，在密相循环流化床反应器上实现甲醇到烯烃的催化转化，甲醇转化率达到 99.9％以上，乙烯＋丙烯选择性达到 80％以上。2010 年 8 月，采用 DMTO 工艺的全球首套百万吨级工业化装置——神华集团内蒙古包头煤制烯烃项目建成投运，目前 DTMO 技术已发展到第三代。

③ 芳烃 传统芳烃由石油路线制得，近年来由于石油资源紧张造成了芳烃特别是苯、甲苯、二甲苯的价格居高不下。1977 年研究者首次发现在 644 K、常压条件下，以分子筛为催化剂，甲醇可反应生成芳烃，产物中芳烃的质量分数为 41.1％。这一实验结果表明由甲醇制芳烃是一条可行的工艺路线，该工艺可利用煤资源弥补石油资源来生产基础化学品。甲醇制芳烃反应中芳烃的收率取决于反应压力，高压有利于芳烃的形成，而低压有利于低碳烯烃的形成。甲醇制芳烃技术的关键是开发出高活性、高选择性且具有稳定性的金属离子改性的分子筛催化剂。

（3）合成气直接制烯烃

合成气经甲醇间接制低碳烯烃技术虽然具有产物选择性高和灵活可调等优点，但也存在工艺流程长、能耗高和投资大等问题。合成气直接（一步法）制低碳烯烃工艺流程短、成本低，是当前研究热点。合成气直接制低碳烯烃有两种工艺路线，第一种是在现有费托合成制油品工艺的基础上，使用改性的费托合成催化剂经一步反应制低碳烯烃工艺；第二种是合成气经双功能催化体系直接转化制低碳烯烃工艺。如图 2-16 所示，费托合成反应产物分布广，受 Anderson-Schulz-Flory（ASF）分布的限制，当链增长因子 $\alpha$ 在 0.4~0.5 之

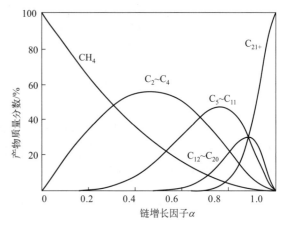

图 2-16 费托合成产物的 ASF 分布

间时，低碳烃（包含烯烃和烷烃）的选择性最高为 57％，甲烷选择性大约为 30％，想要获得高的低碳烯烃选择性，需要降低链增长因子 $\alpha$。但是链增长因子 $\alpha$ 减小的同时甲烷选择性也会增加。因此需要选择合适的催化剂，打破 ASF 分布，提高低碳烯烃的选择性，这是合成气经费托合成制低碳烯烃的关键。合成气直接制备低碳烯烃催化剂体系的活性金属主要有 Fe、Co、Ni、Ru 等，通常还要添加碱金属（Na、K 等）、过渡金属（Mn、Ru 等）或非金属组来提高选择性。合成气经双功能催化剂直接转化制低碳烯烃工艺是通过研究和开发新型复合催化剂，将合成气制甲醇和甲醇中间体制低碳烯烃这两步反应缩减为一步反应，用一种催化剂实现合成气一步法制低碳烯烃的工艺目标。该工艺所选用催化剂的基本原理是使用一种金属氧化物和分子筛复合的双功能催化剂，双功能催化剂包含具有氧化功能的第一类催化活性中心和具有甲醇脱水功能的第二类催化活性中心。第一类活性中心由金属氧化物构成，可吸附并活化合成气中的 CO，并将其转化为甲醇或其他中间产物如乙烯酮等；第二类活性中心为酸性分子筛，其主要作用是将上述中间产物甲醇、乙烯酮等转化为低碳烯烃。第一类活性中心上的反应为放热，第二类活性中心上的反应为吸热，两类活性中心相互耦合与协同。该工艺的优点是产物中 $C_4$ 以下低碳烯烃选择性较高，可达到 80％（费托合成路线为 20％），缺点是 CO 单程转化率较低，仅约 20％（费托合成路线为可达 80％）。因此，未来该工艺要解决的主要技术问题是开发原料气循环反应工艺，将未反应的合成气重新循环进入反应器以提高 CO 总转化率。

（4）合成气制 $C_{2+}$ 醇

以合成气为原料可制备的 $C_{2+}$ 醇有乙醇、乙二醇和高碳醇等，是煤化工下游的重要方向。乙醇是一种重要的化工原料，用途广泛，工业上一般用淀粉发酵法或乙烯水合法制备乙醇。发酵法对环境污染严重，且原料不可持续；乙烯水合法的原料乙烯要耗费大量石油资源。通过合成气制备乙醇是一种清洁高效的方法，主要有直接法和间接法两种工艺路线。合成气直接制乙醇工艺是通过碳链增长以及 CO 插入的过程实现的，碳链增长是 CO 解离吸附生成 C 物种，然后加氢生成烷基单体，再进行耦合反应形成烃类；CO/CHO 插入机理是 CO 先与表面 H 作用生成—CHO，再加氢生成—$CH_2OH$、$CH_3OH$，或者是 CO 与—$CH_3$ 作用形成 $CH_3CO$—，加氢形成 $CH_3COH$，最后经过 CO 插入反应和 C—O 键断裂反应实现碳链增长。合成气直接制乙醇工艺所采用的催化剂主要有 Mo 基催化剂、Rh 基催化剂、改性甲醇催化剂、改性 F-T 合成催化剂。合成气直接催化制备乙醇更符合原子经济学，具有原料来源广泛、工艺路线短、操作费用低等优点，但存在催化活性不理想、乙醇选择性不高等问题，目前尚处于研究阶段。合成气间接制备乙醇的技术路线主要有四种工艺：①合成气经甲醇羰基化制乙酸，乙酸直接加氢转化为乙醇；②合成气合成甲醇后与 CO 偶联形成草酸二甲酯，草酸二甲酯再加氢生成乙醇；③合成气经二甲醚羰基化制乙酸甲酯，乙酸甲酯加氢制乙醇；④合成气经甲醇羰基化制乙酸，乙酸和烯烃加成酯化为乙酸酯，乙酸酯加氢生成乙醇并联产其他醇。

乙二醇可用于生产聚酯纤维、防冻剂、不饱和聚酯树脂等。石油路线的乙二醇生产采用环氧乙烷水合法，也需要消耗大量乙烯。煤基合成气制乙二醇工艺替代石油路线在我国具有广阔的前景和重要的意义。煤制乙二醇有两种技术路线，一种是煤制甲醇转烯烃然后再走传统石油路线，另一种是煤基合成气直接或间接合成乙二醇，后者更具成本优势。煤基合成气直接生产乙二醇工艺的合成压力和温度过高，转化率和产物选择性不好，所以目前还未工业化。以合成气气相反应制取草酸酯，草酸酯再加氢生产乙二醇的两步法（草酸酯法）反应条件温和，选择性高，是煤制乙二醇技术发展的主要方向，典型草酸酯法煤制乙二醇的工艺流程如图 2-17 所示。CO 经草酸酯合成乙二醇的工艺最早由日本开发，起初采用 $PdCl_2/CuCl_2$ 催化剂的反应副产物较多，且设备腐蚀严重，后经改进采用亚硝酸丁酯作为助剂解决了设备腐蚀问题。但液相条件下合成草酸酯易造成催化剂活性组分流失，且要严格控制反应生成的水分，限制了其工业化，后来气相条件下合成乙二醇的工艺成为主流。国内科研单位从 20 世纪 80 年代开始煤基乙二醇生产工艺的开发，如中国科学院福建物质结构所、天津大学、华东理工大学等在催化剂和工艺路线开发等方面取得了突破，基于各科研单位的研发成果，国内煤制乙二醇项目快速推进，目前产能已突破 1000 万吨/年。

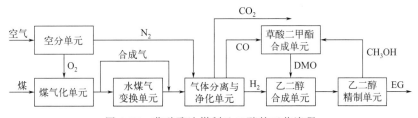

图 2-17　草酸酯法煤制乙二醇的工艺流程

高碳醇是指六个碳原子以上的一元醇，是合成表面活性剂、增塑剂、洗涤剂、工业溶剂等精细化工品的基础原料。我国是高碳醇消费大国，但受制于资源和技术限制，高碳醇进口依赖度较高。目前工业生产高碳醇的方法有天然油脂酯化加氢、$C_{10} \sim C_{16}$ 正构烷烃氧化、阿尔弗尔法、$\alpha$-烯烃羰基合成法等。上述方法存在原料昂贵、生产流程长、产品纯度低、催化剂易流失等技术难点。合成气直接制备高碳醇工艺具有原料来源广泛、生产流程短的优点，产品直链伯醇应用前景广阔。从机理而言，合成气制高碳醇需要催化剂表面具有协同作用的 C—C 键增长和醇生成的位点，目前用于制备 $C_{2+}$ 醇类的催化体系主要有 Mo 基、Rh 基、改性甲醇合成、改性费托合成催化剂。改性甲醇催化剂与 Mo 基催化剂上醇类产物主要为 $C_{1\sim5}OH$，以 $MoS_2$ 为活性组分的 Mo 基催化剂抗中毒、抗积碳能力较强。Rh 基催化剂具有较高的活性，但碳链增长能力弱，因此生成的产物主要为乙醇，并且昂贵的价格限制了其工业应用。相比之下，改性费托合成催化剂利用活性组分 Co 或 Fe 解离活化 CO 与促进碳链增长的能力，对活性相进行调控提高醇类的选择性，有利于获得更高碳数的直链伯醇，目前报道的能获得 $C_{6+}OH$ 产物的催化剂主要来自改性费托合成体系。

### 2.4.2　直接法制化学品

（1）从煤焦油中提取化学品

煤焦油是煤炭炼焦、兰炭生产、煤制气及煤热解等煤化工生产中伴生的副产品。根据干馏温度和方法可将煤焦油分为高温炼焦焦油（1000℃以上）、中温立式炉焦油（900～1000℃）、低温和中温发生炉焦油（600～800℃）、低温干馏焦油（450～650℃）。煤焦油中含有大量高附加值有机化合物，是生产有机化学品的重要来源。从煤焦油中分离、富集和提纯有机化合物，再经过精制等步骤可得到符合市场需求的多种化工产品，比直接合成化学品具有显著的技术和成本优势。高温煤焦油的深加工和精细分离开发较早且工艺相对比较完善。高温煤焦油以芳香族化合物为主，尤其是二环以上的缩合芳烃；在高温煤焦油的不同馏分中富集有不同的化合物（表 2-2），例如轻油中含有苯、甲苯、二甲苯和乙苯（BTEX）等，在萘油馏分中有萘、萘酚、二甲酚和吡啶碱等，在洗油馏分中有蒽、芴、氧芴和吲哚等，而在蒽油馏分中有蒽、菲和咔唑。在多种分离和提纯方法的耦合下，高温煤焦油各馏分中的主要化合物都可以被提取出来，其分离和提纯的常用方法有精馏、液液萃取、离子液体萃取、低共熔溶剂萃取、超临界流体萃取、吸附分离、结晶分离、膜分离、络合萃取、酸/碱萃取和柱色谱分离等，此外，还有一些利用化学反应的靶向作用来富集化合物的方法。

表 2-2　高温煤焦油馏分特性

| 馏分 | 沸点/℃ | 密度/(kg/L) | 收率/% | 主要组成 |
|---|---|---|---|---|
| 轻油 | <180 | 0.88～0.90 | 0.5～1.0 | 苯、甲苯、二甲苯等苯族烃 |
| 酚油 | 180～210 | 0.98～1.01 | 2～4 | 苯酚、甲苯酚、二甲酚、萘、吡啶碱 |
| 萘油 | 210～230 | 1.01～1.04 | 9～12 | 萘、酚、甲酚、二甲酚、重吡啶碱 |
| 洗油 | 230～300 | 1.04～1.06 | 6～9 | 萘、蒽、芴、氧芴、吲哚 |
| 蒽油 | 300～360 | 1.05～1.10 | 20～24 | 蒽、菲、咔唑 |
| 沥青 | >360 | | 50～55 | 沥青、游离碳 |

中低温煤焦油的组成与高温煤焦油有较大差异，其中烷烃、环烷烃、轻质芳烃和酚类的含量较高，而稠环芳烃含量低于高温煤焦油。中低温煤焦油中烷烃和环烷烃作为化工产品的利用价值不高，而主要是用于替代石油路线来生产液体燃料。中低温煤焦油中的酚类和轻质芳烃作为生产苯酚、甲酚、二甲酚和 BTEX 的原料具有较大的应用和开发潜力。中低温煤焦油的分离流程与高温煤焦油有较大差异，通常先对中低温煤焦油进行实沸点切割得到沸点<180℃的轻馏分和沸点>180℃的重馏分，再利用酸碱反应和相转移萃取方法将重馏分分离为酸性组分、碱性组分和中性组分，最后利用柱层析分离方法将中性组分洗脱成 4～6 种

亚组分（图 2-18）。中低温煤焦油重质馏分的含量在 85% 以上，中性组分的含量最高，其次是酸性组分，中性组分中主要是饱和烃和芳香烃，酸性组分主要是酚类。

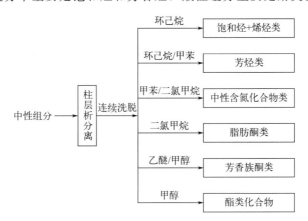

图 2-18　中性组分的柱层析分离方法

（2）从煤液化产物中提取化学品

煤炭直接液化技术所生产的液化油以原料形式为导向来制备煤基化学品的路线相比于液化油加氢制油品更有竞争力，该路线充分利用了煤结构特点，更符合"双碳"背景下的煤化工方向。煤直接液化油中酚含量在 10% 以上，主要以苯酚、甲酚、二甲酚等低级酚的形式存在；芳烃占煤直接液化粗油物质组成的 60% 左右，且结构复杂种类繁多，其中 BTEX、萘系和菲系等多环芳烃占主要组成部分。液化油中单环芳烃主要为烷基取代苯类化合物，二环芳烃组分主要是烷基取代萘类化合物，三环芳烃主要为渺位缩合的菲类化合物，四环芳烃主要为芘、䓛类化合物，五环芳烃以苯并芘类化合物为主。因此从含量丰度来看液化油中具有富集和提纯价值的化合物主要是酚类和多环芳烃，其提取和分离方法与煤焦油类似。目前在该领域的研究较少，也未受到足够重视，但却是未来煤化工发展的重要方向之一。

（3）溶剂分离煤与化学品提取

溶剂分离和解聚煤也可生成具有原煤结构特征的有机化合物，相比于煤炭热解和直接液化等路线，溶剂分离和解聚煤的条件更温和，对原煤结构的破坏程度轻，更能产生具有原煤结构特征的高价值化学品。该技术路线需要使用溶剂或试剂，反应条件也与分离和解聚方法有较大差异。表 2-3 列出了常用溶剂分离和解聚煤的方法与特点。低温萃取主要是分离出了煤中的移动相和少量弱结合形式的固定相，低温萃取过程的温度一般接近室温，常见萃取溶剂有二硫化碳、丙酮、吡啶、苯、四氢呋喃、二氯甲烷、氯仿、氮甲基吡咯烷酮、离子液体和低共熔溶剂等，低温萃取产物中有烷烃、环烷烃、芳香烃、酚类、酮类、醚类和含硫氮杂原子化合物。低温萃取条件温和、过程简单，但萃取率较低。煤的热溶分离是近年来发展的一种煤高效液化技术，该技术利用 1-甲基萘、2-甲基萘、甲醇、轻质循环油等热熔溶剂使煤中大部分有机质通过热态微滤与无机矿物质分离，进而产生液态有机化合物。热溶产物具有成为特种燃料及制备高性能碳材料的潜质，是一种新型的煤炭清洁转化技术。醇解是指以低碳烷醇作为溶剂在超临界状态下使煤有机质中含有丰富的氧桥键在亲核试剂醇类的进攻下断裂，进而转变为可溶的有机小分子化合物。通过较温和条件下的醇解可以从煤中获取高附加值的含氧有机化学品，反应可在无催化剂条件下或碱性催化条件下进行。非催化下醇解时，低碳烷醇类如甲醇、乙醇和异丙醇等常作为煤超临界醇解的溶剂，在超临界状态下，这些溶剂有供氢能力和烷基化能力，能够破坏煤中的弱共价键（如含氧桥键），提高煤在这些溶剂中的可溶性。无机碱类化合物如 KOH、NaOH 和异丙醇钾等作为催化剂能有效促进醇解反应，强碱可以提高醇类的供氢能力，能够有效促进煤大分子网络结构中醚键和酯键的断裂。温和条件下的氧化解聚可从煤中获取高附加值含氧有机化学品——小分子脂肪酸和苯多酸，它们都是重要的工业化学品。根据氧化剂和氧化方法的不同，煤氧化解聚的方法主要包括碱/$O_2$氧化、NaClO水溶液氧化、$H_2O_2$水溶液氧化和钌离子催化氧化（RICO）等。这些不同的氧化剂对煤中有机结构的破坏力不同，可以得到分子量大小不同的氧化产品。目前针对溶剂分离煤所得产物的分离方法与煤焦油类似，但不完全相同，已有分离方法的效果比较差，需要进一步深入研究。

表 2-3　煤的溶剂分离与解聚方法对比

| 解聚方法 | 解聚条件 | 优点 | 缺点 |
|---|---|---|---|
| 低温萃取 | 30～60℃ | 条件温和 | 使用有机溶剂、萃取率低 |
| 高温热熔 | >300℃ | 萃取率高、萃取物组分多样 | 使用有机溶剂、操作温度高 |
| 醇解 | 超临界状态 | 条件温和、定向进攻含氧桥键、醇作为供氢剂和烷基化剂 | 产物复杂、后续分离流程长 |
| 催化加氢裂解 | 以金属硫化物或氧化物、固体酸、碱等为催化剂 | 主要在碳氧桥键处断键 | 催化剂设计、消耗氢气 |
| $H_2O_2$氧化 | $H_2O_2$ | 条件温和、易于操作 | 只能在低温下进行、降解度低 |
| NaClO氧化 | NaClO | 氧化活性更高 | 产物伴有氯代物、分离和应用困难 |
| 硝酸氧化 | 硝酸 | 所得腐殖酸含量更高、分子更小 | 价格高，产物复杂，纯化分离困难 |
| 碱氧氧化 | 空气/$O_2$、NaOH | 价格低，深度氧化 | 高压，体系盐析效应影响苯羧酸收率 |
| RICO | 钌离子为催化剂、$NaIO_4$为共氧化剂 | 选择性切断桥键 | 价格昂贵，工业应用受限 |

 思考题

1. 煤的化学结构具有什么特点？
2. 从宏观和微观角度看煤炭热解过程所发生的物化现象分别是什么？
3. 煤炭直接液化和热解过程的产物类型、组成有何差异？
4. 典型煤炭气化反应器有哪些类型，具有什么特点？
5. 煤基碳材料的制备通常有哪些原料，各种原料的适用范围如何？
6. 煤基碳材料的应用场景有哪些？
7. 煤炭间接法制备化学品类型有哪些，有何用途？
8. 煤炭直接法制化学品需要依赖什么样的煤转化工艺？

思考题答案

◆ 参考文献 ◆

［1］　陈兆辉，高士秋，许光文．煤热解过程分析与工艺调控方法．化工学报，2017，68（10）：3693-3707.

［2］ 郭树才. 年轻煤固体热载体低温干馏. 煤炭转化，1998（03）：57-60.

［3］ 张双全，吴国光. 煤化学. 徐州：中国矿业大学出版社，2019.

［4］ 王永刚，周国江，王力，等. 煤化工工艺学. 徐州：中国矿业大学出版社，2014.

［5］ 刘源，杨伏生，贺新福，等. 影响煤炭热解产物分布的因素. 湖南科技大学学报，2016，31（1）：19-24.

［6］ 刘振宇. 煤快速热解制油技术问题的化学反应工程根源：逆向传热与传质. 化工学报，2016，67（01）：1-5.

［7］ 白太宽. 煤炭低温热解多联产技术——实现煤炭清洁高效利用的最佳途径. 煤炭加工与综合利用，2014，183（12）：6-10.

［8］ Niu Z, Liu G, Yin H, et al. Investigation of mechanism and kinetics of non-isothermal low temperature pyrolysis of perhydrous bituminous coal by in-situ FTIR. Fuel, 2016 (172): 1-10.

［9］ Shi L, Liu Q, Guo X, et al. Pyrolysis behavior and bonding information of coal — A TGA study. Fuel Processing Technology, 2013, 108: 125-132.

［10］ Mathews J P, Chaffee A L. The molecular representations of coal-A review. Fuel, 2012, 96: 1-14.

［11］ 邱介山，罗长齐，郭树才. 高性能煤基炭材料的研究现状与发展前景. 化工进展，1995，04：15-22.

［12］ 张永，杨琪，邵渊，等. 煤基功能炭材料的合成及储能应用. 煤炭学报，DOI：10.13225/j.cnki.jccs.2022.1215.

［13］ 邱介山，郭树才. 煤制碳分子筛. 煤化工，1990，02：18-26.

［14］ 齐振东. 煤直接液化产品特性、市场应用及新产品开发. 煤化工，2021，49（05）：19-23.

［15］ 皂辉杰，姚金刚，刘静，等. 合成气一步法直接制低碳烯烃双功能催化剂研究新进展. 燃料化学学报，2023，51（01）：19-33.

［16］ 传秀云，鲍莹. 煤制备新型先进炭材料的应用研究. 煤炭学报，2013，38（S1）：187-193.

［17］ 郝建秀，丁志伟，刘倩，等. 褐煤解聚产物利用及分离研究进展. 煤炭学报，2022，47（04）：1679-1691.

［18］ 魏贤勇，宗志敏，赵炜，等. 从高温煤焦油中分离缩合芳香族化合物的基础研究和技术开发. 石油学报（石油加工），2022，38（03）：500-511.

# 第3章

# 石油炼制与化工

石油作为重要能源载体已有 100 余年，其间石油炼制与化学加工技术不断涌现，至今仍发挥着重要作用。随着经济转型和市场需求的改变，石油炼制从单一燃料油生产逐渐转向炼油化工一体化生产，凸显石油的原料属性。本章从产品的需求类型出发，全面介绍石油炼制与化工生产方法与技术。

## 3.1 石油及产品概述

### 3.1.1 石油的成因与物理性质

（1）石油成因学说

石油的来源有有机成因和无机成因两种学说。有机成因学说认为石油的物质来源为远古时期的细菌、浮游植物、浮游动物和高等植物。这些生物死后会在泥沙等沉积物中保存下来，随着时间的流逝越埋越深，在埋藏过程中经历复杂的生物和化学变化，形成干酪根。随着埋藏深度持续增加，在一定的温度和压力条件下，干酪根不断发生催化裂解和热裂解，形成最初形态的石油。随后，这些石油从生成的岩石中渗出，经过初次和二次运移，最终在适当的环境下大量聚集，便形成油藏。有机成因说认为石油的形成时间非常漫长，在人类历史上是不可重复的，所以石油是不可再生资源。

无机成因学说认为石油是由地壳内部本身的碳元素在高温高压条件下经过多种物理化学反应而生成的，与生物无关，因而在地壳内石油每时每刻都在源源不断地生成，是可再生资源。石油的形成机理非常复杂，有机和无机成因说已争论了 100 余年。尽管石油有机成因论在当今油气地质学理论中有重要地位，但学者们对石油无机成因的研究也从未停歇，相信随着科技进步，石油的来源之谜终有一天会"水落石出"。

（2）石油的密度与分子量

石油及油品的密度和相对密度是计量以及炼油装置设计的重要参数，相对密度还与其化学组成密切相关，通过密度可关联出油品的其他重要物性参数。石油的密度是该样品单位体积的质量，单位为 $g/cm^3$ 或 $kg/m^3$。我国规定石油在 20℃ 时的密度为其标准密度，表示为 $\rho_{20}$。油品的相对密度是其密度与4℃下水的密度之比，是无量纲的。石油及油品的密度测量方法有密度计法和比重瓶法，对应有相应的标准。油品的相对密度与其组成的烃类结构有关，当碳原子数相同时，芳香烃的相对密度最大，环烷烃的次之，烷烃的最小。表 3-1 列举了大庆、胜利、孤岛、羊三木四种石油及各馏分的相对密度，石油中各馏分的相对密度是随其沸程的升高而增大的，对于＞500℃的减压渣油，其中含有较多的胶质和沥青质，相对密度接近甚至超过 1.0。

表 3-1　不同原油各馏分的相对密度

| 馏分温度范围/℃ | 大庆原油 | 胜利原油 | 孤岛原油 | 羊三木原油 |
|---|---|---|---|---|
| 200～250 | 0.8039 | 0.8204 | 0.8625 | 0.8630 |
| 250～300 | 0.8167 | 0.8270 | 0.8804 | 0.8900 |
| 300～350 | 0.8283 | 0.8350 | 0.8994 | 0.9100 |
| 350～400 | 0.8368 | 0.8606 | 0.9149 | 0.9320 |
| 400～450 | 0.8574 | 0.8874 | 0.9349 | 0.9433 |
| 450～500 | 0.8723 | 0.9067 | 0.9390 | 0.9483 |
| ＞500 | 0.9221 | 0.9698 | 1.0020 | 0.9820 |
| 原油 | 0.8554 | 0.9005 | 0.9495 | 0.9492 |
| 原油基属 | 石蜡基 | 中间基 | 环烷-中间基 | 环烷基 |

石油是复杂的烃类混合物，其中所含化合物的分子量是各不相同的，且范围很宽，只能用平均分子量来表示。石油的平均分子量有数均分子量和重均分子量，前者是指体系中各分子的摩尔分数与其相应分子量乘积的总和，测定方法有冰点降低法、沸点升高法、蒸气压渗透法和渗透压法等。重均分子量的定义是体系中各种分子量的分子的质量分率与其相应分子量乘积的总和，可用光散射法测定，应用较少。

石油中所含化合物的分子量范围从几十到几千，各馏分的数均分子量是随其沸程的升高而增大的，当沸程相同时，石蜡基原油的分子量最大，中间基原油的次之，环烷基原油最小。汽油馏分的平均碳数约为 8，其平均分子量为 100～120；轻柴油馏分的平均碳数约为16，其平均分子量约为 220～240；减压馏分的平均碳数约为 30，其平均分子量约为 370～400；减压渣油的平均碳数约为 70，其平均分子量约为 1000。

（3）蒸发性与馏分组成

石油及油品的蒸发性能是反映其气化、蒸发难易的重要性质，用蒸气压和馏程来表示。物质的分子气化潜热越小、温度越高，其蒸气压就越高。石油的蒸气压不仅与温度、气化潜热有关，还与其气化率有关，石油及油品是许多分子量大小不同的烃类和非烃类化合物组成的混合物，随着气化进行沸点在一定范围内逐渐升高，这个沸点范围称为馏程。馏程测定程序是将 100mL 油品放入到标准的蒸馏瓶中按规定速度加热，馏出第一滴冷凝液时的气相温度称为初馏点；随温度不断升高，馏出液达 10mL、20mL 直至 90mL 时的气相温度分别为10％、20％直至 90％馏出温度；当气相温度升高到一定数值后，就不再上升反而回落，这个最高的气相温度称为干点（终馏点）。根据馏程测定数据，以气相馏出温度为纵坐标，以馏出体积分数为横坐标作图即可得到油品的蒸馏曲线。

（4）黏温特性

黏度是评定石油及油品流动特性的指标，特别是润滑油质量标准中的重要参数。任何真实的流体，当其内部两层流体分子之间作热运动时都会因动量传递而产生内部摩擦力，黏度值就是表示流体运动时分子间摩擦力大小的指标。石油体系中黏度的类型有动力黏度、运动黏度和条件黏度。运动黏度常用毛细管黏度计法来测量，但该法只能用来测定牛顿型油品的黏度，如汽油和柴油；对于像石油和润滑脂这类非牛顿型流体，不能用毛细管黏度计来测黏度，而需要用旋转黏度计来测量。

石油及油品的黏度随温度的升高而降低，这一变化性质称为油品的黏温特性。不同油品对黏温特性的需求不同，如润滑油一般是在环境温度变化较大的条件下使用，所以要求它的黏度随温度的变化幅度不要太大。石油各烃类中正构烷烃的黏温性质最好，带有少分支长烷基侧链的少环烃类和分支程度不大的异构烷烃的黏温性质也是比较好的，而多环短侧链的环状烃类的黏温性质很差。

### 3.1.2 石油的化学组成

（1）元素组成

石油主要由碳、氢两种元素组成，它们的含量在 95.6%～99.4%之间，其中碳含量约为 83%～87%、氢含量约为 11%～14%。此外，石油还含有硫、氮、氧及微量元素，其总含量不过 5%，微量元素主要是铁、镍、铜、钒、铅、钙、镁、钠、锌、硅、磷和砷等。虽然这些非碳、氢元素含量较低，但它们均以碳氢化合物的衍生物形态存在于石油中，因此含有这些元素的化合物所占比例就相当大，其对石油加工过程和产品性质有很大影响。氢碳原子比是反映石油及油品化学组成的一个重要参数，其与油品的化学结构和分子量大小有关，如表 3-2 所示。

表 3-2　不同烃类结构的 H/C 原子比

| 分子式 | H/C | 分子式 | H/C |
|---|---|---|---|
| $C_5H_{12}$ | 2.40 | $C_{10}H_{21}$（环己基取代） | 2.00 |
| $C_6H_{14}$ | 2.33 | $C_6H_{13}$（十氢萘取代） | 1.88 |
| $C_7H_{16}$ | 2.29 | $C_2H_5$（全氢蒽取代） | 1.75 |
| $C_8H_{18}$ | 2.25 | $C_{10}H_{21}$（苯取代） | 1.63 |
| $C_{12}H_{26}$ | 2.17 | $C_6H_{13}$（萘取代） | 1.25 |
| $C_{16}H_{34}$ | 2.13 | $C_2H_5$（蒽取代） | 0.88 |

（2）烃类组成

石油和其直馏产品中主要是烷烃、环烷烃和芳香烃，一般不含烯烃，烯烃只出现在二次加工产品和煤或页岩焦油中。

直链或支链烷烃是石油的主要组分之一，在常温常压下，正构烷烃中 $C_1$～$C_4$ 是气体，是干气和液化气的主要成分；$C_5$～$C_{15}$ 烷烃是液体，主要存在于汽油和煤油当中；$C_{16}$ 以上的烷烃是固体，多溶解于石油及其油品当中，当温度降低时会以蜡的形式析出。蜡的含量对柴油和润滑油馏分的低温流动性能影响很大。蜡可分为石蜡和地蜡，石蜡主要由正构烷烃组成，而地蜡的主要成分是环烷烃。

环烷烃也是石油的重要组分，在石油中主要以五元和六元环的形式存在，且以六元环为主。汽油中只有单环的环烷烃，在更重的馏分中除含有带较长链的单环环烷烃外，还有双环以及三环到六环的多环环烷烃。石油中还含有特殊立体结构的金刚烷和胆甾烷。环烷烃有较

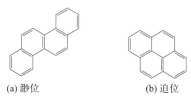

(a) 渺位　　　(b) 迫位

图 3-1　渺位和迫位缩合稠环芳烃

高的抗爆性能，凝点低，环少而支链长的环烷烃有较好的黏温性能和润滑性能，是汽油、喷气燃料和润滑油的良好组分。

芳香烃也是石油及其馏分的重要组成之一。石油轻馏分中一般含有单环芳香烃，在较重的馏分中有带更多更长侧链的单环芳香烃以及双环、多环芳香烃。在更重的馏分中还发现有三环、四环直至八环的稠环芳烃，这些稠环芳烃可以是渺位缩合，也可以是结构更加紧凑的迫位缩合形式（图 3-1）。

（3）族组成

当不需要或无法对石油中的单体化合物进行分析时，可用族组成来表示石油的化学组成，族是化学结构相似的一类化合物。对汽油馏分，族组成以烷烃、环烷烃和芳香烃的含量来表示；对于煤柴油和减压馏分，族组成包括正构烷烃、异构烷烃、环烷烃、芳香烃和非烃化合物；对于减压渣油，通常用溶剂萃取及液相色谱法将其分成饱和分、芳香分、胶质和沥青质四个族组分。

按族组成理论，凡是分子结构中有芳香环即归属为芳香烃，但石油的芳香分中除有芳香环外还会含有环烷环和烷基链，环烷烃分子中除有环烷环外往往还有烷基侧链。石油的高沸点馏分中所含化合物的分子量很大，分子结构也很复杂，通常在一个分子中同时含有芳香环、环烷环及烷基侧链。例如，⬡⬡—$C_{10}H_{21}$ 和 ⬡⬡⬡—$C_6H_{13}$，如按族组成分类它们都属于单环芳烃，但它们所含的环烷环和烷基链结构是不同的，因而人们又提出用结构族组成来描述这种混合类型的结构。

按照结构族组成的概念，任何烃类化合物，不论其结构有多复杂，都可以看成是由烷基、环烷基和芳香基三种结构单元所组成。结构族组成分析的数据只表示在分子中这三种结构单元的含量，而并不涉及它们在分子中的结合方式。结构族组成的观点认为 ⬡⬡—$C_{10}H_{21}$ 是由 ⬡、⬡、—$C_{10}H_{21}$ 这三个结构单元组成的，它们在分子中所占的比重可用芳香环上的碳数占分子总碳数的比例（$C_A$）、环烷环上的碳数占分子总碳数的比例（$C_N$）以及烷基侧链上的碳数占分子总碳数的比例（$C_P$）来表示。对 ⬡⬡—$C_{10}H_{21}$ 而言，各种结构单元在分子中占比为：

$$C_A = 6/20 \times 100\% = 30\%$$
$$C_N = 4/20 \times 100\% = 20\%$$
$$C_P = 10/20 \times 100\% = 50\%$$

此外，对其中的环数还可用下面三个结构参数来表示：

芳香环数　$R_A = 1$
环烷环数　$R_N = 1$
总环数　$R_T = R_A + R_N = 2$

借助上述六个结构参数（$C_A$、$C_N$、$C_P$、$R_A$、$R_N$、$R_T$），就可以表征一个分子的结构族组成。

## 3.1.3　石油产品

石油产品种类繁多，用途广泛，现有的石油直接衍生产品以及以石油为原料合成的各种石油化工产品数目高达几千种。随着社会经济水平的提高以及科学技术的进步，石油产品的种类还将增加。石油产品可按照性能与用途进行分类，也可按照产品用途进行分类。如表3-3所示，按照国际及我国通用标准，石油产品可分为六类，分别为燃料、润滑剂、沥青、蜡、石油焦以及溶剂与化工原料；按照石油产品的用途可细分成九类，如石油燃料类、溶剂油类、润滑油类等；每一大类产品还可以细分成若干小类，并包括众多具体产品。

**表 3-3　石油产品的分类**

| 分类标准 | 产品类型 | 构成 |
|---|---|---|
| 性能与用途 | 燃料 | 气体燃料、液化气燃料、馏分燃料、残渣燃料 |
| | 润滑剂 | 润滑油、润滑脂 |
| | 沥青 | 道路沥青、建筑沥青、专用沥青、乳化沥青 |
| | 蜡 | 石蜡、微晶蜡、凡士林、特种蜡 |
| | 石油焦 | 生焦、熟焦、海绵焦、针状焦 |
| | 溶剂与化工原料 | 抽提溶剂油、橡胶工业用溶剂油、油漆工业用溶剂油、四烯、三苯、乙炔、萘 |
| 产品用途 | 石油燃料类 | 汽油、喷气燃料、煤油、柴油和燃料油等 |
| | 溶剂油类 | 石油醚、橡胶溶剂油和油漆溶剂油 |
| | 润滑油类 | 内燃机润滑油、齿轮油、车轴油、机械油、仪表油、压缩机油和气缸油等 |
| | 电气用途类 | 变压器油、电容器油和断路器油等 |
| | 润滑脂类 | 钙基润滑脂、钠基润滑脂、钙钠基润滑脂、锂基润滑脂和专用润滑脂等 |
| | 固体产品类 | 石蜡类、沥青类和石油焦类等 |
| | 石油气体类 | 石油液化气、丙烷和丙烯等 |
| | 石油化工原料类 | 石脑油、重整油、AGO原料、戊烷、抽余油和拔头油等 |
| | 石油添加剂类 | 燃料油添加剂和润滑油添加剂 |

## 3.1.4　石油储存、生产与消费

根据《2021年世界能源统计年鉴》，截至2020年底，全球探明石油储量为1.73万亿桶。如图3-2所示，15个国家的探明石油储量占全球已探明石油储量的90%以上，各国家

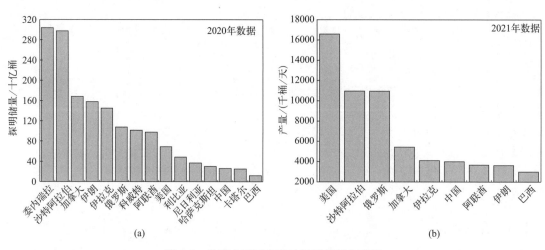

图 3-2　世界主要国家石油探明储量和产量

的探明储量占全球已探明石油储量都高于 1%。此外，OPEC 成员国的石油探明储量占全球的 68.8%。委内瑞拉依然是石油探明储量最多的国家，超过 3040 亿桶，沙特阿拉伯紧随其后，2980 亿桶，加拿大位居世界第三；相比而言，我国石油探明储量仅排到世界第 13 位。

2020 年，全球石油产量超过 2 亿吨的国家有五个。自 2018 年以来美国通过页岩气革命实现了能源自给，其产油量超越俄罗斯和沙特阿拉伯，成为采油采气第一大国，2020 年美国以 7.1 亿吨的石油产量稳居第一；沙特阿拉伯和俄罗斯紧随其后，产量都在 5.2 亿吨左右；加拿大及伊拉克分列第四、五位，产量分别为 2.5 亿吨和 2.0 亿吨左右。

# 3.2　典型石油炼制工艺

从石油中获得各种燃料、润滑油和其他产品的基本途径是先将石油按沸点分割成不同馏分，然后根据油品使用要求，除去馏分中的非理想组分，或经化学转化形成所需组分，最终可获得合格的石油产品。实现上述途径要经过一系列物理和化学炼制过程，其中有的涉及催化剂，有的不需要催化剂，有的是对液体进行转化，有的是对气体进行转化。本节将简述石油炼制工艺与过程。

## 3.2.1　物理分离过程

石油进入炼油厂后首先要经过物理分离去除其中的杂质，再经过蒸馏得到不同沸程范围的馏分，上述两个过程对应于石油脱盐脱水和石油蒸馏工艺。只有经过物理分离后，才能为后续炼制工艺提供质量合格的原料。

（1）石油脱盐脱水

石油在开采和储运过程中都会带入水分和盐分等杂质。石油中的水分会增加动力和能量消耗、干扰后续蒸馏塔的稳定操作。石油中的盐分主要是 Na、Mg 和 Ca 的氯盐，容易结垢和引起金属腐蚀。石油在加工前一般要求水含量<0.2%、盐含量<3mg/L。石油中的盐类只有少量以结晶状态悬浮于石油中，大部分盐都溶解在水中，因此石油脱盐脱水关键在脱水。

石油的密度小于水，借助油水密度差，通过沉降可以实现油水分层分离。但油和水的快速分层很困难，因为石油中（尤其重质油）的环烷酸、胶质和沥青质是天然的乳化剂，会使水以乳化状态分散于石油中，液滴直径很小，很难沉降。对此，工业上常采用电化学脱盐脱水方法除去石油中的水分和盐类。

如图 3-3 所示，在石油中按比例掺入淡水、破乳剂后混合，经换热器加热到预定温度，从底部进入一级电脱盐罐，通过高压电场后脱水石油从罐顶引出；经二次注水后从二级电脱盐罐底部进入，再次通过高压电场脱水，脱水石油从罐顶流出。石油注水的目的一方面是溶解其中的结晶盐类，此外增大石油的含水量可增加水滴的偶极聚结力。石油电脱盐脱水工艺中的核心设备是电脱盐罐，电脱盐罐主要由罐体、

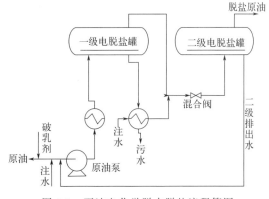

图 3-3　石油电化学脱水脱盐流程简图

石油分配器、电极板、界面控制系统及石油出入口、污水排出口等组成。

（2）石油蒸馏

蒸馏是石油炼制工业的重要操作单元，贯穿于石油炼制的各个环节。通过蒸馏，可以按产品方案将石油分割成相应的直馏汽油、煤油、喷气燃料、轻柴油、重柴油以及各种润滑油馏分等半成品，再经适当的精制和调配即可成为合格产品。蒸馏还可分割出催化重整、催化裂化、加氢裂化等二次加工工艺所需的原料。因此，石油的常减压蒸馏被视为炼油厂的龙头装置。

蒸馏是按石油中所含组分的沸点（挥发度）不同，将其分割为若干种不同沸点范围馏分的过程。石油的成分十分复杂，沸点相近，蒸馏时采用一次气化和冷凝的分离效果很差，因此在炼油厂中一般采用多次气化和多次冷凝的蒸馏过程（精馏）对石油进行分割。

石油蒸馏过程的核心设备是蒸馏塔，石油首先会在常压塔里进行精馏，塔顶馏出汽油馏分或重整原料油，塔侧引出煤油、轻柴油和重柴油等馏分，这些馏分沸点都低于360℃，常压下即可蒸出。常压塔底产物（常称"常压重油"）是沸点高于360℃的重组分，其中含有润滑油组分和催化裂化原料。若要在常压下分离它们必须继续加热，但高温会引起重油中胶质、沥青质等不稳定组分分解，使馏出的油品变质，同时也会加剧设备内结焦而缩短生产周期。因此常压重油须在减压塔内进行蒸馏。减压蒸馏时，利用蒸汽喷射泵使塔内残压保持在3.0 kPa左右或更低，温度控制在390℃以下；塔顶逸出的主要是减顶油气、水蒸气及少量的裂化气，从减压塔侧抽出几个侧线原料（减压一线、减压二线、减压三线），可作为润滑油原料或裂化原料；减压塔底是沸点很高（>550℃）的减压渣油，可用作锅炉燃料和焦化原料，也可进一步加工成高黏度润滑油、沥青或重燃料油。

图3-4所示为石油的常减压蒸馏原理流程图，主要由加热炉（常压炉、减压炉）、常压塔和减压塔三部分组成，还配置有换热器、冷凝器、冷却器、机泵等设备。这些设备按一定的关系用工艺管线连接起来，再配上自动检测和控制仪表组成一个有机整体，就形成了原油蒸馏装置的工艺流程。

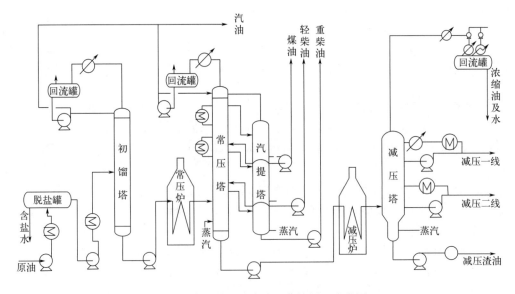

图3-4 典型的石油常减压蒸馏原理流程图

## 3.2.2 热转化过程

从石油蒸馏得到的直馏轻馏分数量有限，我国大部分石油含有的300℃以下馏分不到

30％，根本无法满足社会对轻质油品的需求，这就需要对石油重馏分进行二次加工以获得更多、质量更优的燃料和其他产品。热转化过程就是一种重要的石油二次加工过程，主要包括热裂化工艺、焦化工艺、减黏裂化工艺和高温裂解工艺。热转化过程的原料适应性广，不需要使用催化剂，因此其工艺技术简单，操作方便，投资费用低。虽然热转化过程很早就实现了工业化，后来又被催化裂化技术所取代，但热转化过程是大部分石油炼制技术的基础，在催化裂化、催化加氢等过程中仍然进行着热转化反应。

石油馏分的热反应过程十分复杂，原料的各个组分能发生各种类型的反应，且反应速度也不同，外部因素（温度、压力和时间）和内部因素（馏分及组成）对反应方向和速度都有直接影响。由于石油馏分是由多种烃类组成的混合物，厘清各单体烃的热化学反应行为很关键。

（1）烷烃

烷烃在高温作用下的主要反应是裂解，烷烃裂解是 C—C 键发生断裂，生成比烷烃分子量小的一分子烷烃和一分子烯烃。

以正十六烷为例：

$$C_{16}H_{34} \longrightarrow C_7H_{14} + C_9H_{20} \tag{3-1}$$

烷烃裂解生成的小分子碎片还会进一步发生裂解反应，生成分子量更小的烷烃和烯烃，直到生成低分子气态烃。正构烷烃裂解时更容易生成甲烷、乙烷、乙烯、丙烯等低分子烃，很难生成异构烃。

（2）环烷烃

环烷烃有五元环和六元环，有带侧链的也有不带侧链的；环烷烃的热稳定较高，在高温下的裂解反应与其分子结构和反应温度都有关。

单环环烷烃在 500～600℃下发生裂解反应可生成两分子烯烃：

$$\text{（五元环）} \longrightarrow C_2H_4 + C_3H_6 \tag{3-2}$$

$$\text{（六元环）} \longrightarrow \begin{cases} C_2H_4 + C_4H_8 \\ 2C_3H_6 \end{cases} \tag{3-3}$$

当温度达到 700～800℃时，环己烷则会开环生成烯烃和二烯烃：

$$\text{（六元环）} \longrightarrow H_2C{=}CH_2 + H_2C{=}\underset{H}{C}{-}\underset{H}{C}{=}CH_2 + H_2 \tag{3-4}$$

环烷烃在较高温度下也会发生脱氢反应生成芳香烃：

$$\longrightarrow \xrightarrow{-H_2} \xrightarrow{-H_2} \xrightarrow{-H_2} \tag{3-5}$$

对于带有长烷基侧链的环烷烃，裂解时首先断裂的是烷基侧链，然后才发生开环反应。烷基侧链越长越容易断裂，断裂后的长烷基侧链的裂解规律与烷烃类似，例如：

$$\text{（C}_{10}\text{H}_{21}\text{环己烷）} \longrightarrow \text{（C}_5\text{H}_{11}\text{环己烷）} + C_5H_{10} \tag{3-6}$$

（3）芳香烃

芳香烃对热很稳定，在高温条件下主要生成以氢气为主的气体、高分子缩合物以及焦炭。苯和甲苯对热极为稳定，温度超过 550℃时才开始发生缩合反应生成联苯、气体和焦炭；当温度达到 800℃以上时，主要发生缩聚反应生成焦炭。带侧链的芳烃在高温下主要发生断侧链反应。多环芳烃对热也非常稳定，主要发生缩合反应生成更高分子量的多环或稠环芳烃，最终导致焦炭和气体的生成。

（4）烯烃

石油馏分热反应过程中都可能产生烯烃，这些烯烃在加热的条件下会进一步裂解，也会与其他烃类进行反应，因此烯烃的反应较为复杂。在温度不太高而压力较高的条件下，小分子烯烃主要发生聚合反应：

$$nC_nH_{2n} \longrightarrow (C_nH_{2n})_n \tag{3-7}$$

压力越高，聚合反应越深；当温度超过 400℃时，裂解反应变成主导，烯烃分子裂解规律与烷烃相似；当温度超过 600℃时，烯烃会缩合成芳烃，例如：

$$2H_2C=CH_2 \longrightarrow H_2C=CH-CH_3 + H_2 \tag{3-8}$$

$$H_2C=\underset{H}{C}-\underset{H}{C}=CH_2 + H_2C=CH_2 \longrightarrow \bigcirc + 2H_2 \tag{3-9}$$

（5）胶质和沥青质

热转化工艺的原料普遍都含有较多的胶质和青质，这些组分的反应特性对整个馏分油的热转化过程有较大的影响。胶质和沥青质在高温条件下与多环芳烃具有相同的反应倾向，即很容易发生缩合反应生成焦炭。

## 3.2.3 催化转化过程

在石油炼制与化学工业中80%以上的过程都涉及催化，催化被称为现代石油与化学工业的基石。石油炼制工业中的重要催化转化过程有催化裂化、催化重整、催化加氢和催化异构化。

（1）催化裂化技术

催化裂化是原料在催化剂作用下，在 470～530℃和 0.1～0.3MPa 条件下发生裂解等一系列化学反应，转化成气体、汽油、柴油等轻质产品的工艺过程。催化裂化的原料一般是重质馏分油，如减压馏分油和焦化馏分油等，也可以是部分或全部渣油。催化裂化技术具有轻质油收率高、汽油的辛烷值高、安定性好、气体产品中液化石油气（LPG）含量高等优点。催化裂化产物的产率、组成和性质与采用的原料、催化剂和操作条件有关；气体产率一般为10%～20%，汽油产率为 30%～50%，柴油产率通常不高于 40%，焦炭产率为 5%～7%。

石油重馏分在固体催化剂上进行的催化裂化反应是一个复杂的物理化学过程，不仅有化学反应，还涉及反应分子在催化剂表面上的吸附与扩散。单体烃在催化裂化过程发生的反应主要有分解反应、异构化反应、芳构化反应和氢转移反应。各类烃的分解反应与热转化过程类似，但在催化剂存在下的裂化反应遵循正碳离子反应历程，与热转化过程的自由基反应历程相比，正碳离子反应历程的中间产物容易发生异构和重排，会生成更多异构化产物和LPG组分。催化裂化过程中的异构化反应主要发生在环烷烃和烯烃中，芳构化反应主要是指烯烃环化脱氢生成芳烃。氢转移反应是指某个烃分子上的氢原子掉下来后立即加到另一烯烃分子上使之饱和的反应，氢转移反应不同于一般的加氢和脱氢反应，而是活泼氢原子的转移反应，是一个低活化能的快速放热反应，氢转移反应对产品中烯烃和焦炭的生成有很大影响。

催化裂化技术的发展在很大程度上依赖于催化剂的发展，工业上广泛应用的催化剂有无定形硅酸铝和结晶型硅酸铝两类，后者又称沸石催化剂或分子筛催化剂。相比于无定形硅酸铝催化剂，分子筛催化剂具有更规则的孔道、更大的比表面积、更多的酸性位点，在活性、选择性、稳定性和抗金属污染性能等方面都优于无定形硅酸铝催化剂，目前被广泛应用于催化裂化技术中。催化裂化过程常用氢 Y 型（HY）、稀土 Y 型（Re-Y）、稀土氢 Y 型（Re-H-Y）、超稳 Y 型（USY）以及 ZSM-5 型分子筛催化剂。

催化裂化装置通常由反应再生系统、分馏系统和吸收稳定系统构成，分馏和吸收稳定系统的主要作用是对反应产物进行分离以及调整产物的品质。而反应再生系统则是催化裂化装置的核心部分，有同轴、高低并列和同高并列等形式，其中高低并列式的提升管催化裂化反应再生系统最常见，如图 3-5 所示。

（2）催化重整技术

催化重整是以石脑油为原料在催化剂的作用下生产高辛烷值汽油或苯、甲苯、二甲苯等重要化工原料的工艺过程。催化重整产物中含有较多的芳烃和异构烷烃，它们都是高辛烷值汽油的理想调和组分。此外，芳烃还是重要的化工原料，尤其是轻质芳烃，可进一步生产聚氨纤维和聚酯纤维等。

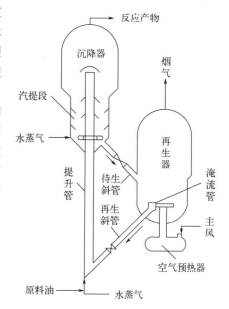

图 3-5　高低并列式的提升管催化裂化反应再生系统

在催化重整过程中烃类分子发生的各类化学反应主要有：

① 六元环脱氢反应　例如甲基环己烷脱氢生成甲苯，环己烷脱氢生成苯：

$$\text{（3-10）}$$

$$\text{（3-11）}$$

② 五元环异构脱氢反应　例如甲基环戊烷异构为环己烷，再脱氢生成苯；二甲基环戊烷异构为甲基环己烷，再脱氢生成甲苯：

$$\text{（3-12）}$$

$$\text{（3-13）}$$

③ 烷烃的环化脱氢反应　例如正己烷脱氢环化为环己烷，进一步脱氢生成苯：

$$n\text{-}C_6H_{14} \longrightarrow \qquad + 3H_2 \qquad \text{（3-14）}$$

④ 异构化反应和加氢裂化反应　在催化重整反应中，除了五元环可以异构化，正构烷烃也可以发生异构化反应生成支链烷烃；各种烃类还可以发生加氢裂化反应，且加氢、裂化和异构化反应通常同时发生，例如：

$$n\text{-}C_7H_{16} + H_2 \longrightarrow n\text{-}C_3H_8 + i\text{-}C_4H_{10} \qquad \text{（3-15）}$$

除了上述主要反应外，催化重整过程还会有脱甲基反应、芳烃脱烷基反应、烯烃饱和、叠合和缩合生焦反应等。

催化重整所用原料、催化剂和操作条件（温度、压力、空速和氢油比等）都对重整反应有较大影响。新型催化重整技术的出现一般都伴随着催化剂的突破。催化重整工艺经历了从固定床半再生到固定床循环再生，直到现在主流的移动床连续再生工艺。固定床半再生式重整通常使用铂铼双金属催化剂，反应系统简单，运转、操作与维护比较方便，应用较广泛；但催化剂失活较快，要求后续反应温度不断调整，反应末期的温度相当高，导致重整油收率和氢气纯度降低。连续重整工艺设有专门的再生器，催化剂在反应器和再生器内不断地进行循环反应和再生。由于连续重整工艺的催化剂可以不断地再生，可在低反应压力（0.35～0.8MPa）、低氢油摩尔比（1.5～4）和高反应温度（500～530℃）下运行，更有利于烷烃的芳构化反应，生成的重整油辛烷值高达100，液体收率和氢气产率也很高。国外最早工业化的连续重整工艺是美国 UOP 公司和法国石油研究院所开发的移动床反应器连续再生式重整技术，都采用铂锡催化剂。

（3）催化加氢技术

按照生产目的不同，催化加氢过程分为加氢精制、加氢裂化、加氢处理、临氢降凝和润滑油加氢等工艺。加氢精制主要用于油品精制，其目的是除去油品中的硫、氮、氧等杂原子及金属杂质，改善油品的使用性能。加氢裂化是在高温、高氢压和催化剂存在的条件下，使重质油发生裂化反应，转化为气体、汽油、喷气燃料、柴油等的过程。重油加氢处理可以对高硫原料进行脱硫精制，生产低硫燃料油以避免环境污染，也可以同时进行精制和裂化，为其进一步的催化裂化或加氢裂化提供原料。临氢降凝是在氢气及催化剂存在下进行的链烷烃选择性裂化过程，又称加氢脱蜡，用于降低柴油或润滑油的凝点。润滑油加氢的实质是加氢精制，使润滑油中的一些非理想组分结构发生变化，以达到脱除杂原子和改善润滑油使用性能的目的。在上述各种加氢类型中，加氢裂化的应用最广泛，接下来以此为例进一步介绍。

加氢裂化的原料通常为减压馏分油、常压渣油、减压渣油和渣油的脱沥青油。加氢裂化过程的生产灵活性大，各种产品的分布可通过操作参数来调控，能够生产轻油，也能生产低冰点喷气燃料及低凝点柴油，还能生产润滑油。加氢裂化的催化剂是一种双功能的催化剂，它是由具有加氢活性的金属组分（钼、镍、钴、钨、钯等）和具有裂化和异构化活性的酸性载体（硅酸铝、沸石分子筛等）复合而成，根据不同的原料和产品要求，可对这两种组分的功能进行适当的选择和匹配。

加氢裂化催化剂中加氢组分的主要作用是使原料中的芳烃和烯烃加氢饱和，常用的加氢组分活性顺序为 Pt、Pd＞W-Ni＞Mo-Ni＞Co-Mo＞W-Co，由于铂、钯对硫很敏感，所以实际应用中使用较少。加氢裂化催化剂中裂化组分的作用是促进 C—C 键的断裂和异构化反应，常用的裂化组分是无定形硅酸铝和沸石，通称为固体酸载体。沸石加氢裂化催化剂的酸强度和类型与无定形硅酸铝类似，但酸性中心的数量是无定形硅酸铝的十多倍，且可以调节阳离子组成和骨架中的硅/铝比以控制其酸性，具有裂化活性高、稳定性好和抗氮性强等特点。常用的沸石催化剂有 Y 型沸石、β 型沸石和 ZSM-5 等。

加氢裂化工艺过程根据原料性质、产品要求可采用一段法或二段法。一段法原理如图3-6 所示，一段法适用于质量较好的原料，其裂化深度较浅，一般以生产中间馏分油为主；二段法适用于质量较劣的原料，其裂化深度可较深，一般以生产轻油为主。一段法和二段法加氢裂化工艺的反应器通常都采用固定床，但固定床加氢裂化要求原料中金属和沥青质含量低，且其容易产生局部热点，压降大容易堵塞。随着加氢裂化技术的发展，近些年来涌现出了悬浮床和沸腾床加氢裂化反应器，这些反应器在原料适应性、转化率、产品收率、产品质量、运行周期等方面都比固定床更具优势，是未来加氢裂化技术发展的方向。

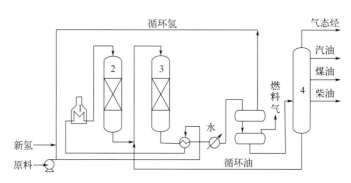

图 3-6　一段法加氢裂化原理流程
1—加热炉；2—加氢精制反应器；3—加氢裂化反应器；4—蒸馏塔

（4）催化异构化技术

近年来，随着环保法规越来越严格，汽油产品标准不断提高，从 2023 年 1 月 1 日起，我国开始使用国ⅥB 标准车用汽油，这促使汽油质量向着低硫、低烯烃、低芳烃和高辛烷值的方向发展。通过催化异构化技术或者增强催化裂化中异构化反应可以提高汽油产品中异构烃的含量，既能满足辛烷值又不增加汽油中芳烃和烯烃含量，是未来清洁汽油生产的重要手段。

以生产高辛烷值汽油组分（异构化油）为目的的异构化过程的原料是直馏或加氢裂化低于 80℃（$C_5$ 和 $C_6$）的轻馏分。早期的异构化过程采用以 $AlCl_3$ 或 $AlBr_3$ 为主要成分的 Friedel-Craft 型催化剂，虽活性很高，可在<100℃的温度下反应，但其选择性差、副反应多，且腐蚀性极强，现已淘汰。目前常用的异构化催化剂是一类将具有加氢脱氢活性的贵金属载在酸性载体上所组成的双功能催化剂，该类催化剂的反应条件比铂重整缓和，反应氢压为 2.0～3.0MPa，反应温度为 250～350℃。异构化反应所使用的双功能催化剂同时具有金属活性中心及酸性活性中心，正构烷烃异构化反应的历程可表示如下：

正构烷烃 ⇌（金属中心）正构烯烃 ⇌（酸性中心）异构烯烃 ⇌（金属中心）异构烷烃

双功能异构化催化剂中的金属组分一般是贵金属 Pt 或 Pd，能抑制催化剂因积炭而失活；载体具有比重整催化更强的酸性，可以用沸石分子筛或含卤素的氧化铝，近年来较多采用 HY 型或 HM 型沸石分子筛。异构化催化剂中活性组分贵金属催化剂的成本很高，加之低耐硫性使其工业应用受到很大限制。过渡金属形成的碳化物、氮化物、硫化物、磷化物等具有独特的结构以及类似于贵金属的高催化反应活性，是催化加氢及异构化反应催化材料研究的新方向。

## 3.2.4　炼厂气加工

炼厂气是指在原油加工过程中产生的气体，包括氢气、$C_1$～$C_4$ 烷烃、$C_2$～$C_4$ 烯烃、少量 $C_5$ 烃类以及 $H_2S$、CO、$CO_2$ 等杂质。炼厂气主要产自石油的二次加工过程，如催化裂化、热裂化、延迟焦化、催化重整和加氢裂化等。催化裂化过程由于处理量最大，气体产率最高，是炼厂气的主要来源。炼厂气是非常宝贵的气体资源，除了直接作为燃料外，还是生产高辛烷值汽油组分和石油化工产品的原料，目前对炼厂气的加工大致有以下几个方面。

生产高辛烷值汽油组分：这是炼厂气加工最重要的一个方面，主要有利用炼厂气中所含的异丁烷和丁烯生产烷基化油；利用其中的异丁烯与甲醇醚化生产甲基叔丁基醚；利用丙烯二聚反应生产异己烯等。

　　生产油品添加剂：用异丁烯聚合所得的聚异丁烯生产硫代磷酸盐和无灰添加剂；乙烯与丙烯共聚或异丁烯聚合生产黏度添加剂等。

　　生产溶剂：如用丙烯与芳烃生产异丙苯，再将异丙苯氧化制取苯酚、丙酮；用丁烯生产甲乙酮；用丙烯生产异丙醇等。

　　生产合成材料和有机化工原料：如用丙烯生产聚丙烯、丙烯腈、环氧丙烷；用丁烯氧化脱氢制丁二烯，并生产顺丁橡胶等。

　　作为生产烯烃、氨或制氢的原料：如通过蒸汽裂解，用炼厂气中的 $C_2 \sim C_4$ 烷烃制取乙烯，用焦化干气制造氨或氢气等。

　　(1) 炼厂气的精制

　　炼厂气在加工之前必须先除去有害组分，并根据需要将炼厂气分离成不同的单体烃或馏分，上述过程分别称为气体精制和气体分馏。炼厂气体中常含有硫化氢和其他有机硫化物，会引起设备腐蚀、催化剂中毒、大气污染和产品质量变差，因此需要脱硫后才能使用。气体脱硫方法有干法脱硫和湿法脱硫。干法脱硫是将气体通过固体吸附剂床层，使硫化氢和其他硫化物吸附在吸附剂上，以达到脱硫的目的，常用的固体吸附剂有氧化锌、活性炭、分子筛等，该方法适用于处理含微量硫化氢的气体，以及需要较高脱硫率的场合。湿法脱硫是用液体吸收剂洗涤气体以除去气体中的硫化物，其中使用最普遍的是醇胺法脱硫。

　　(2) 炼厂气分馏

　　炼厂气分馏的任务是按后续气体加工装置的要求将气体切割成不同馏分，主要指液化气的分离。液化气的主要成分是丙烷、丙烯、丁烷和丁烯等，这些烃的沸点很低，如丙烷为 $-42.07℃$，丁烷为 $-0.5℃$，异丁烯为 $-6.9℃$，在常温常压下均为气体，但在一定的压力下（＞2.0MPa）可变成液态。由于上述烃的沸点不同，可利用精馏的方法进行分离。

　　图 3-7 是一个由五个精塔组成的气体分馏工艺流程。原料先进入脱丙烷塔，从塔顶分出 $C_2$、$C_3$ 馏分，经冷凝冷却后部分作为塔顶回流，其余进入脱乙烷塔；乙烷从塔顶分出，塔底物料进入脱丙烯塔；丙烯从塔顶分出，塔底为丙烷馏分；脱丙烷塔底物料进入脱异丁烷塔，从该塔塔顶分出轻 $C_4$ 馏分（主要是异丁烷、异丁烯和 1-丁烯组分），塔底物料进入脱

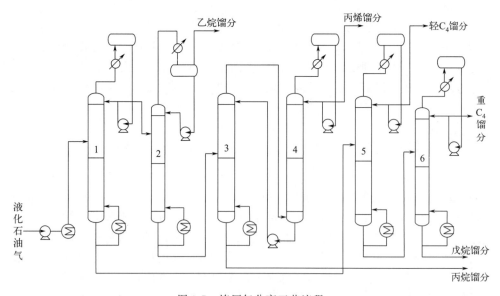

图 3-7　炼厂气分离工艺流程

1—脱丙烷塔；2—脱乙烷塔；3—脱丙烯塔（下段）；4—脱丙烯塔（上段）；5—脱异丁烷塔；6—脱戊烷塔

异丁烷塔，塔底则为戊烷，塔顶为重 $C_4$ 馏分（主要是 2-丁烯和正丁烷）。上述流程一般在 $55\sim110℃$ 进行，操作压力视塔不同而异，一般脱丙烷塔、脱乙烷塔和脱丙烯塔的压力为 $2.0\sim2.2MPa$，脱丁烷塔和脱戊烷塔的为 $0.5\sim0.7MPa$。

（3）炼厂气催化转化

当前，炼厂气的催化转化过程主要是催化烷基化，目的是生产高辛烷值汽油。催化烷基化包括两种工艺：①异丁烷和烯烃在酸催化剂的作用下反应生成烷基化油；②甲醇与异丁烯反应生成甲基叔丁基醚（MTBE）。

烷基化油不仅辛烷值高，而且具有理想的挥发性和清洁的燃烧性，是航空汽油和车用汽油的理想调和组分，对保障当前汽油新标准具有重要意义。烷基化反应是在较低的温度和酸性催化剂下，异丁烷和各种丁烯发生以正碳离子为机制的加成反应生成异辛烷和其他异构烷烃。目前工业上广泛采用的烷基化催化剂是硫酸和氢氟酸，存在酸耗和环境污染大、循环利用率差、腐蚀设备以及较大的安全隐患等问题。目前，新型烷基化催化材料有固体酸催化剂以及改性离子液体催化剂，其中固体酸催化剂可分为分子筛、固体超强酸、负载型杂多酸、酸性有机聚合物和负载型液酸催化剂五类。

MTBE 可作为高辛烷值汽油调和组分，如加入体积 $10\%$ 的 MTBE 可使直馏汽油的研究法辛烷值由 56.0 提高到 64.7，催化裂化汽油由 88.3 提高至 91.6。MTBE 的沸点较低（55℃），汽油中加入一定量的 MTBE 会使汽油的 $10\%$ 和 $50\%$ 馏出温度略有降低，有利于改善汽油蒸发性。MTBE 具有良好的化学安定性，加入汽油中可提高汽油的安定性。此外，含 MTBE 的汽油有助于降低汽车排放废气中污染物含量，改善环境污染。但有研究证明 MTBE 对地下水有潜在污染，美国等已禁用。

# 3.3　石油基燃料与润滑剂生产

前已述及，石油产品的种类较多，用途广泛，但大宗石油产品主要包括燃料、润滑剂和石油化工原料。燃料在我国石油产品中的比例高达 $85\%$ 以上，润滑剂仅占 $2\%\sim5\%$，石油化工原料占石油产品总量的 $10\%$ 左右，以后还将大幅提升。本节先介绍石油基燃料与润滑剂的生产过程，下节再介绍石油基化工原料及衍生化工产品的生产过程。

## 3.3.1　石油基燃料类型与特性

以石油为原料的燃料产品主要有汽油、柴油、喷气燃料等发动机燃料以及灯用煤油、燃料油等。

（1）汽油

汽油是点燃式发动机的燃料，按用途可分为车用汽油和航空汽油两类，车用汽油以研究法辛烷值（RON）为指标进行牌号划分，航空汽油则以辛烷值/品度值为牌号。汽油机工作时要求汽油具备良好的蒸发性、良好的抗爆性、安定性好以及对发动机的腐蚀性小等。我国汽车保有量增速迅猛，大量汽油消耗造成的机动车尾气污染是诱发区域性大气污染问题的重要原因之一，给人类生活、工业生产、交通运输带来了严重影响。为了保护人类赖以生存的大气环境，世界各国纷纷提倡清洁能源，将车用汽油标准不断升级。

为顺应车用汽油清洁化发展趋势，我国加快步伐，参照欧盟标准，近年来根据自身国情多次修订了车用汽油标准。如表 3-4 所示，汽油标准升级过程最大的变化为硫、烯烃和芳烃含量的降低，尤其是国Ⅵ标准，对苯、烯烃和芳烃含量有了更严格的要求。这些物质不但对环境和人体健康有危害，而且在发动机内还容易生成积炭。为了满足不断提升的汽油质量标准，传统汽油生产工艺已不太适用，而催化重整、烷基化和异构化工艺生产的汽油更符合当前标准。

表3-4　我国不同阶段汽油标准主要指标的升级变化

| 指标 | | 国Ⅰ | 国Ⅱ | 国Ⅲ | 国Ⅳ | 国Ⅴ | 国Ⅵ(A) | 国Ⅵ(B) |
|---|---|---|---|---|---|---|---|---|
| 牌号 | | 90/93/95 | 90/93/97 | 90/93/97 | 90/93/97 | 89/92/95 | 89/92/95 | 89/92/95 |
| RON,≥ | | 90/93/95 | 90/93/97 | 90/93/97 | 90/93/97 | 89/92/95 | 89/92/95 | 89/92/95 |
| 硫含量/(mg/kg),≤ | | 1000 | 500 | 150 | 50 | 10 | 10 | 10 |
| 蒸气压/kPa | 11月1日~4月30日 | ≤88 | ≤88 | ≤88 | 42~85 | 45~85 | 45~85 | 45~85 |
| | 5月1日~10月31日 | ≤74 | ≤74 | ≤72 | 40~68 | 40~65 | 40~65 | 40~65 |
| 苯含量(体积分数)/%,≤ | | 2.5 | 2.5 | 1.0 | 1.0 | 1.0 | 0.8 | 0.8 |
| 芳烃(体积分数)/%,≤ | | 40 | 40 | 40 | 40 | 40 | 35 | 35 |
| 烯烃(体积分数)/%,≤ | | 35 | 35 | 30 | 28 | 24 | 18 | 15 |
| 锰含量/(g/L),≤ | | — | 0.018 | 0.016 | 0.008 | 0.002 | 0.002 | 0.002 |

除了升级汽油质量标准外，新型甲醇和乙醇汽油也是当前发展的方向。由于甲醇和乙醇的辛烷值高，成分单一，不含杂原子化合物和芳烃，是洁净环保的汽油机燃料，近些年来在我国各省得到了广泛的应用。

（2）柴油

柴油是压燃式柴油机的燃料，柴油分为馏分型和残渣油型两类，馏分型柴油又可分为轻柴油和重柴油。轻柴油是全负荷转速大于1000r/min的高速柴油机的燃料，中速和低速柴油机以重柴油为燃料。残渣油型柴油机燃料主要用于大功率、低速船用柴油机。轻柴油以其凝点划分牌号，重柴油和残渣型柴油燃料按其黏度划分牌号。柴油机的应用很广泛，大量用于载重汽车、拖拉机、牵引机、船舶、舰艇、坦克以及农用、建筑、矿山、军用机械等，其功率从几十千瓦到几万千瓦，转速从100r/min到3000r/min不等。根据柴油机的工作特点，要求燃料柴油具有良好的自燃性、蒸发性、安定性和低温流动性以及适当的黏度。

（3）喷气燃料

喷气燃料又称航空煤油，是喷气式发动机的燃料。为了保证飞机在高空安全飞行，喷气燃料有近30项规定的质量要求，其中燃烧性能、低温性能、安定性能和腐蚀性能是主要方面。燃烧性能要求喷气燃料具有良好的能量性能，能很好地雾化、蒸发，燃烧速度快且完全，燃烧产物无腐蚀性和积炭等。喷气燃料的热值和密度均与其化学组成密切相关，各族烃类中烷烃的H含量最高，芳香烃最低，所以烷烃的重量热值最高，环烷烃次之，芳香烃最小；体积热值正好相反，芳香烃的密度最大，其体积热值最高，环烷烃次之，烷烃最小。异构烷烃的重量热值与正构烷烃相近，但体积热值明显高于正构烷烃。对于同一族烃来说，随着沸点升高，密度增大，而重量热值减少，因而重量热值和体积热值是相反的。为了使喷气燃料具有良好的能量性能，理想的化学组分是带侧链的环烷烃和异构烷烃，它们的重量热值和体积热值均较高。

（4）煤油和燃料油

煤油广泛用于照明、炊事、鱼雷燃料，也可作为医药、油漆等工业溶剂。按用途可分为煤油（灯用和炉用）、信号灯油和鱼雷燃料等，其中以煤油用量最多。燃料油属残渣燃料，又称为重油，主要作为工业炉、锅炉和各种加热炉的燃料。由于煤油和燃料油的用途对本身的性能要求不高，且与化工过程的联系较弱，在此不展开介绍。

### 3.3.2　石油基润滑剂类型与特性

润滑剂是一类很重要的石油产品，虽然其产量仅占石油加工量的 2％～5％左右，但因其使用条件千差万别，润滑剂的品种高达数百种，而且对其质量的要求非常严格，加工工艺也较复杂。润滑剂包括润滑油和润滑脂。

（1）润滑油

润滑油可在运动中的摩擦部件之间形成一层足够厚的油膜，避免机件表面直接接触，大幅降低磨损。由于润滑油的内摩擦系数一般仅有 0.001～0.005，大大低于干摩擦系数，从而可以显著提高机械效率，延长机器的使用寿命。

由于各种机械的使用条件千差万别，它们对润滑油的要求也大不一样，因此，润滑油按其使用的场合和条件的不同可分为很多种类。我国按照国际标准化组织的润滑剂分类标准 ISO 6743-99 制定了国家标准 GB/T 7631.1—2008，把润滑剂分为 18 组，其中 15 组为润滑油及其有关产品，具体见表 3-5。

表 3-5　润滑剂产品分类

| 组别 | 应用场合 | 已制定的国家标准编号 |
|---|---|---|
| A | 全损耗系统 | GB/T 7631.13 |
| B | 脱模 | — |
| C | 齿轮 | GB/T 7631.7 |
| D | 压缩机 | GB/T 7631.9 |
| E | 内燃机油 | GB/T 7631.17 |
| F | 主轴、轴承和离合器 | GB/T 7631.4 |
| G | 导轨 | GB/T 7631.11 |
| H | 液压系统 | GB/T 7631.2 |
| M | 金属加工 | GB/T 7631.5 |
| N | 电气绝缘 | GB/T 7631.15 |
| P | 气动工具 | GB/T 7631.16 |
| Q | 热传导液 | GB/T 7631.12 |
| R | 暂时保护防腐蚀 | GB/T 7631.6 |
| T | 汽轮机 | GB/T 7631.10 |
| U | 热处理 | GB/T 7631.14 |
| X | 用润滑脂的场合 | GB/T 7631.8 |
| Y | 其他应用场合 | — |
| Z | 蒸汽气缸 | — |

润滑油的主要组分是润滑油基础油，各种基础油性能差异也较大，如石蜡基基础油的黏温性质一般较好，适用于制取内燃机润滑油，而环烷基基础油的黏温性质虽然较差，但其低温性质较好，可用于制取电气用油及冷冻机油等。虽然矿物质基础油来源广泛、体量较大，但是矿物基础油有时无法满足航空、航天和国防等特殊场合所要求的耐低温、耐高温、高真

空、抗燃、抗辐射等性能。因此，目前比较高端的润滑油基础油是通过合成途径制取的，合成润滑油基础油包括聚 α-烯烃类、硅油类、乙二醇类、双酯类、磷酸酯类、硅酸酯类、全氟烃类和聚醚类等。

（2）润滑脂

润滑脂是一种在常温下呈油膏状的塑性润滑剂，其作用主要是润滑、保护和密封。润滑脂在常温和静止状态时呈固体状，能保持自己的形状而不流动，可黏附于金属表面而不滑落；在较高的温度或受到超过一定限度的外力时，它又像流体一样能流动。因此，当润滑脂在机械中受到运动部件的剪切作用时，它能够流动并进行润滑，从而减少运动表面间的摩擦和磨损；当剪切作用停止后，润滑脂又能恢复一定的稠度而不流失。润滑脂这种特殊的流动性使其可以在无法使用润滑油的部位进行润滑。由于润滑脂是半固体状物质，其密封和保护作用都比润滑油好，但冷却散热性能不如润滑油。

润滑脂是由基础油、稠化剂和添加物（含添加剂和填料）所组成。基础油是液体润滑剂，常用的是矿物油，也有的用合成油。稠化剂是一些有稠化作用的固体物质，常用的是脂肪酸金属皂。润滑脂的性能由其组成和结构所决定，有些性能决定于基础油，有些性能决定于稠化剂，还有许多性能由基础油和稠化剂共同决定。总之，润滑脂的组成对其结构和性能影响很大。

### 3.3.3 石油基燃料生产途径

汽油、柴油和喷气燃料等是重要的石油基大宗燃料，达到出厂要求的这些燃料产品都不是来源于单一生产单元，而是不同加工技术所得馏分混合而成的符合标准规定的调配产物。石油基大宗燃料的生产包含组分生产和组分调和两个阶段。本节以汽油产品为例介绍其组分的生产和调和过程。

汽油馏分的生产技术主要有常减压蒸馏装置的拔头油和直馏汽油馏分、催化汽油馏分、重整汽油馏分、加氢裂化轻汽油馏分、烷基化汽油馏分、异构化汽油馏分以及其他来源的汽油馏分（MTBE、醚化汽油和芳烃抽余油等）。如表 3-6 所示，不同工艺生产的汽油馏分的组成和性质有显著差异。拔头油、直馏汽油和加氢裂化轻汽油馏分主要成分是饱和烃，但其辛烷值较低；催化汽油和重整汽油馏分的辛烷值虽然较高，但催化汽油的芳烃和烯烃含量高，重整汽油的芳烃含量高，不太符合汽油新标准；烷基化和异构化汽油馏分的辛烷值和饱和烃的含量都较高，且不含芳香烃和烯烃。

表 3-6 不同来源汽油馏分的性质与组成

| 汽油馏分 | 密度/（g/cm³） | 沸点范围/℃ | RON | 饱和烃/% | 芳香烃/% | 烯烃/% |
|---|---|---|---|---|---|---|
| 拔头油 | 0.63～0.66 | 36～65 | 70～80 | 100 | 0 | 0 |
| 直馏汽油 | 0.64～0.66 | 30～190 | 67～73 | 95～98 | 2～5 | 0 |
| 催化汽油 | 0.72～0.74 | 30～180 | 90～93 | 25～40 | 20～25 | 35～50 |
| 重整汽油 | 0.78～0.81 | 70～160 | 96～100 | 30～50 | 50～70 | 0 |
| 加氢裂化轻汽油 | 0.66～0.68 | 60～140 | 75～80 | 98.4～99.5 | 0.5～1.5 | 0～0.1 |
| 烷基化汽油 | 0.68～0.72 | 50～150 | 94～96 | 100 | 0 | 0 |
| 异构化汽油 | 0.63～0.65 | 30～90 | 82～90 | 100 | 0 | 0 |
| MTBE | 0.74 | 55 | 118 | 0 | 0 | 0 |

图 3-8 为当前国Ⅵ标准汽油的典型加工与调和流程，可见汽油产品的生产过程比较复

杂，涉及常减压蒸馏、加氢处理、催化裂化、催化重整、轻汽油醚化、烷基化、异构化等多个生产过程，最终的汽油产品来源于炼油厂的各个不同加工单元，且各加工单元之间还存在一定的联系。汽油调和大致步骤为：①根据成品油的质量要求，选择合适的调和组分，并计算调和组分的比例和用量；②在实验室调制小样，经检验小样质量合格；③准备各种调和组分，并配制添加剂；④按调和比例将各组分混合均匀；⑤检验调和油的均匀程度及质量标准。目前比较先进的汽油调和方法是管道调和，通过自动化仪表控制各个被调和组分和添加剂的流量，管道调和精度很高，油品质量的把控很好。

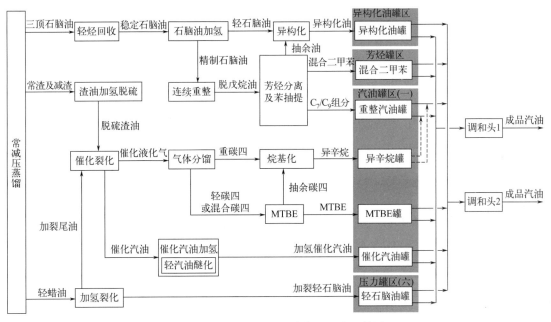

图 3-8　某炼油厂汽油生产与调和流程简图

## 3.3.4　石油基润滑剂生产途径

（1）润滑油生产

润滑油产品是由润滑油基础油和用以改善各种使用性能的添加剂调制而成，矿物质润滑油基础油的生产流程是：① 常减压蒸馏切割得到黏度基本合适的润滑油馏分和减压渣油；② 减压渣油溶剂脱沥青，得到残渣润滑油组分；③ 溶剂精制除去各种润滑油馏分和组分中的非理想组分；④ 溶剂脱蜡除去高凝点组分；⑤ 白土或加氢补充精制。其中步骤 ① 在前文中已介绍，接下来简要介绍后面几个生产步骤。

减压渣油中含有高黏度润滑油组分，但也含有沥青质、胶质、硫、氮、氧等非烃化合物以及微量金属等非理想组分，必须除去。丙烷脱沥青是根据丙烷对减压渣油中不同组分的溶解度差别以实现脱除沥青的目的。在一定温度范围内，丙烷对渣油中的烷烃、环烷烃和单环芳烃等溶解能力很强，对多环和稠环芳烃溶解能力较弱，而对胶质和沥青质则很难溶解甚至不溶。利用丙烷的这一性质，可脱除渣油中的胶质和沥青质，从而得到残炭、重金属、硫和氮含量均较低的脱沥青油。

脱沥青油中仍含有不同数量的胶质、沥青质、杂环化合物、环烷酸和其他含硫、氮、氧等非烃化合物，这些组分严重影响润滑油的质量指标，通常利用溶剂精制的方法脱除这些非理想组分，例如酸碱精制、溶剂精制、吸附精制和加氢精制等。溶剂精制是普遍采用的方法，其原理是利用某些对润滑油料中所含理想组分和非理想组分溶解度不同的有机溶剂，对润滑油料进行抽提，一般把非理想组分抽提出来，形成单独一相，称为提取液；而把理想组分留在油中，形成提余液，然后分别脱除溶剂，即可得到精制油和抽出油。溶剂精制是润滑油生产的重要步骤，润滑油的黏温性能和抗氧化安定性等重要使用性能主要取决于溶剂精制的程度。

经溶剂精制脱除非理想组分后，润滑油原料中固态烃（石蜡或地蜡）的含量会明显升高，在较低温度下蜡会析出形成结晶网，使油品失去流动性。为了得到低温流动性较好的润滑油，必须对润滑油料进行脱蜡处理，同时可以得到石蜡或地蜡产品。脱蜡方法有冷榨脱蜡、分子筛脱蜡、尿素脱蜡、细菌脱蜡、催化脱蜡和溶剂脱蜡等。

冷榨脱蜡是将原料油降温后通过压滤机将蜡结晶从油中分离出来。分子筛脱蜡是利用孔径为 0.5nm 的分子筛吸附润滑油料中的正构烷而不吸附异构烷烃和环烷烃的特性，将油品中的高凝点正构烷烃与非正构烷烃分离，达到降低油品凝点的目的。尿素脱蜡是利用尿素与蜡形成配合物，然后将配合物与油分离，从而降低油品的凝点。细菌脱蜡是将酵母菌与含蜡油加水一起发酵，细菌吃掉蜡而繁殖，浮于液面，用离心机分出油品得到脱蜡油，但此法得不到蜡产品。催化脱蜡是在催化剂作用下发生加氢异构化和加氢裂化反应，使油中凝点较高的正构烷烃转化为凝点较低的异构烷烃和低分子烷烃，达到降低油品凝点的目的。溶剂脱蜡是在润滑油料中加入溶剂稀释，使油的黏度下降，然后将混合物冷却使蜡结晶形成液-固两相，再对其分离可得到脱蜡油和蜡两种产品。

润滑油白土精制是将一定量的白土混入经过溶剂精制和溶剂脱蜡后的润滑油馏分，经炉管加热后进入蒸发塔，在塔内保持一定的接触吸附时间，以除去润滑油料中残留的非理想组分，最后经过滤得到几乎不含杂质的润滑油基础油。所用的白土是一种具有大比表面积和细粒度的结晶或无定形矿物，其主要成分是 $SiO_2$ 和 $Al_2O_3$，还含有 $Fe_2O_3$、$MgO$、$CaO$ 等。润滑油添加剂是生产润滑油的最重要组成，现代润滑油的主要添加剂有清净与分散添加剂、抗氧抗腐剂、载荷添加剂、黏度指数改进剂、防锈剂、降凝剂、抗泡剂和抗乳化剂等。

（2）润滑脂生产

润滑脂生产过程的实质是把稠化剂分散到基础油中，形成具有结构骨架的稳定分散体系，其生产方法主要有凝聚法和分散法。凝聚法生产时先将稠化剂在适当温度下高度分散在基础油里，再通过冷却使稠化剂在油中逐渐凝聚并形成结构骨架，从而制成润滑脂。分散法是先将具有亲油性的稠化剂和少量极性分散剂（丙酮、低级醇等）混合，并与所需量的基础油同时通过胶体磨或均化器在室温或略高于室温的条件下进行分散。

## 3.4 石油基化工产品生产

目前，石油化学工业在国民经济中占有极重要的地位，发达国家中石油化工产品的产值约占全部化工产品的 45%，而有机化工产品则几乎 90% 来自石油及天然气。

生产石油化工产品的原料主要是通过石油裂解和催化重整等过程得到的烯烃（乙烯、丙烯、丁二烯等）和芳烃（苯、甲苯、二甲苯等）。石油化学工业的产品多达数千种，其应用范围极为广泛，包括一系列中间体、塑料、合成纤维、合成橡胶、合成洗涤剂、溶剂、涂料、化肥、农药、染料、医药等与国民经济密切相关的重要产品。本节仅对有代表性的石油化学品制取过程作简要介绍，而关于塑料、合成纤维、合成橡胶等属于高分子化学领域的内容，不在此涉及。

第 3 章　石油炼制与化工

### 3.4.1　以轻烯烃为原料

（1）乙烯

乙烯是最重要的烯烃原料，其衍生物占全部石油化工产品的 75%。以乙烯为原料可生产低密度聚乙烯、高密度聚乙烯、环氧乙烷、氯乙烯、苯乙烯、乙醇、醋酸乙烯、$\alpha$-烯烃、乙丙橡胶等。

① 环氧乙烷　环氧乙烷是乙烯与氧气在银催化剂作用下制得的，其合成过程如下：

$$H_2C{=}CH_2 + 1/2O_2 \longrightarrow \underset{\displaystyle O}{H_2C{-}CH_2} \qquad\qquad (3\text{-}16)$$

此反应放热，其热效应为 $-147kJ/mol$。反应温度为 $200\sim300℃$，压力为 $1\sim3MPa$。所用的银催化剂中含银 8%～20%，助催化剂是碱金属或碱土金属，对环氧乙烷的选择性可达 80%～90 %。

环氧乙烷的主要用途是水合制备乙二醇：

$$\underset{\displaystyle O}{H_2C{-}CH_2} + H_2O \longrightarrow \begin{array}{l}CH_2OH\\ CH_2OH\end{array} \qquad\qquad (3\text{-}17)$$

此反应在 $150\sim200℃$、$2\sim2.5MPa$ 下进行，催化剂为硫酸，产率可达 90%。乙二醇是生产聚酯类高分子材料的重要原料。

② 氯乙烯　氯乙烯是生产聚氯乙烯树脂的单体。目前工业上生产氯乙烯的方法是乙烯的氧氯化法，此过程涉及乙烯直接氯化、二氯乙烷裂解和乙烯加成三个反应：

$$CH_2{=}CH_2 + Cl_2 \longrightarrow CH_2Cl{-}CH_2Cl \qquad\qquad (3\text{-}18)$$

$$CH_2Cl{-}CH_2Cl \longrightarrow CH_2{=}CHCl + HCl \qquad\qquad (3\text{-}19)$$

$$CH_2{=}CH_2 + 2HCl + 1/2O_2 \longrightarrow CH_2Cl{-}CH_2Cl + H_2O \qquad\qquad (3\text{-}20)$$

通过上述一系列反应，以乙烯计的氯乙烯收率可达到 90%。

③ 乙醇　乙醇是重要的工业溶剂，也是重要的化工原料。用粮食发酵曾长期用来制取乙醇，现已被乙烯直接水合法所取代，其反应为：

$$CH_2{=}CH_2 + H_2O \longrightarrow CH_3CH_2OH \qquad\qquad (3\text{-}21)$$

工业上采用载于硅藻土上的磷酸为催化剂，反应温度为 300℃ 左右，压力约为 7MPa，乙烯的单程转化率虽只有 4%～5%，但乙醇的选择性可达 95%。

④ 醋酸　醋酸除可用甲醇羰基化法合成外，还可以以乙烯为原料，通过乙醛来制取。该方法的第一步是将乙烯氧化为乙醛，采用的催化剂是氯化钯和氯化铜的盐酸水溶液，反应温度为 $120\sim130℃$，压力为 $0.4MPa$。其反应为：

$$CH_2{=}CH_2 + 1/2O_2 \longrightarrow CH_3CHO \qquad\qquad (3\text{-}22)$$

第二步则是在 $50\sim80℃$、$0.6\sim1.0MPa$ 下，以醋酸锰、醋酸钴或醋酸铜为催化剂从乙醛液相氧化制醋酸：

$$CH_3CHO + 1/2O_2 \longrightarrow CH_3COOH \qquad\qquad (3\text{-}23)$$

⑤ 醋酸乙烯酯　醋酸乙烯酯主要是以乙烯和醋酸为原料经气相催化氧化法制取的，其反应为：

$$CH_2{=}CH_2 + 1/2O_2 + CH_3COOH \longrightarrow CH_3COOCH{=}CH_2 + H_2O \qquad\qquad (3\text{-}24)$$

催化剂为贵金属 Pt、Pd 和 Au 担载的硅胶，反应温度为 $100\sim200℃$，压力为 $0.5\sim1.0MPa$，乙烯的单程转化率为 10%～15%。醋酸乙烯酯主要用于生产聚醋酸乙烯酯及与其他烯烃的共聚物。聚醋酸乙烯酯进一步醇解可得到聚乙烯醇，可用于制造聚乙烯醇缩甲醛纤维以及黏结剂。

（2）丙烯

丙烯是石油化学工业中在数量上仅次于乙烯的重要基本原料，以丙烯为原料生产的产品中聚丙烯约占 30％，丙烯腈约占 15％，环氧丙烷、异丙醇、异丙苯和丁醛均约占 10％。

① 丙烯腈  丙烯腈主要是用丙烯氨氧化法制得，其反应为：

$$CH_2=CHCH_3+NH_3+3/2O_2 \longrightarrow CH_2=CH-CN+3H_2O \qquad (3-25)$$

此反应强烈放热，其热效应为 $-515kJ/mol$，所用的催化剂为 P-Mo-Bi-Fe 系多元金属氧化物，反应压力为 $0.1\sim0.3MPa$，温度为 $400\sim500℃$。丙烯腈主要用于生产聚丙烯纤维、ABS 树脂和丁腈橡胶。丙烯腈还可经水合制取丙烯酰胺，可生产水溶性聚合物-聚丙烯酰胺，用于泥浆处理剂、防垢剂、水的增稠剂等。

② 环氧丙烷  目前生产环氧丙烷的方法主要是氯醇法，其生产过程的第一步是丙烯与次氯酸反应生成氯丙醇：

$$CH_3CH=CH_2+HClO \longrightarrow CH_3CHOHCH_2Cl \qquad (3-26)$$

该反应在常压下进行，温度为 $35\sim50℃$。第二步是氯丙醇与含 $10％\sim15％$ Ca(OH)$_2$ 的石灰乳进行反应，得到环氧丙烷：

$$2CH_3CHOHCH_2Cl + Ca(OH)_2 \longrightarrow 2CH_3CH\underset{O}{\overset{\diagup\diagdown}{-}}CH_2 + CaCl_2 + 2H_2O \qquad (3-27)$$

环氧丙烷的最大用途是制取聚多元醇（聚醚），进而生产聚氨酯泡沫塑料；也用于制取非离子型表面活性剂等；环氧丙烷水解所得的丙二醇也是重要的化工产品。

③ 异丙醇、丙酮  丙烯直接水合法可制取异丙醇：

$$CH_3CH=CH_2+H_2O \longrightarrow CH_3CHOHCH_3 \qquad (3-28)$$

所用的催化剂有钨化合物、磷酸和离子交换树脂等，反应温度为 $170\sim270℃$，压力为 $2\sim6MPa$，丙烯的转化率约为 97％。异丙醇除作为溶剂外，其主要用途是脱氢制丙酮：

$$CH_3CHOHCH_3 \longrightarrow CH_3COCH_3+H_2 \qquad (3-29)$$

其反应温度为 $300\sim500℃$，压力为 $0.2\sim0.4MPa$，催化剂为氧化锌或金属铜，以异丙醇计丙酮的收率为 90％。丙酮是一种用途广泛的溶剂，也可用于生产甲基丙烯酸甲酯、甲基异丁基酮和双酚 A 等。

④ 正丁醇和 2-乙基己醇  以丙烯为原料制取丁醇过程的第一步是经羰基合成得到丁醛，其反应为：

$$2CH_3CH=CH_2+2CO+2H_2 \longrightarrow CH_3CH_2CH_2CHO+(CH_3)_2CHCHO \qquad (3-30)$$

当用四羰基氢钴为催化剂时，其反应压力为 $20\sim30MPa$，温度为 $130\sim180℃$。产物中正丁醛与异丁醛之比为 $3\sim4$。所得正丁醛可在镍或铜催化剂作用下催化加氢转化为正丁醇，其反应压力为 $3\sim5MPa$，温度为 $130\sim160℃$。

同时，正丁醛还可缩合脱水得到 2-乙基己烯醛：

$$2CH_3CH_2CH_2CHO \longrightarrow CH_3CH_2CH_2CH=\underset{C_2H_5}{C}CHO + H_2O \qquad (3-31)$$

2-乙基己烯醛又可通过进一步加氢生产 2-乙基己醇。

（3）丁烯和丁二烯

炼厂气中的丁烯除了可生产 MTBE 外，还可合成其他化工产品。

① 正丁烯  利用正丁烯可以合成润滑油脱蜡所需的溶剂，即甲基乙基酮。具体方法有两种，一种是液相氧化法，其反应为：

$$CH_3CH_2CH=CH_2+1/2O_2 \longrightarrow CH_3COCH_2CH_3 \qquad (3-32)$$

反应温度为 $90\sim120℃$，压力为 $1.0\sim2.0MPa$，催化剂是氯化钯-氢化铜溶液，甲基乙基酮的收率可达 88％。

此外，甲基乙基酮还可用仲丁醇脱氢制得，即先将正丁烯用硫酸酯化法制得仲丁醇，然后再进行脱氢反应：

$$CH_3CHOHCH_2CH_3 \longrightarrow CH_3COCH_2CH_3 + H_2 \tag{3-33}$$

液相脱氢的催化剂是雷尼镍或亚铬酸铜，反应温度为 150℃；气相脱氢的催化剂则为锌铜合金或氧化锌，反应温度为 400～500℃。

正丁烯还可以用钒、磷的氧化物为催化剂经催化氧化法制取顺丁烯二酸酐，反应温度为 350～450℃。顺丁烯二酸酐主要用于生产不饱和聚酯和增塑剂等。

② 异丁烯　异丁烯除可用作合成 MTBE 的原料外，还可生产润滑油的黏度添加剂（聚异丁烯），也可与异戊二烯共聚生成丁基橡胶。异丁烯与甲酚在 60～70℃下，以硫酸为催化剂进行烷基化，可得到最常用的抗氧化剂（2,6-二叔丁基对甲酚）。异丁烯经氧化可制取甲基丙烯酸，进一步水合可得到异丁醇。

③ 丁二烯　1,3-丁二烯是合成橡胶的重要单体，主要用于合成丁苯橡胶、顺丁橡胶和丁腈橡胶。丁二烯主要通过萃取精馏法从高温裂解气的 $C_4$ 馏分中分离得到，常用的分离溶剂有二甲基甲酰胺、N-甲基吡咯烷酮和乙腈等。此外，丁二烯还可用丁烯氧化脱氢等方法制取。丁二烯经高温氯化及脱氯化氢可得氯丁二烯，它是生产耐油氯丁橡胶的原料。

## 3.4.2　以轻芳烃为原料

（1）以苯为原料

苯是用途最广泛的芳烃，主要来自催化重整产物和裂解汽油。苯的用途中 50％是制取乙苯，15％是酚，15％是环己烷，还可生产硝基苯、顺丁烯二酸酐等。

① 乙苯　乙苯虽也可以从催化重整产物中得到，但数量较少，不能满足需要。现在工业中约有 90％的乙苯是通过苯与乙烯的烷基化生产的，其反应为：

$$\tag{3-34}$$

最早采用三氯化铝作催化剂，近年来采用 ZSM-5 分子筛催化剂，其反应温度为 440～460℃，压力为 1.4～2.8MPa，收率可高达 98％。乙苯的主要用途是脱氢制苯乙烯，为合成聚苯乙烯树脂和丁苯橡胶提供原料。

② 异丙苯　丙烯与苯可烷基化生产异丙苯，其反应为：

$$\tag{3-35}$$

该反应以载于氧化铝、氧化硅或硅藻土上的磷酸为催化剂，反应温度 200～250℃，压力为 1.5～4.0MPa。

异丙苯绝大部分用于制备苯酚和丙酮，这是生产苯酚的主要方法。用异丙苯制苯酚、丙酮的工艺是分两步进行的，第一步是异丙苯在 80～130℃、0.4～0.6MPa 下用空气氧化生成过氧化氢异丙苯：

$$\tag{3-36}$$

该反应很剧烈，应严格控制温度以避免爆炸。过氧化物浓度一般应控制在 25％左右。

在生产中，还要加入少量氢氧化钠（或碳酸钠）作为过氧化物分解的抑制剂。第二步是过氧化氢异丙苯的分解，其反应为：

$$\text{(3-37)}$$

该反应也是放热的，温度控制在 $60\sim80℃$ ，所用的催化剂是浓度为 $5\%\sim25\%$ 的稀硫酸。

③ 环己烷　环己烷是生产己二酸、己内酰胺的原料，约 $80\%\sim85\%$ 的环己烷是由苯加氢制取：

$$\text{(3-38)}$$

该反应可在液相或气相中进行，液相加氢法所用的催化剂是骨架镍，反应温度 $160\sim225℃$ ，压力约为 $3.0MPa$ ；气相加氢法则用载于氧化铝上的铂为催化剂，其反应温度为 $200\sim300℃$ ，压力也是 $3.0MPa$ 左右。

环己烷可氧化为环己醇和环己酮的混合物，其反应为：

$$\text{(3-39)}$$

环己酮经羟胺肟化可生成环己酮肟，进一步在发烟硫酸中可转化为己内酰胺，己二酸、己二胺和己内酰胺都是生产聚酰胺类合成纤维（尼龙）的原料。

④ 直链烷基苯　直链烷基苯的苯环外正构烷基侧链碳原子数在 $10\sim14$ 之间，它主要用于制取可以生物降解的烷基苯磺酸盐表面活性剂。直链烷基苯可由 $\alpha$-烯烃与苯进行烷基化反应得到：

$$\text{(3-40)}$$

该反应以 HF 为催化剂，反应温度为 $30\sim40℃$ 、压力为 $0.6\sim0.8MPa$ ，收率在 $90\%$ 左右。所需的直链烯烃可用烷烃脱氢、石蜡裂解或氯代烷脱氯化等方法制备，其中以烷烃脱氢法最常用。

（2）以甲苯为原料

甲苯本身作为化学合成原料的用途是很有限的，目前主要是通过脱烷基和歧化反应转化为更需要的苯和二甲苯。

① 甲苯脱烷基　甲苯可以催化脱烷基，也可以热脱烷基，而催化脱烷基反应更温和。在氢压下催化脱烷基的反应如下：

$$\text{(3-41)}$$

该反应温度为 $500\sim650℃$ ，压力为 $3.0\sim7.0MPa$ ，采用载于氧化铝上的铬、钴或钼系催化剂。

② 甲苯歧化及烷基转移　甲苯歧化或与三甲苯烷基转移可生成苯及二甲苯。所用的催化剂为丝光沸石或 ZSM-5，反应温度为 $350\sim530℃$ ，压力约为 $3.0MPa$ 。

（3）以二甲苯为原料

催化重整产物 $C_8$ 芳烃中约含有 40% 的间二甲苯和各 20% 的邻二甲苯、对二甲苯和乙苯。这四种 $C_8$ 芳烃中，邻二甲苯和对二甲苯比间二甲苯的用途广泛，因而常通过异构化反应将间二甲苯转化为需求量较大的对二甲苯和邻二甲苯。

① 邻苯二甲酸酐（苯酐）　邻二甲苯的主要用途是制取邻苯二甲酸酐，是生产增塑剂（邻苯二甲酸酯）和聚酯树脂、醇酸树脂的原料。早期的邻苯二甲酸酐主要是由萘氧化制得的，现主要用邻二甲苯氧化法生产，其反应方程为：

$$\text{（邻二甲苯）} + 3O_2 \longrightarrow \text{（邻苯二甲酸酐）} + 3H_2O \qquad (3\text{-}42)$$

该反应为强放热，其热效应为 $-1302\text{kJ/mol}$，催化剂的主要成分是 $V_2O_5$ 和 $TiO_2$，反应温度为 $400 \sim 480℃$。

② 对苯二甲酸　对二甲苯的主要用途是生产对苯二甲酸，进一步与乙二醇反应可合成聚酯纤维（即涤纶）和塑料。对二甲苯氧化生成对苯二甲酸的反应如下：

$$\text{（对二甲苯）} + 3O_2 \longrightarrow \text{（对苯二甲酸）} + 2H_2O \qquad (3\text{-}43)$$

目前应用较广泛的是液相氧化法，即 $180 \sim 230℃$、$1.5 \sim 3.0\text{MPa}$ 下，在醋酸介质中进行氧化，所用的催化剂是醋酸钴和醋酸锰，助催化剂是四溴乙烷，以对二甲苯计，对苯二甲酸的收率可达 90%。

### 3.4.3　以高级烷烃为原料

高级烷烃是指在煤油馏分中所含的液体石蜡和柴油及减压馏分中所含的固体石蜡，其组成是以正构烷烃为主。高级烷烃还可通过氧化得到高级脂肪酸和脂肪醇、氯化得到氯化石蜡。

（1）高级脂肪酸

将 $C_{18} \sim C_{30}$ 的正构烷烃进行氧化，可生产供制皂工业用的合成脂肪酸，最常用的催化剂为高锰酸钾。反应先在 $120 \sim 160℃$ 下引发，然后维持在 $105 \sim 120℃$，压力为 $0.1 \sim 0.6\text{MPa}$。烷烃氧化是自由基链反应，可表示如下：

$$R_1(CH_2)_n-CH_2-CH_2-(CH_2)_nR_2 + 5/2O_2 \longrightarrow R_1(CH_2)_nCOOH + R_2(CH_2)_nCOOH + H_2O \qquad (3\text{-}44)$$

实际上，石蜡氧化反应的产物是很复杂的，除含有碳数约为原料碳数一半的脂肪酸，还有低分子脂肪酸以及醇、醛、酮等。

（2）高级脂肪醇

高级脂肪醇是制取各种非离子型表面活性剂和增塑剂的重要原料。在硼酸催化剂及胺类助催化剂的存在下，$C_{10} \sim C_{16}$ 正构烷烃可用稀释空气氧化为与原料碳数相同的醇。硼酸能与生成的醇化合为硼酸酯，从而阻止其进一步氧化，其反应为：

$$3R_1CH_2R_2 + 3/2O_2 + H_3BO_3 \longrightarrow (H-\underset{R_2}{\overset{R_1}{C}}-O-)_3B + 3H_2O \qquad (3\text{-}45)$$

硼酸酯经水解即可制得高级脂肪醇，其反应如下：

$$(H-\underset{R_2}{\overset{R_1}{C}}-O-)_3B + 3H_2O \longrightarrow 3\underset{R_2}{\overset{R_1}{C}}HOH + H_3BO_3 \tag{3-46}$$

（3）氯化石蜡

以正构烷烃为主要成分的石蜡能迅速与氯发生取代反应生成氯化石蜡，反应热效应为 $-1508kJ/mol$，反应温度为 $80\sim120℃$，一般不用催化剂。其产品是一氯代、二氯代和多氯代正构烷烃的混合物。氯化石蜡可用作树脂生产的增塑剂和阻燃剂，氯化石蜡与萘烷基化生成的烷基萘用作润滑油的降凝添加剂。

# 3.5 分子炼油

分子炼油是从分子水平来认识石油加工过程的，可准确预测产品性质，优化工艺和加工流程，提升每个分子的价值。分子炼油技术遵循"物尽其用、各尽其能"的理念，按照"宜油则油、宜芳则芳、宜烯则烯、宜润则润、宜化则化"的原则，做到"全处理、无浪费、吃干榨净"，充分、有效利用石油资源。传统炼油技术基于集总模型和虚拟组分模型，只能得到各馏分的整体物理性质、平均结构参数和族组成，制约了炼油技术的进步和石油资源更加合理的利用。而分子炼油技术可得到各馏分详细的化合物分子类型和碳分布以及关键单体化合物信息，有助于深入理解石油分子在加工过程中的反应和转化规律，促进炼油技术的进一步发展和石油资源更加合理的利用，满足产品质量升级和进一步提升加工效益的需求。

分子炼油技术突破了传统炼油技术对石油馏分的粗放认知和加工，从体现石油特征和价值的分子层次上深入认识和加工利用石油。通过从分子水平分析石油组成，精准预测产品性质，精细设计加工过程，合理配置加工流程，优化工艺操作，充分利用原料中每一种或者每一类分子的特点，将其转化成所需要的产物分子，并尽可能减少副产物的产生，使每一个石油分子的价值最大化。只有在分子水平上深入认识石油，才能对加工过程中的化学问题进行细致的探究，有针对性地设计一系列合理的反应路径和条件，使每一个石油分子的价值最大化，形成以分子水平炼油为目标的新增长点，促进石油炼制技术的跨越式进步。此外，以物联网、云计算、人工智能等为代表的新一代信息技术与炼油业的紧密结合已成为炼油业发展新趋势，信息技术的使用将极大提高炼厂的安全性、生产效率和盈利能力。

 **思考题**

1. 石油及产品的重要物理性质指标有哪些？
2. 石油由哪些烃类组成，各馏分中的烃类有何特点？
3. 物理加工过程在石油炼制过程中的作用是什么？
4. 石油热转化过程的工艺有哪些，它们的反应机理一样吗？
5. 石油催化转化过程涉及哪些工艺，各自产品有哪些差异？
6. 石油燃料的类型有哪些，它们的组成和使用要求有哪些差异？

思考题答案

56

7. 石油的主要化工原料有哪些，由此可以衍生的化工产品有何应用？

8. 何为分子炼油？

## 参考文献

[1]　许友好，王瑞霖，阳文杰，等. 石油炼制与化工工艺流程演变历程及变化趋势分析. 当代石油石化，2022，30（12）：1-8.

[2]　宋倩倩，李雪静，师晓玉，等. 美国炼油业的发展动向对我国的启示. 化工进展，2019，38（05）：2065-2073.

[3]　寿德清，山红红. 石油加工概论. 东营：石油大学出版社，1996.

[4]　李中田. 图解加氢裂化技术. 石油知识，2019，199（06）：10-11.

[5]　梁文杰. 石油化学. 东营：石油大学出版社，1995.

[6]　张梅，刘咸尚，段尊斌，等. NiP/Hβ 催化正己烷异构化反应性能及机理. 石油学报（石油加工），2021，37（04）：866-874.

[7]　胡锦原，侯云龙. 云南某炼厂开工初期汽油调和分析及优化. 广东化工，2022，49（19）：105-108.

[8]　胡莹梅. 烷基化汽油生产技术的发展. 现代化工，2008，264（10）：30-34.

[9]　丁高照. 我国车用汽油标准发展趋势的研究. 广东化工，2021，48（18）：105-106.

[10]　李晓东，尉勇，孙晓飞. 国Ⅵ汽油升级研究与探讨. 中外能源，2019，24（01）：80-84.

[11]　史权，张霖宙，赵锁奇，等. 炼化分子管理技术：概念与理论基础. 石油科学通报，2016，1（2）：270-278.

# 第 4 章
# 天然气转化与利用

　　天然气是三大化石能源之一，在当前能源转型的过渡时期扮演着重要角色，提高天然气在一次能源消费中的比例是各国优化能源结构的共同选择，也是实现能源革命和"双碳"目标的重要途径之一。化工用天然气是天然气消费的重要途径，2021年我国化工用天然气占总天然气消费量的10%。以天然气为原料通过化工过程完全可以制备出来源于石油或煤炭的化工产品，加之天然气的洁净优势，天然气在替代煤炭和石油、弥补可再生能源不足方面具有很大潜力。本章首先介绍天然气相关的基础知识，然后重点介绍天然气化工转化方法与原理，包括传统天然气化工、新型天然气化工、间接转化和直接转化方法等。

## 4.1　天然气概述

　　天然气主要由气态低分子烃和非烃气体混合组成，是优质的燃料和化工原料。天然气主要用途是作燃料，包括城市燃气、工业燃气和发电用燃气，天然气通过化工转化还可制造碳材料、氢气、液体燃料和化学品等。

### 4.1.1　天然气的形成与分布

　　天然气主要由深埋在地下的有机质经过厌氧菌分解、热分解、聚合加氢等过程而形成，其形成过程包括以下三个阶段。

　　① 生物催化阶段　有机质开始在厌氧菌作用下发生分解，一部分被完全分解成二氧化碳、甲烷、氨、硫化氢、水等简单分子，一部分则被分解为较小的生物化学单体，如苯酚、氨基酸、单糖、脂肪酸等。上述分解产物之间还会相互作用形成复杂的高分子固态化合物。

　　② 热降解阶段　随着埋藏加深，温度和压力不断升高，生物催化阶段形成的高分子固态化合物进一步发生热降解和聚合加氢等过程，生成气态烃类和液态烃类。

　　③ 热裂解阶段　随着埋藏进一步加深，温度和压力继续升高，催化分解和热降解的生成产物发生较强烈的热分解反应，即高分子烃分解成低分子烃，液态烃裂解为气态烃，最终形成以甲烷为主的天然气。

　　天然气在地层中形成后，会向空隙丰富和渗透性好的岩层转移，在地层应力、水动力和自身浮力的作用下由底层向高层移动，遇到有遮挡条件的地方便停止转移，聚集形成天然气藏。天然气的成因不仅与石油生成相关联，在地壳形成煤田的过程中，沉积的有机质也会发生类似的过程，在煤层中也会形成甲烷含量较低的天然气（瓦斯）。

全球天然气储量分布相对集中，截至 2018 年底，全球天然气剩余探明可采储量为 196.9 万亿立方米。探明剩余可采储量前五名的国家分别为俄罗斯、伊朗、卡塔尔、土库曼斯坦和美国，合计占全球探明剩余可采储量的 64.5%。我国天然气探明剩余可采储量 6.1 万亿立方米，占全球探明剩余可采储量的 3.1%，排名世界第七（图 4-1）。

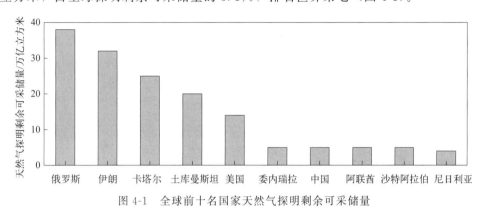

图 4-1　全球前十名国家天然气探明剩余可采储量

常规天然气主要集中分布在欧亚大陆和中东地区，剩余技术可采资源量分别为 134 万亿立方米和 103 万亿立方米，合计占全球常规天然气剩余技术可采资源量的近一半（表 4-1）。非常规天然气主要集中在北美洲和亚太地区。亚太地区的致密气和煤层气剩余技术可采资源量均为 21 万亿立方米，位居全球各大区首位。北美洲和亚太地区的页岩气剩余可采资源量分别为 61 万亿立方米和 53 万亿立方米，合计占全球页岩气剩余技术可采资源量的近一半。

表 4-1　全球常规和非常规天然气剩余技术可采资源量　　单位：万亿立方米

| 地区 | 常规天然气 | 非常规天然气 | | | 合计 | |
|---|---|---|---|---|---|---|
| | | 致密气 | 页岩气 | 煤层气 | 资源量 | 探明储量 |
| 北美洲 | 51 | 11 | 61 | 7 | 130 | 12 |
| 中南美洲 | 28 | 15 | 41 | — | 84 | 8 |
| 欧洲 | 19 | 5 | 18 | 5 | 47 | 5 |
| 非洲 | 51 | 10 | 40 | 0 | 101 | 17 |
| 中东 | 103 | 9 | 11 | — | 123 | 80 |
| 欧亚大陆 | 134 | 10 | 10 | 17 | 172 | 74 |
| 亚太地区 | 45 | 21 | 53 | 21 | 139 | 20 |
| 世界 | 432 | 82 | 233 | 50 | 796 | 216 |

我国天然气资源潜力较大，中国石油天然气股份有限公司第四次油气资源评价显示我国常规天然气地质资源量为 78 万亿立方米，陆上占 52%，海域占 48%。致密气地质资源量为 78 万亿立方米，页岩气地质资源量为 80 万亿立方米，煤层气地质资源量为 30 万亿立方米，天然气水合物地质资源量为 153 万亿立方米。

我国常规天然气主要分布在中部、西部和海域。中西部地区的富气盆地主要在四川、鄂尔多斯和塔里木等盆地。海域的富气盆地主要是莺歌海、琼东南等盆地。2019 年 2 月我国在渤海湾盆地发现天然气探明地质储量超过 1000 亿立方米的渤中 19-6 大型凝析气田，成为渤海湾盆地有史以来最大的天然气田。我国非常规天然气资源分布相对广泛。致密气资源主要分布在鄂尔多斯盆地、四川盆地、松辽盆地和塔里木盆地。页岩气资源主要分布在四川盆地、鄂尔多斯盆地及中-下扬子地区。我国煤层气资源主要集中在沁水盆地、二连盆地、鄂尔多斯盆地、准噶尔盆地、吐哈-三塘湖盆地等中小型富含煤的盆地。天然气水合物资源主要分布在南海海域。

## 4.1.2 天然气的组成与性质

天然气主要是由烃类气体和少量非烃组分构成，在烃类气体中，甲烷占绝大部分，乙烷、丙烷和丁烷含量较少，戊烷以上烷烃含量极少。天然气所含的少量非烃类组分主要是二氧化碳、一氧化碳、氮气、氢气、硫化氢和水蒸气以及微量的惰性气体氦和氩等。不同地区的天然气成分和含量有较大差异，一般气藏天然气的甲烷含量较高，在 90% 以上，油田伴生气的甲烷含量相对较低，大约在 65%～80%。表 4-2 为国内外一些重要气田的天然气组成。

表 4-2　国内外一些重要气田天然气组成（体积分数）　　　　单位:%

| 国名 | 产地 | 甲烷 | 乙烷 | 丙烷 | 丁烷 | 戊烷 | $CO_2$ | $H_2S$ | $N_2$ |
|------|------|------|------|------|------|------|------|------|------|
| 美国 | Louisiana | 92.18 | 3.33 | 1.48 | 0.79 | 0.25 | 0.90 | 1.02 | — |
| 加拿大 | Alberta | 64.40 | 1.20 | 0.70 | 0.80 | 0.30 | 4.80 | 0.70 | 26.30 |
| 委内瑞拉 | San Joaquin | 76.70 | 9.79 | 6.69 | 3.26 | 0.94 | 1.90 | | |
| 英国 | Leman | 95.00 | 2.76 | 0.49 | 0.20 | 0.06 | 0.04 | 1.30 | — |
| 法国 | Laeq | 69.40 | 2.90 | | 0.60 | 0.30 | 10.00 | | 15.50 |
| 俄罗斯 | Capa ToBckoe | 94.70 | 1.80 | 0.20 | 0.10 | — | 0.20 | — | — |
| 哈萨克斯坦 | Karachaganak | 82.30 | 5.24 | 2.07 | 0.74 | 0.31 | 5.30 | 0.85 | 3.07 |
| 中国 | 长庆 | 85.60 | 0.60 | 0.08 | 0.03 | 0.01 | 3.02 | 0.04 | 0.03 |

天然气是一种易燃易爆气体，燃点为 550℃，在空气中天然气的爆炸极限为 5%～15%。天然气无色，比空气轻，不溶于水，单位气田天然气的重量只有同体积空气的 55% 左右。天然气的主要成分甲烷本身无毒，但如果含有较多硫化氢则对人有毒害，天然气燃烧不完全产生的一氧化碳也会对人体有毒害。天然气具有热值高和清洁的特点，在人类生产生活中扮演重要角色。与煤和石油相比，天然气在使用时不仅排放的 $SO_x$、$NO_x$ 和 CO 量最少，而且排放的 $CO_2$ 量也最少，所以被称为清洁能源。

燃料分子的氢含量越高，燃料的热值就越高，以甲烷为主的天然气在烃类中的氢碳比最高（4），显著高于煤炭（约 0.6）、木材（约 1.4）、原油（约 1.7）和汽油（约 2.2）等燃料，是天然生物和化石燃料中热值最高的能源。同时，天然气还是能量利用效率较高的能源，如工业燃煤锅炉的效率为 50%～60%，而燃气锅炉的效率为 80%～90%；家庭燃煤炉灶效率 20%～25%，而燃气灶效率 55%～65%；发电站燃煤蒸汽发电效率一般为 33%～42%，而燃气联合循环发电站效率为 50%～58%。因此，天然气被认为是清洁能源，许多国家都将天然气列为首选燃料。

## 4.1.3 天然气的主要分类

目前，天然气的分类标准很多，各国都有自己的分类习惯，主流分类方法是按照开采经济价值以及按照储存运输状态进行分类。

（1）按照开采经济价值

按照开采经济价值，天然气可分为常规天然气和非常规天然气两类。常规天然气是指能够用传统的油气生成理论解释，并在目前的科学技术和经济条件下可以进行工业开采的天然气，主要包括油田伴生气（即油田气、油藏气）、气井气和凝析气。从地质角度看，常规天然气在烃源岩由有机质经生物化学作用、热催化作用或热裂解作用生成后，在浮力和流体压力的驱使下，经过一定距离的一次运移和二次运移在常规圈闭中聚集，形成常规天然气藏。非常规天然气是指在成藏机理、赋存状态、分布规律或勘探开发方式等方面与常规天然气不同的天然气资源，主要包括页岩气、致密气、煤层气和天然气水合物。

① 页岩气 页岩气是赋存于富有机质泥页岩及其夹层中，以吸附或游离状态为主要存在方式的非常规天然气。与常规天然气的先运移再异地成藏的模式不同，页岩气的生成和储集都发生在页岩层中，表现为典型的"原地"成藏模式。页岩气主要储存在纳米孔隙中，不同的孔隙决定了页岩中天然气不同的赋存状态，就像不同的房子有大有小一样。根据孔径的大小，孔隙由小到大可以被分为微孔、介孔和大孔。在孔隙的表面，甲烷分子主要以吸附态的形式贴在孔隙内壁上；而在远离孔隙表面的位置，甲烷分子主要是游离状态，这种状态更多地存在于孔径偏大的介孔和大孔中。正是因为页岩气被锁在页岩的一个个微孔里，彼此隔绝，自然状态下难以流动，无法凭借自身的力量逃逸出来，所以开采难度极大。

现今世界范围内有50多个国家开展了页岩气勘探开发。自2000年以来，美国的页岩气开采规模高速增长，目前每年产量已突破3000亿立方米，经过页岩气革命已实现能源独立和转型。我国页岩油气储量也较丰富，截至2020年，已在四川盆地相继发现涪陵、威荣、长宁、威远、昭通和永川6个大中型页岩气田，累计探明地质储量超过 $2 \times 10^{12} \mathrm{m}^3$。但我国页岩气开发尚处于工业化试采阶段，页岩储层整体上热演化程度不高，储层厚度偏小，在地质、技术及经济等方面存在明显不足。虽然存在上述制约因素，但我国在过去10年中通过不断探索，页岩气勘探和开发已初见成效，目前页岩气产量达到了200亿立方米的水平，预计到2030年页岩气产量将占中国整个天然气产量的1/3。

② 致密气 致密气的全称为致密砂岩气，是指覆压基质渗透率小于或等于0.1mD的砂岩气层，单井一般无自然产能或自然产能低于工业气流下限，但在一定经济条件和技术措施下可获得工业天然气产量。通常情况下，这些措施包括压裂、水平井、多分支井等。目前致密气已成为全球非常规天然气勘探的重点领域，北美已实现致密砂岩气的大规模商业化生产。我国致密砂岩气展布面积较大，储层以岩屑砂岩、长石砂岩为主，埋深跨度大。过去10年中，我国已在苏里格、四川盆地须家河组、松辽盆地登娄库组、吐哈盆地水西沟群、准格尔地八道湾组、塔里木盆地库车东部等地方实现了致密砂岩气的开采。致密砂岩广泛发育的纳米级孔喉系统，孔径主体介于25～700nm，包括粒间孔、粒内孔、晶间孔及粒间缝，构成了纳米级孔喉网络。这些孔道特性一方面决定了储层极低的渗透率，开发过程中需人造渗透率以提高产能；另一方面限制了浮力在天然气运聚中的作用。

③ 煤层气 煤层气是在成煤过程中生成并主要以吸附状态储集于煤层中的一种非常规天然气，俗称瓦斯，其主要成分是甲烷。$1 \mathrm{m}^3$ 纯煤层气的热值相当于1.13kg汽油或1.21kg标准煤，其热值与天然气相当，可以与天然气混输混用。煤层气是优质的工业、化工、发电和居民生活燃料。煤层气在空气中浓度达到5%～16%时，遇明火就会爆炸，这是煤矿瓦斯爆炸事故的根源。煤层气直接排放到大气中，其温室效应约为二氧化碳的23倍，对生态环境破坏性极强。在一定的空间范围内，煤层气比空气轻，其密度是空气的0.55倍，稍有泄漏会向上扩散，只要保持室内空气流通，即可避免爆炸和火灾。我国煤层气资源丰富，截至2020年底，全国累计施工煤层气井21217口，测算出埋深2000m以浅的煤层气资源量超过

30万亿立方米，累计探明煤层气地质储量9302亿立方米。2021年全国煤层气产量为104.7亿立方米，已突破天然气总产量的5％。

④ 天然气水合物　天然气水合物是分布于深海沉积物或陆域的永久冻土中由天然气与水在高压低温条件下形成的类冰状的结晶物质。因其外观像冰一样，且遇火即可燃烧，所以又被称作可燃冰。可燃冰分子结构就像一个一个由若干水分子组成的笼子。形成可燃冰的三个基本条件为温度、压力和原料。首先，可燃冰在0～10℃时生成，超过20℃便会分解，海底温度一般为2～4℃左右，适宜可燃冰生成。其次，可燃冰在0℃时只需30个大气压（1个标准大气压等于101.325kPa）即可生成，而以海洋的深度，30个大气压很容易保证，并且气压越大，水合物就越不容易分解。最后，海底有丰富的有机物沉淀，为可燃冰的形成提供了充足的气源。海底的地层是多孔介质，在温度、压力、气源三者都具备的条件下，可燃冰晶体就会在介质的空隙间生成。

天然气水合物燃烧后几乎不产生任何残渣，$1m^3$可燃冰可转化为$164m^3$的天然气和$0.8m^3$的水。开采时只需将固体的可燃冰升温减压就可释放出大量的甲烷气体。据估算，全球天然气水合物含碳量约为已探明其他化石燃料碳储量的两倍，其中海洋天然气水合物资源量约占全球天然气水合物资源总量的97％。中国天然气水合物的资源量约为84.0万亿立方米，主要分布在中国南海和青海冻土带，其中南海约占总资源量的78％，冻土带占总资源量的15％，东海也发现有天然气水合物存在的标识。

（2）按照储存运输状态

天然气的体积能量密度低，要使其成为大规模使用的常规能源，必须解决储存及运输问题，因此天然气按照储存和运输状态可分为压缩天然气（compressed natural gas，CNG）、液化天然气（liquefied natural gas，LNG）、液化石油气（liquefied petroleum gas，LPG）和吸附天然气（adsorbed natural gas，ANG）。

① CNG　CNG是指采用特制的储气钢瓶，在充气站通过加压设备施加20～25MPa的高压，强行将天然气压缩至钢瓶内贮存，专用于汽车替代汽油的燃料。与汽油燃料相比，CNG汽车燃料可减少大气污染物排放，尾气中一氧化碳降低80％，碳氢化合物降低60％，氮氧化合物降低70％，是一种非常理想的车用清洁燃料。此外，使用CNG的发动机运行平稳、噪声低、无积碳、更安全，可延长发动机使用寿命。但CNG的储存压力太高、体积能量密度偏低，储气瓶占据的质量太大。

② LNG　LNG是天然气经净化脱除水、酸性气体（$CO_2$、$H_2S$等）、重烃、汞等杂质后，被制冷剂冷却形成的常压低温液体。通常LNG多存储在温度为-162℃、压力为0.1MPa左右的低温储罐内，其密度为$430kg/m^3$，是标准状态下甲烷的625倍，所以可以很方便地用汽车、轮船将LNG运送到没有天然气的地方使用。LNG的燃点为650℃，比汽油（427℃）和柴油（260℃）燃点高很多，因此LNG更难引燃着火；LNG爆炸极限为4.7％～15％，其爆炸下限比汽油（1％～5％）和柴油（0.5％～4.1％）都低，由此可见LNG汽车比汽油、柴油汽车使用更安全。LNG作为清洁燃料汽化后可供城市居民使用，具有安全、方便、快捷、污染小的特点。采用LNG作为汽车发动机燃料，发动机仅需作适当变动，且运行安全可靠，噪声低、污染小。LNG可作为工业气体燃料，用于玻壳厂、电厂、陶瓷厂等；LNG还可作为冷源用于生产速冻食品以及塑料、橡胶的低温粉碎等。

③ LPG　LPG是由炼厂气或天然气（包括油田伴生气）加压、降温、液化得到的一种无色、挥发性气体。由炼厂气所得的液化石油气主要成分为丙烷、丙烯、丁烷、丁烯，同时含有少量戊烷、戊烯和微量硫化物杂质；而由天然气所得液化气的成分基本不含烯烃。液化石油气主要用作石油化工原料，用于烃类裂解制乙烯或水蒸气重整制合成气，可作为工业、

民用、内燃机燃料。

④ ANG　ANG 是指在储罐内装入活性吸附剂，充分利用吸附剂巨大的内表面和丰富的微孔结构，以达到在常温、低压（3.0～6.0MPa）下使 ANG 具有与 CNG 相接近的储能密度。在储存容器中加入吸附剂后，虽然吸附剂本身要占据储存空间，但因吸附相的天然气密度高，总体效果还是显著提高了天然气的体积能量密度。ANG 的最大优点是低压储存，仅为 CNG 压力的 1/5～1/4 即可获得接近于高压下 CNG 的储存能量密度，其总费用仅为 CNG 的一半。ANG 储气压力低，在储气设备的容重比、型式、系统的成本等方面较 CNG 有较大的优势。吸附剂吸附天然气是一个由气相向吸附相扩散的过程，会放出吸附热；而天然气从吸附剂中解吸需要吸收热量，因而吸附和解析系统的换热很关键，要保持吸附和解析系统的温度平稳。ANG 存储技术要求吸附剂比表面积大、热效应小和对杂质具有良好耐受性，常使用的吸附剂有硅胶、沸石分子筛、活性碳纤维、活性炭等。

## 4.1.4　天然气的净化与有价组分提取

天然气在开采和输送过程中容易混入砂、铁锈等固体以及水等杂质，这些杂质容易造成输送设备及仪表的损坏，还会增加输送过程阻力。天然气中的硫化物（硫化氢、二硫化物、硫氧化物和硫醇）和二氧化碳等在开采、集气和处理过程中不但会腐蚀管路和设备，还会毒害化工合成中所使用的催化剂，对环境和人体健康也有较大的危害。天然气中的高碳数烃（$C_{2+}$）不利于天然气达成质量标准，同时这些高碳数烃也是重要的烃类资源，具有回收价值。此外，一些富氦天然气还是提取稀有战略物资氦气的主要资源。因此，天然气在进入用户消费环节前，要对其进行净化以及有价值组分提取。

脱除天然气中固体杂质的方法有惯性分离、沉降、旋风分离等方法；天然气的脱水过程主要是利用液体干燥剂吸收或采用固体吸附剂吸附天然气的水分，也可以采用低温冷凝方法分离水分。天然气脱除固体杂质和脱水不涉及有价组分提取，在此不再赘述。本节重点介绍天然气脱除酸性气体及硫回收、天然气重烃回收以及天然气提氦过程。

（1）天然气中酸性气体脱除及硫回收

从天然气中脱除酸性组分主要是指脱除其中的 $CO_2$ 和 $H_2S$。天然气脱除酸性气体的方法很多，具体可以分为化学吸收法、物理吸收法、化学-物理吸收法、直接转化法、膜分离法和升温转化法等，图 4-2 列举了若干天然气脱除酸性气体的方法。

化学吸收法以弱碱性溶液为吸收剂来吸收酸气，吸收了酸气的弱碱性溶液再在高温低压下解吸，放出酸气，使溶液再生，吸收解吸过程可连续进行。各种醇胺溶液是使用最广泛的吸收剂，醇胺法也是最常用的天然气脱硫脱碳方法。物理吸收法是利用有机溶剂对原料气中酸性组分和烃类的溶解度差别从天然气中脱除酸气的过程，物理吸收法受再生程度的限制，净化程度不如化学吸收法。化学-物理吸收法兼具化学吸收和物理吸收的特点，典型的化学-物理吸收法为砜胺法，该法的脱硫脱碳溶液由环丁砜（物理溶剂）、醇胺和水复配而成，操作条件和脱硫脱碳效果与醇胺法相当，但物理溶剂的存在使溶液的酸气负荷显著提高，尤其是当原料气中的酸性组分分压高时，此法更为适用。

对天然气中的 $H_2S$ 进行提取和回收，不但有利于天然气后续利用，还可以避免污染环境，变害为宝，目前全世界 50% 的硫黄来源于含硫的天然气中。在天然气净化过程中，醇胺法及砜胺法等脱硫溶液再生时所析出的 $H_2S$ 酸气，大多进入克劳斯装置回收硫黄。克劳斯法是用空气中的氧气直接将 $H_2S$ 氧化生成单质硫的过程。该过程分为两个阶段：第一阶段是热反应阶段或燃烧阶段，即在反应炉中将 1/3 体积的 $H_2S$ 燃烧生成 $SO_2$，并放出大量的热，酸气中的烃类也会在此阶段全部燃烧；第二阶段是催化反应或催化转化阶段，即将热

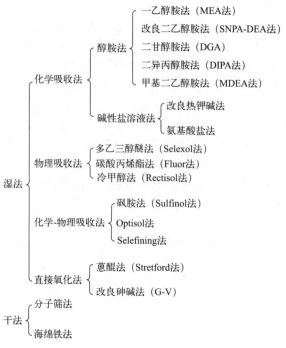

图 4-2  天然气脱除酸性气体的常用方法

反应阶段中生成的 $SO_2$ 与酸气中剩余 2/3 体积的 $H_2S$ 在催化剂上反应，生成元素硫，放出较少的热量。其主要反应如下：

热反应阶段：   $H_2S+3/2\ O_2 \longrightarrow SO_2+H_2O$   $\Delta H_{298K}=-518.9kJ/mol$   (4-1)

催化阶段：   $2H_2S+SO_2 \longrightarrow 3/x\ S_x+2H_2O$   $\Delta H_{298K}=-96.1kJ/mol$   (4-2)

总反应为：   $3H_2S+3/2\ O_2 \longrightarrow 3/x\ S_x+3H_2O$   $\Delta H_{298K}=-615.0kJ/mol$   (4-3)

通常，克劳斯硫回收工艺装置包括热反应、余热回收、硫冷凝、再热和反应等部分，如图 4-3 所示。采用克劳斯方法回收硫时的反应是可逆反应，受热力学和动力学的限制，硫的回收率一般只能达到 $92\%\sim95\%$，尾气中的残余硫化物通常经焚烧变成毒性较小的 $SO_2$ 气体，并经尾气处理装置处理合格后排放至大气中。

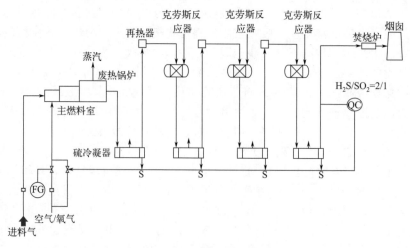

图 4-3  克劳斯硫回收工艺流程

（2）天然气中轻烃回收

为了符合商品天然气质量指标和管输气露点的质量要求，同时获得有价值的烃类组分，需要分离和回收天然气中乙烷以上的烃类组分。天然气中除了乙烷有时是以气体形式回收外，其他烃类都是以液体形式回收，回收到的天然气凝液可直接作为商品，也可根据有关产品质量指标进一步分离为乙烷、液化石油气以及天然汽油（$C_{5+}$）。

虽然天然气凝液回收是一个十分重要的工艺，但是否回收天然气凝液，取决于天然气的类型、天然气凝液回收的目的、方法及产品价格等。习惯上根据是否回收乙烷而将天然气凝液回收装置分为两类：一类以回收丙烷及更重烃为目的，称为浅冷；另一类则以回收乙烷及更重烃为目的，称为深冷。天然气凝液回收基本属于物理过程，主要的回收方法包括吸附法、油吸收法和冷凝分离法三种，分离方法的选择根据天然气的组成、压力、吸收率以及相关的技术因素来决定。

吸附法回收天然气凝液通常使用活性炭吸附剂，可选择性吸附烃类，且对 $C_2 \sim C_{11}$ 各种烃类气体的吸附容量随着碳原子数的增多而增大。该方法主要处理气量小以及较贫的天然气（液烃含量$<40mL/m^3$）。油吸收法是利用天然气中各组分在吸收油中的溶解度不同以达到分离不同烃类的目的。吸收油的分子量一般为 $100 \sim 200$，根据吸收温度通常选用石脑油、煤油或柴油作为吸收油。冷凝分离法是在一定压力下，利用天然气中各组分的挥发度不同，将天然气冷却至露点温度以下，得到富含较重烃类的天然气凝液。

（3）从天然气中提取氦气

氦气是一种稀有的惰性气体，无色无味，化学性质极为稳定，通常情况下不与任何元素化合。氦气在大气中的含量甚微，其原子量是 4.003，是仅比氢气重的气体。氦气的沸点为$-268℃$，是最难液化的气体，有很强的扩散性和极大的流动性，还是热的良导体，对放射性有较强的抵抗能力。氦气的这些特殊性质，使它在宇宙探索、军工、超导、保护气、检漏及核工业等领域得到了广泛应用，是十分宝贵的战略资源。

氦气的用途十分广泛，但它在自然界中的富集度却不高。对于工业提氦来说，氦的来源只有两个途径：一是通过空气分离的副产物获得；二是从含氦天然气中提取。由于空气中氦的含量极微，通过空气分离产氦很困难。含氦天然气中氦的体积分数约为 0.2%，显著高于空气中的含量，具有很高的提取价值，提取方法一般用深冷分离法及膜分离法。

深冷分离法利用氦气液化温度极低的特点，在低温下将天然气中的其他组分逐级冷凝液化并分离，以便氦气在气相中浓缩。深冷分离法第一步得到氦气含量为 65%～70%的粗氦，粗氦在高压下经低温冷凝将氦气含量提高到 98%左右，再通过低温吸附除去微量的氖、氢、氙、甲烷等，便可得到纯氦产品。

膜分离法是根据混合气体中各组分对膜的渗透性差别而使混合气体分离的方法，该过程不发生相态变化、无需高温或深冷，并且设备简单、占地面积小、操作方便。由于原料气中氦的体积分数较低，一级膜分离只能起到相对富集的作用，必须采用多级分离才能得到纯度较高的氦，如采用三级膜分离可得到纯度为 97%的产品氦。

我国目前发现的含氦天然气不多，氦含量也不太高。四川威远气田是我国目前发现的唯一氦含量较高的气田，氦含量为 0.2%。我国于 20 世纪 60 年代初开始从事天然气提氦的科研工作，成功地从氦含量为 0.04%的天然气中提取并生产出合格的 A 级（纯度为 99.99%）氦产品，并在四川建成了天然气提氦工厂。

## 4.1.5　天然气化工利用现状

天然气化工是以天然气为原料生产化工产品的工业。如图 4-4 所示，天然气的一次化工产品有氨、甲醇、合成油、氢气、乙炔、氯代甲烷、炭黑、氢氰酸、二硫化碳、硝基甲烷等，其中氨、甲醇和乙炔是天然气化工的三大基础产品，由这三大产品和其他一次产品又可生产出大量的二次、三次化工产品。目前利用天然气生产的大宗产品，大都是先将天然气转化为合成气，再以合成气生产合成氨、甲醇、乙二醇和低碳烯烃等重要的化工原料，继而生产出其他众多化工产品，即间接转化路线。概括起来，天然气化工利用的主要途径如下：

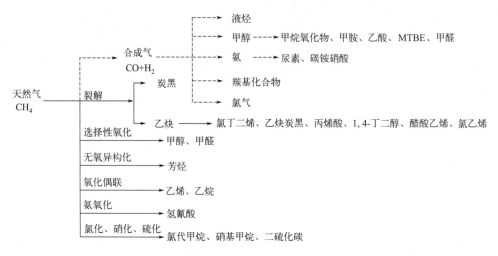

图 4-4　以天然气为原料的化工转化过程

① 转化为合成气（$CO+H_2$），再进一步合成氨、甲醇和高级醇等。

② 在 930～1230℃裂解生产乙炔和炭黑，再以乙炔为原料合成多种化工产品，如乙烯、乙醛、乙酸、乙酸乙烯酯和氯丁二烯等；炭黑可作为橡胶补强剂、填料，也是油墨涂料、炸药、电极和电阻器等产品的原料。

③ 通过氯化、氧化、硫化、氨氧化和芳构化等反应转化成氯代甲烷、甲醇、甲醛、二硫化碳、氢氰酸及芳烃等。

④ 经热裂解、氧化、氧化脱氢或异构化脱氢等反应，可生产乙烯、丙烯、丙烯酸、顺酐、异丁烯等产品。

近几年来，在能源结构转型和"双碳"背景下，天然气作为能源和资源被寄予厚望，在新能源和可再生能源成为主导能源之前，天然气是替代煤炭和石油的最佳选择。2021 年我国天然气消费量为 3690 亿立方米，占一次能源消费总量的 9%，其中化工用气消费占总消费量的 10%，可见天然气化工利用逐渐成为重要途径。

## 4.2　天然气制合成气技术

将天然气中的主要组分 $CH_4$ 转化为合成气是工业上一种重要的天然气化工转化和利用技术，经进一步羰基合成或 F-T 合成可制备甲醇、二甲醚、氨等重要化工原料以及合成液体燃料和化学品，可见 $CH_4$ 转化为合成气是天然气间接法化工转化的第一步，是实现天然气资源化高效利用的关键。$CH_4$ 转化为合成气主要有三种途径：$CH_4$ 水蒸气重整、$CH_4$ 部分氧化重整和 $CH_4$ 二氧化碳重整。

## 4.2.1 甲烷水蒸气重整

CH$_4$ 的水蒸气重整是制取富氢合成气的重要方法，是目前工业上很成熟的制氢工艺，也是最简单和最经济的制氢方法，CH$_4$ 水蒸气重整所制得的氢气是生产氨水、甲醇以及其他化工产品的主要原料。

CH$_4$ 作为最小的烃类分子，具有稳定的结构和惰性，CH$_4$ 分子的活化是其转化利用的基础。CH$_4$ 水蒸气重整是在一定的反应条件下，通过催化作用促使 CH$_4$ 的 C—H 键断裂，并重新组合成新的化学键，以利于后续工艺对 CH$_4$ 的充分利用。CH$_4$ 水蒸气重整反应主要有：

$$CH_4 + H_2O \longrightarrow CO + 3H_2 \qquad \Delta H_{298K} = 206.1kJ/mol \qquad (4-4)$$
$$CO + H_2O \longrightarrow CO_2 + H_2 \qquad \Delta H_{298K} = -41.2kJ/mol \qquad (4-5)$$

可见，CH$_4$ 水蒸气重整是一个强吸热过程，反应通常在温度 750~920℃、压力 2~3MPa、水碳比 2.5~3 的条件下进行，制得的合成气中 H$_2$ 与 CO 的体积比为 3:1。CH$_4$ 水蒸气重整反应机理主要有热裂解机理和两段机理，前者认为在重整反应体系中 CH$_4$ 与水蒸气在相互作用下直接裂解生成 H$_2$ 与 CO；后者则认为 CH$_4$ 首先碳化生成 H$_2$，生成的 C 再进一步与 H$_2$O 反应生成 CO；其中，两段机理的接受度更高，因为它能够解释反应积碳的现象。此外，还有学者提出在 400~900℃时，CH$_4$ 和水蒸气在催化剂表面离解为吸附态 CH$_x$ 和原子氧，并且被催化剂表面吸附，随后中间产物之间、中间产物与原料气之间进行反应，最终生成 CO、CO$_2$ 和 H$_2$。

如图 4-5 所示，CH$_4$ 水蒸气重整过程包括原料的预处理、一段转化、二段转化、水蒸气变换和脱碳等步骤。脱硫等预处理过程的目的是防止后续工段的催化剂中毒。一段转化是将 CH$_4$ 进行初步水蒸气转化，二段转化是通过补入纯氧或空气使原料气发生部分燃烧反应，为一段转化出口气体中残余的 CH$_4$ 进一步转化提供热量。变换是 CO 和 H$_2$O 反应生成 H$_2$ 和 CO$_2$ 的过程，能增加 H$_2$ 的体积分数，降低 CO 体积分数，可根据 H$_2$/CO 比的需求来决定变换过程的取舍。脱碳过程是脱除 CO$_2$，使成品气中只含有 H$_2$ 和 CO，回收的高浓度 CO$_2$ 可以用于制造化工产品。另外，根据原料气中不饱和烃的体积分数来决定是否在一段转化前增设加氢装置将不饱和烃转化为烷烃。

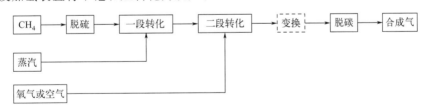

图 4-5 甲烷水蒸气重整工艺流程图

影响 CH$_4$ 水蒸气重整过程的操作参数包括温度、压力、水碳比、空速等。工艺操作参数的选取不仅要衡量它们对反应本身的影响，还要考虑到催化剂、经济成本、材料等因素。

① 温度 无论是从化学平衡还是从反应速率角度考虑，提高温度都对转化率有利，但温度对炉管的寿命影响严重，因此工业上 CH$_4$ 水蒸气重整反应温度一般维持在 700~900℃。

② 压力 CH$_4$ 水蒸气重整的主要反应是生成 CO、CO$_2$ 与 H$_2$ 的反应，是物质体积增加的反应，从平衡角度来看，增加压力对反应不利，压力越高，出口气体中 CH$_4$ 含量就越高，尤其在低温时影响更显著。为减少出口气体中 CH$_4$ 的含量，在加压的同时，还要提高

水碳比及温度，只要温度与水碳比均提高，即使压力较高，也可以使出口气体中 $CH_4$ 的含量降低。

③ 水碳比　从化学平衡角度看，水碳比的提高有利于 $CH_4$ 转化，而且有助于减少积碳。但高水碳比会增加蒸汽耗量，致使能耗增加。因此在满足工艺的前提下，要尽可能减小水碳比，工业生产中 $H_2O$ 和 $CH_4$ 的摩尔比一般为 3~5，生成的 $H_2$ 和 CO 之比≥3。

④ 空速　空速的提高意味着生产强度的提高，因此要尽可能提高空速，但空速过高，气体在反应器中停留的时间过少，$CH_4$ 转化率会降低。

现代工业中 $CH_4$ 水蒸气重整催化剂多为负载型催化剂，活性组分主要是 Ni、Co、Fe、Cu 等非贵金属和 Rh、Ru、Pt 等贵金属，前者较后者的活性和抗积碳性能稍差，但其价格低廉、原料易得，所以被广泛应用，尤其是以 Ni 作为活性组分的催化剂。催化剂的助剂及载体对催化剂的性能、强度、密度、耐热性能等性质均有影响，助剂可以抑制催化剂烧结，防止活性组分晶粒长大，能够增加活性中心对反应物的吸附，从而可增强 $CH_4$ 的活化裂解和催化剂的抗积碳性能，延长催化剂寿命。水蒸气重整催化剂的助剂已从利用 $Na_2O$、$K_2O$ 等碱金属，MgO、CaO 等碱土金属以及 $ZrO_2$ 等稀有金属氧化物发展到利用 $CeO_2$、$La_2O_3$ 等稀土金属氧化物。载体不仅对催化剂的活性组分起物理支撑及分散作用，而且通过与金属间的电子效应及强相互作用使催化剂的物化性能得以改善。载体需要具有良好的机械强度、热稳定性和抗烧结能力，应用较多的载体有 $Al_2O_3$、$TiO_2$、$ZrO_2$、$La_2O_3$、MgO、$SiO_2$、CaO、ZSM-5 沸石分子筛和镁铝尖晶石等。

### 4.2.2　甲烷二氧化碳重整

$CH_4$ 的 $CO_2$ 重整又称干重整，是一条综合利用碳源、氢源，同时转化两种难活化分子并消除两种主要温室气体的技术路线，对于高效利用 $C_1$ 资源、减缓日益严重的环境问题有重要意义。与水蒸气重整不同的是，$CO_2$ 重整反应产生的 $H_2/CO$ 比约为 1，可直接作为羰基合成或 F-T 合成的原料，弥补水蒸气重整合成气 $H_2/CO$ 比较高的不足。由于干重整的上述优势，自 1928 年 Fischer 和 Tropsch 首次对 $CH_4$ 的 $CO_2$ 重整反应进行研究以来，尤其是 1991 年 Ashcroft 等在 Nature 上发表了有关 $CH_4$ 和 $CO_2$ 重整的研究论文后，引起了世界范围内研究者的广泛兴趣。目前，世界各国研究者从催化剂、工艺条件、反应装置、反应热力学、反应动力学等方面对 $CH_4$-$CO_2$ 重整反应进行了大量的研究和探索，取得了较大的进展。

$CH_4$-$CO_2$ 重整制备合成气过程是一个复杂的反应体系，主要包括以下反应：

$$CH_4 + CO_2 \longrightarrow 2CO + 2H_2 \qquad \Delta H_{298K} = 247 kJ/mol \qquad (4\text{-}6)$$

$$CO_2 + H_2 \longrightarrow CO + H_2O \qquad \Delta H_{298K} = 41 kJ/mol \qquad (4\text{-}7)$$

$$C + H_2O \longrightarrow CO + H_2 \qquad \Delta H_{298K} = 131 kJ/mol \qquad (4\text{-}8)$$

$$CH_4 \longrightarrow C + 2H_2 \qquad \Delta H_{298K} = 75 kJ/mol \qquad (4\text{-}9)$$

$$2CO \longrightarrow C + CO_2 \qquad \Delta H_{298K} = -172 kJ/mol \qquad (4\text{-}10)$$

其中，反应（4-6）为主反应，是强吸热过程，需要在 700~900℃ 的高温下进行才可获得比较理想的转化率。反应（4-7）为主要副反应，该反应为水汽变换反应的逆过程，会使合成气中的 $H_2/CO$ 比略小于 1，且 $CO_2$ 转化率略大于 $CH_4$ 转化率。同时，反应（4-7）产生的水蒸气会与催化剂表面的积碳反应，也就是反应（4-8），实现消碳过程。此外，在不同的反应条件下，还可能发生使催化剂表面积碳的 $CH_4$ 裂解和 CO 歧化。在 $CH_4$-$CO_2$ 重整过程中必须平衡好积碳-消碳过程，防止催化剂的表面积碳而失活，确保反应平稳进行。

$CH_4$-$CO_2$ 重整反应是一个十分复杂的过程，在不同的反应条件和催化剂作用下会表现出不同的反应机理，目前有关其详细机理仍存在争议，但通常认为其机理符合下列形式，其中，* 表示活性中心。

$CH_4$ 裂解：

$$CH_4 + 2* \longrightarrow CH_3* + H* \tag{4-11}$$

$$CH_3* + (3-x)* \longrightarrow CH_x* + (3-x)H* \tag{4-12}$$

水煤气变化逆反应：

$$CO_2 + H* \longrightarrow CO + OH* \tag{4-13}$$

$$2OH* \longrightarrow H_2O + O* \tag{4-14}$$

生成合成气的反应：

$$CH_x* + O \longrightarrow CO + xH* \tag{4-15}$$

$$2H \longrightarrow H_2 + 2* \tag{4-16}$$

$CO_2$ 和 $CH_4$ 都属于化学惰性物质，开发高活性、稳定性的催化剂是实现工业应用的关键因素之一。目前可用于 $CH_4$-$CO_2$ 重整反应的催化剂主要有负载型催化剂、复合氧化物型催化剂、碳化物型催化剂和介孔结构型催化剂，其中负载型催化剂的研究和应用最广泛。

负载型催化剂的性能受到活性组分、载体和助剂等共同影响，一般采用Ⅷ族过渡金属作为活性组分，主要有 Ni、Co、Ru、Rh、Pd、Ir、Pt 等。贵金属作为活性组分时的催化活性高、抗积碳性能强、稳定性好，$CH_4$ 转化率和 CO、$H_2$ 的产率均很高，但贵金属资源有限、价格昂贵。非贵金属催化剂特别是 Ni、Co 基催化剂，因催化活性高、价格低廉而受到广泛关注，但 Ni 基催化剂的主要缺点是容易积碳以及流失活性组分。

载体对 $CH_4$-$CO_2$ 重整催化剂的性能起着极其重要的作用，它不仅对催化剂起物理支撑作用，还可以与活性组分发生相互作用从而改善催化剂结构、颗粒大小和金属分散度等性质，进而影响催化剂的反应活性、稳定性和抗积碳性能。常用的载体有 $Al_2O_3$、MgO、$SiO_2$、$ZrO_2$、稀土金属氧化物以及复合氧化物等。

$CH_4$-$CO_2$ 重整催化剂常采用的助剂有碱金属、碱土金属氧化物以及一些稀土金属氧化物。助剂的作用主要是提高活性组分的分散度、调整催化剂表面酸碱性、改变活性组分与载体的相互作用、改变活性组分的电子状态，从而提高反应活性或提高催化剂的抗氧化性能和抗积碳性能。稀土金属氧化物 $La_2O_3$ 是 $CH_4$-$CO_2$ 催化重整良好的助剂，La 的引入不仅能增强催化剂的稳定性，还可提高 $CH_4$ 的转化率。

## 4.2.3 天然气部分氧化重整

虽然 $CH_4$ 水蒸气重整法制备合成气的工艺成熟，并早已实现工业化，但水蒸气重整是可逆强吸热反应，过程能耗高，设备投资大，且产物中 $H_2$/CO 大于 3，不利于合成甲醇、F-T 合成等后续过程。$CH_4$-$CO_2$ 重整所得合成气中 $H_2$/CO 约为 1，比较适合作 F-T 合成的原料，但 $CH_4$-$CO_2$ 重整仍需消耗大量热量，同时 $CH_4$ 转化率低，催化剂也很容易积碳而失活。相比而言，$CH_4$ 部分氧化重整具有以下优势：

① 该过程是温和的放热反应，能耗低，可在较低温度（750~800℃）下达到 90% 以上的平衡转化率，反应速率比水蒸气重整反应快 1~2 个数量级。

② 制备的合成气中 $H_2$/CO 约为 2，可直接用于甲醇合成以及 F-T 合成等过程，无须再调整氢碳比。

③ 该过程产生的 $CO_2$ 量非常低，可降低合成气脱碳负荷。

④ 该过程是利用温和放热氧化反应来驱动 $CH_4$ 的转化过程，反应可以在高空速下进行，反应器的体积小、效率高、能耗也低，可大幅度降低设备投资和生产成本。

高温下催化部分氧化重整反应主要生成 CO、$CO_2$、$H_2O$ 和 $H_2$，其组成依赖于反应温度、压力、入口气体组成和动力学因素等。部分氧化过程涉及的反应主要有：

$$CH_4 + 2O_2 \longrightarrow CO_2 + 2H_2O \qquad \Delta H_{298K} = -803kJ/mol \qquad (4-17)$$

$$CH_4 + 3/2O_2 \longrightarrow CO + 2H_2O \qquad \Delta H_{298K} = -519kJ/mol \qquad (4-18)$$

$$CH_4 + O_2 \longrightarrow CO_2 + 2H_2 \qquad \Delta H_{298K} = -319kJ/mol \qquad (4-19)$$

$$CH_4 + H_2O \longrightarrow CO + 3H_2 \qquad \Delta H_{298K} = 206kJ/mol \qquad (4-20)$$

$$CH_4 + CO_2 \longrightarrow 2CO + 2H_2 \qquad \Delta H_{298K} = 247kJ/mol \qquad (4-21)$$

$$CO + H_2O \longrightarrow CO_2 + H_2 \qquad \Delta H_{298K} = -41.2kJ/mol \qquad (4-22)$$

$CH_4$ 部分氧化反应机理比较复杂，目前有两种观点被广泛接受，即间接氧化机理（亦称燃烧-重整机理）和直接氧化机理。间接氧化机理是在固定床反应器中以 Pt-Ru 为催化剂的实验时提出的，认为主要存在四类反应，即 $CH_4$ 完全燃烧、$CO_2$ 重整、水蒸气重整和正/逆水煤气变换。Pt-Ru 催化剂对这四类反应都具有较高的催化活性，$CH_4$ 首先完全燃烧生成 $CO_2$ 和水，并且将氧完全耗尽，随后剩余的甲烷与 $CO_2$ 和水蒸气进行重整反应，并伴随正/逆水蒸气变换反应，而且正/逆水蒸气变换是一个快速的可逆平衡反应，对产物的组成无影响。后来人们发现在 Pt-Ru 催化剂上，催化部分氧化反应远比甲烷水蒸气重整反应快，认为 $H_2$ 和 CO 是催化部分氧化的初级产物，而不是由 $CH_4$ 和 $CO_2$ 或 $H_2O$ 重整得到的，遵循直接氧化机理。

$CH_4$ 部分氧化反应所用催化剂主要是负载型金属催化剂，活性组分有贵金属（Pd、Ru、Rh、Pt、Ir 等）和非贵金属（Ni、Co、Fe 等）两类。贵金属催化剂具有活性高、稳定性好、抗积碳性强等优点，但成本太高。非贵金属催化剂中 Ni 基催化剂活性最好，接近于 Ru，且价格低廉，但 Ni 基催化剂存在容易积碳失活的问题。目前，在提高 Ni 催化剂稳定性方面有两条思路，其一是提高并保持催化剂活性组分的分散度；二是通过减小催化剂酸性使活性组分富电子，以达到减慢 $CH_4$ 分解速度、加快 CO 脱附速度和加速吸附碳的氧化。

$CH_4$ 部分氧化反应中酸性催化剂有利于积碳，碱性催化剂会抑制积碳，因此采用碱性或弱酸性的载体（$La_2O_3$ 等）会使积碳量减少。对于 $Al_2O_3$ 等酸性载体系列，可以通过添加碱金属或碱土金属氧化物来降低其酸性。其他比较常用的载体还有 NaY 型分子筛、$CeO_2$、$ZrO_2$ 等。金属载量也是影响催化剂活性的重要因素，金属载量太小则活性位过少，会使转化率降低；载量过高则会使活性组分聚集，分散度降低，加剧积碳和失活，导致选择性下降。添加助剂是提高催化剂性能的有力手段之一，在 $CH_4$ 部分氧化反应 Ni 基催化剂中常见的助剂有碱金属及碱土金属、稀土金属氧化物和其他金属以及它们的混合物。

$CH_4$ 部分氧化制备合成气工艺的反应器有固定床、流化床、膜反应器以及其他类型的反应器等。固定床工艺的特点是流程短、设备简单、制得的合成气品质高，但固定床工艺生产中天然气和氧气（空气）在接触催化剂前混合预热时存在燃烧和爆炸风险。流化床工艺的特点是氧和 $CH_4$ 分开进料，消除了固定床工艺爆炸的风险，此外，流化床反应器内径向温度均一，空速相同时流化床反应器内的压降比固定床小，还可在线补充催化剂。其缺点是工艺流程长、设备较多、对催化剂要求苛刻。图 4-6 为一种流化床部分氧化工艺流程，氧气、$CH_4$ 和水的混合气分开进料，在合适的操作条件下 $CH_4$ 转化率为 90%，CO 选择性为 86%，$H_2$ 选择性为 100%，产物能够以约 400℃/s 的速度降温，防止 CO 发生歧化反应。

近些年来还出现了致密透氧膜反应器用于 $CH_4$ 部分氧化过程，该过程为高温空气中的

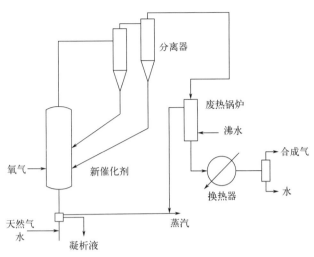

图 4-6　流化床 $CH_4$ 部分氧化工艺流程简图

氧通过膜扩散到另一侧与 $CH_4$ 反应,实现了空分与反应同时进行。透氧膜反应器用于 $CH_4$ 部分氧化具有以下特点:

① 直接用空气作为氧源,降低操作成本,简化操作过程,避免高温下形成环境污染物 $NO_x$。

② 反应物在致密透氧膜中属于扩散混合过程,膜材料同时具有催化性能,提高了反应选择性。

③ 反应是扩散控制过程,克服了固定床反应器存在燃烧极限的缺陷。

## 4.3　天然气间接化工转化技术

### 4.3.1　天然气制氢

2020 年,我国氢气产量约 3342 万吨,其中天然气制氢产量占比 13.76%。天然气制氢技术成熟,其投资低于煤制氢,运行消耗低于甲醇制氢,且规模灵活可调,从小规模的撬装式到规模化生产都已实现了工业化,是目前主流的化石能源制氢技术之一。天然气制氢首先是将天然气转化为富氢气体,主要方法有上文介绍的 $CH_4$ 水蒸气重整、$CH_4$-$CO_2$ 重整、$CH_4$ 部分氧化以及 $CH_4$ 裂解等;接下来是对富氢气体进行分离和提纯以获得氢气产品。

目前主流的天然气制氢工艺流程如图 4-7 所示,管网天然气通过增压后进入转化炉的烟气对流侧进行预热,然后进行脱硫;脱硫后的天然气与水蒸气混合后进一步预热,随后进入转化炉的辐射转化管内发生重整反应;转化气降温后进行 CO 变换反应,进一步降低 CO 的含量;变换后的转化气通过降温、热量回收后进行气液分离,冷凝液循环使用;气体则进入变压吸附提纯装置,获得纯氢气。变压吸附的尾气返回转化炉内作为燃料为反应提供热量,反应所需的水蒸气由转化气的余热与烟气余热产生。

天然气重整制备合成气的反应原理、工艺参数和催化剂已在前文详细介绍,在此不再赘述。天然气制氢的第二个重要步骤是变压吸附过程,变压吸附是一种常温气体分离技术,与深冷分离法相比,具有产品氢气纯度高、能耗低、工艺流程简单和自动化程度高的优点。变压吸附过程是利用装在立式压力容器内的活性炭、分子筛等固体吸附剂对混合气体中的各种

71

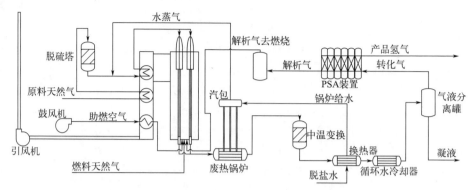

图 4-7　天然气制氢工艺流程简图

杂质进行选择性的吸附。由于混合气体中各组分沸点不同，根据易挥发组分不易吸附、不易挥发组分易被吸附的性质，当原料气通过吸附剂床层时，氢以外的其余组分作为杂质被吸附剂选择性吸附，而沸点低、挥发度最高的氢气基本上不被吸附，以 99.9% 左右的纯度离开吸附床层，从而达到与其他杂质分离的目的。

## 4.3.2　天然气制合成氨

合成氨是生产尿素、硫酸铵、氯化铵、碳酸氢铵等化学肥料的原料，天然气是仅次于煤炭的合成氨第二大原料来源。以天然气为原料的合成氨工艺的工序包括天然气精脱硫、制备合成气、CO 变换、$CO_2$ 的脱除、合成气中微量碳氧化合物及其他组分的脱除、合成气压缩、氨的合成与分离以及合成氨弛放气的回收利用。前 5 步在前面章节都已作介绍，接下来简要介绍后面几个步骤。

氨的合成是在高压、中温和催化作用下进行的，工业上通常采用铁基氨合成催化剂，并添加一些 $Al_2O_3$、$K_2O$、CaO 和 MgO 等助剂以改善其活性、耐热性及稳定性。铁基催化剂是经熔融、粉碎而制成的一种无规则颗粒，其比表面积仅 $14m^2/g$ 左右，孔体积约 $0.1cm^3/g$。此外，近些年来出现了金属钌负载于石墨结构载体上的合成氨催化剂，其活性较现有的铁基催化剂高 20 倍，且在低温下也能保持较高活性，催化剂的装填量仅为铁基催化剂的 12%～14% 左右。

合成反应器是合成氨工艺的核心设备，通常由外筒和内件构成，外筒承受高压而一般不承受高温，内件则承受高温而不承受高压。氨合成反应器有多种型式和结构，按照气流方向可分为轴向流型、径向流型以及混合流型，目前混合流型是大型氨合成反应器的主流。按反应热的移取方式氨合成反应器可分为连续换热型及间歇换热型，前者在催化剂床层中设置冷却管，后者按冷却方式又可分为冷激式及间接换热式两类。反应器出口气中氨的分离方法主要是冷凝分离，冷凝分离可用水冷及/或氨冷，在 20～30MPa 压力下，采用水冷的平衡氨含量为 7%～10%；采用氨冷时可达到 0℃ 以下，氨含量可降至 2%～4%。如压力为 15MPa，则温度须降至 −23℃ 才能使氨含量降至 2% 左右，随着合成压力的降低，冷凝分离氨的能耗显著上升，这是目前限制合成压力进一步降低的关键因素之一。

为维持系统组成稳定，防止惰性气体累积，合成氨装置需不断排放出一部分弛放气。弛放气中除含有氢气、氮气和氨气外，还含有氩、氦、氖等稀有气体，在这些组分中氨是装置的产品，氢气和氮气是合成原料，氩气等稀有气体具有特殊用途。通常都要对弛放气进行回收利用，可以提高经济效益。氨的回收通常采用水洗，氢的回收有膜分离法、变压吸附法、深冷法和储氢合金法等，深冷法可同时副产氩、氦等稀有气体。

### 4.3.3　天然气制甲醇

天然气制甲醇也属于天然气间接化工转化途径，也是传统天然气利用的重要途径，包括天然气转化制备合成气以及甲醇合成两个环节。上述两个环节在前面章节中都已详细讲述，在此不再展开。

### 4.3.4　天然气制合成油

全球石油资源持续短缺，但非常规天然气产能不断增加，以天然气为原料制备液态燃料，弥补石油资源的不足，是一种重要的战略方向。天然气制合成油工艺有利于能源载体的运输，所得油品比以煤和石油为原料的油品更清洁、更环保。天然气制合成油技术可分为直接转化和间接转化两类。直接转化可节省生产合成气的成本，但甲烷分子很稳定，反应需突破很高的活化能，就算成功活化，反应也很难控制，因此直接转化工艺尚未工业化应用。间接转化则通过生产合成气，再经 F-T 合成即可制得合成油，该合成工艺路线被广泛采用。

天然气制合成油技术由合成气制备、F-T 合成和产品精制三个部分组成。其中，将天然气转化为合成气是第一步，约占总投资的 60%；费托合成液体烃占总投资的 25%～30%；最后是将得到的液体烃进行精制变成特定的液体燃料、石化产品或一些石油化工所需的中间体，占总投资的 10%～15%。天然气制油工艺流程如图 4-8 所示。

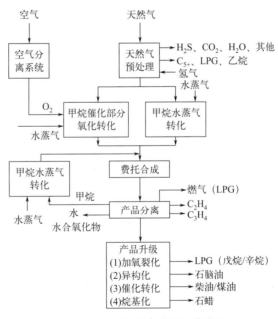

图 4-8　天然气制合成油工艺流程

F-T 合成是天然气制油技术的核心之一，有高温 F-T 合成和低温 F-T 合成两种工艺，前者一般使用铁基催化剂，合成产品为汽油、柴油、溶剂油和烯烃等，与普通炼油厂生产的同类油品品质相当，但不含硫；后者使用钴基催化剂，主产品为石蜡，可加工成特种蜡或经加氢裂化/异构化生产优质柴油、润滑油基础油和石脑油馏分，且无硫和芳烃。天然气制合成油可根据需求灵活调整产品类型，若采用低温和/或无加氢裂化模式，可生产石蜡、润滑油和柴油产品；而采用较高温度和/或温和加氢裂化模式，可将润滑油和石蜡转化为柴油、直链石蜡基石脑油和 LPG 等产品。开发 F-T 合成反应器是其工艺进步的关键要素之一，列管式固定床、循环流化床、固定流化床和浆态床反应器是研究和应用较多的反应器类型。各反应器的特点如下：

① 列管式固定床反应器操作简单，液态产物易从出口气流中分离，上部催化剂床层可吸附大部分硫，避免下部催化剂床层活性损失，因而受原料气净化装置波动的影响较小。但是列管式固定床反应器中存在着轴向和径向温度梯度，反应器压降高（0.3～0.7MPa），催化剂更换困难，装置产能也低。

② 循环流化床反应器产能高，可在线装卸催化剂，装置运转时间长，热效率高，催化剂可及时再生。但装置投资高，操作复杂，进一步放大困难，旋风分离器易被催化剂堵塞，催化剂容易破裂、损失大。

③ 固定流化床反应器的取热效果好，CO 转化率高，装置产能大，建造和操作费用低，装置运转周期长，床层压降低；缺点是高温操作易导致催化剂积碳和破裂，催化剂耗量增加。

④ 浆态床反应器取热容易，易于放大，传热性能好，可等温操作和在线装卸催化剂，操作弹性大，产品灵活性大；其反应器压降低（<0.1MPa），CO 单程转化率高，$C_{5+}$ 烃的选择性高。但是浆液中存在着明显的浓度梯度，不利于碳链增长，还存在产品与浆液分离的问题。

催化剂在天然气制合成油工艺中扮演着重要作用，目前 F-T 合成反应催化剂主要有铁基催化剂、钴基催化剂和钌基催化剂。

① 铁基催化剂　一般用于高温 F-T 工艺，使用较多的是沉淀铁和熔铁催化剂，其活性较高，但寿命较钴基催化剂短；失活的原因主要是氧化烧结、中毒和积碳；此外，铁基催化剂对硫很敏感，需要对原料气进行脱硫处理。

② 钴基催化剂　使用钴基催化剂时的转化率不受反应产物水的抑制，可接近理论转化率，这一点与铁基催化剂不同。但钴基催化剂要获得合适的选择性必须在低温下操作，导致其反应速率和时空产率降低，并且使用钴基催化剂产品中烯烃含量也较低。

③ 钌基催化剂　钌基催化剂也比较适合在低温下使用，可生成分子量较大的烃类；此外，钌基催化剂在高温下对甲烷的选择性也较大，与钴基催化剂相似。

# 4.4　天然气直接转化技术

天然气直接化工转化技术是只通过一步反应即可获得目标产物的技术，如天然气的氯化、硝化和硫化制备氯代甲烷、硝基甲烷和二硫化碳，天然气选择性氧化制备甲醇、甲醛；天然气氨氧化制氢氰酸，天然气热裂解制备乙炔和炭黑，天然气氧化偶联制乙烯、乙烷以及天然气无氧芳构化制芳烃。其中，后三种直接转化技术的应用潜力更大，接下来详细介绍。

## 4.4.1　热裂解制乙炔

乙炔是最简单的炔烃化合物，在室温下是一种无色、易燃的气体，乙炔燃烧时所形成的氧炔焰最高温度可达 3500℃，可用来焊接或切割金属。但乙炔最主要的用途是用作乙醛、醋酸、苯、合成橡胶、合成纤维等的基本原料，图 4-9 为乙炔的主要化工利用途径。

电石、乙烯副产品及天然气是生产乙炔主要原料。1940 年在德国休尔斯工厂首次实现了以 $CH_4$ 等烃类裂解制乙炔技术的工业化。天然气裂解制乙炔是高温吸热反应，生产过程

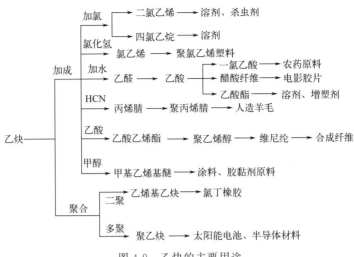

图 4-9　乙炔的主要用途

按供热方式可分为电弧法、部分氧化法和热裂解法三大类。电弧法是最早工业化的天然气制乙炔方法，该法利用电弧产生的高温和热量使天然气裂解生成乙炔。部分氧化法利用部分天然气燃烧为 $CH_4$ 裂解成乙炔提供热量。热裂解法是利用蓄热炉将天然气燃烧产生的热量储存起来，然后再将天然气切换到蓄热炉中使之裂解生成乙炔，该方法目前已退出工业生产。近年来在电弧法基础上发展起来的等离子体技术裂解天然气制乙炔方法已进入工业性试验阶段，有很广阔的工业应用前景。

烃类裂解制乙烯时，如温度过高，乙烯就会进一步脱氢转化为乙炔，但乙炔在热力学上很不稳定，易分解为碳和氢气：

$$烃类 \longrightarrow C_2H_4 \longrightarrow C_2H_2 + H_2 \tag{4-23}$$

$$C_2H_2 \longrightarrow 2C + H_2 \tag{4-24}$$

$CH_4$ 裂解为乙炔时也经过中间产物乙烯，但乙烯会很快脱氢，故其总反应式可写为：

$$2CH_4 \longrightarrow C_2H_2 + H_2 \tag{4-25}$$

烃类裂解制乙炔，在热力学和动力学上都要求高温，高温时虽然乙炔的生成速度比分解速度快，但其绝对分解速度还是很快，这要求反应停留时间必须非常短，使生成的乙炔能尽快地离开反应区域而冷却稳定下来，因此烃类裂解生产乙炔要求供给大量反应热、反应区温度要很高、反应时间特别短（毫秒以下）以及反应物快速冷却以避免二次反应和乙炔损失。

部分氧化法是目前天然气制乙炔的主流工艺，该工艺包括两部分，分别是稀乙炔制备和乙炔提浓，工艺流程如图 4-10 所示。

① 稀乙炔制备　将 0.35MPa 的天然气和氧分别在预热炉内预热至 650℃，然后进入反应器上部的混合器内，按 $O_2/CH_4$ 摩尔比为 0.5～0.6 的比例混合均匀，混合气体经多个导流烧嘴进入反应道，在 1400～1500℃ 的高温下进行部分氧化裂解反应。反应后的气体被喷淋淬冷至 90℃ 左右，此时出反应炉的裂化气中乙炔体积分数在 8% 左右。由于裂解反应会生成积碳，裂化气中炭黑浓度约为 1.5～2.0 $g/m^3$，这些炭黑依次经沉降槽、淋洗冷却塔、电除尘器等除尘设备后可降至 3mg/$m^3$ 以下，然后将裂化气送入稀乙炔气柜储存。

② 乙炔提浓　由气柜来的稀乙炔气与回收气、返回气混合后，由压缩机两级压缩至 1.2MPa 后进入预吸收塔。在预吸收塔中，用少量吸收剂除去气体中的水、萘及高级炔烃（丁二炔、乙烯基炔、甲基乙炔等）等高沸点杂质。在主吸收塔内，用 N-甲基吡咯烷酮将乙炔及其同系物全部吸收，从顶部出来的尾气中 CO 和 $H_2$ 体积分数高达 90%，乙炔体积分数

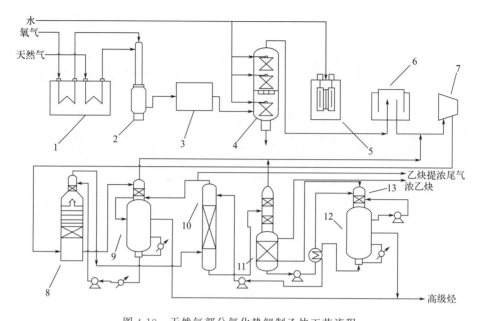

图 4-10 天然气部分氧化热解制乙炔工艺流程

1—预热炉；2—反应器；3—炭黑沉降槽；4—淋洗冷却器；5—电除尘器；6—稀乙炔气柜；7—压缩机；
8—预吸收塔；9—预解吸塔；10—主吸收塔；11—逆流解吸塔；12—真空解吸塔；13—二解吸塔

小于 0.1%，可用作合成氨或合成甲醇的合成气。预吸收塔底部流出的富液被换热器加热至 70℃、节流减压至 0.12MPa 后，送入预解吸塔的上部，并用主吸收塔的一部分尾气对其进行反吹以解吸其中的乙炔和 $CO_2$ 等，上段所得解吸气称为回收气，送循环压缩机。余下液体经 U 形管进入预解吸塔的下段，在 80% 真空度下解吸高级炔烃，解吸后的贫液循环使用。主吸收塔底出来的吸收富液节流至 0.12MPa 后进入逆流解吸塔的上部，解吸出低溶解度气体（$CO_2$、$H_2$、$CO$、$CH_4$ 等）。为充分解吸这些气体，用二解吸塔导出的部分乙炔气进行反吹，将低溶解度气体完全解吸，同时少量乙炔也会被吹出。此段解吸气因含有大量乙炔，可返回压缩机压缩循环使用，因而称为返回气。经上段解吸后的液体在逆流解吸塔的下段用二解吸塔解吸气底吹，从中部出来的气体就是乙炔的提浓气，纯度在 99% 以上。

乙炔提浓除 N-甲基吡咯烷酮溶剂法外，还可用二甲基甲酰胺、液氨、甲醇、丙酮等作为吸收剂进行吸收提浓。除溶剂吸收法提浓乙炔外，近年研究开发成功的变压吸附分离方法正投入稀乙炔提浓的工业应用中，具有工艺简单、经济效益高的优势。

## 4.4.2 氧化偶联制烯烃

甲烷氧化偶联制烯烃的原子利用率高，是一种最直接有效的化工转化方法，该法于 1982 年首次报道后立刻引起了广泛关注。过去 20 年，有关 $CH_4$ 氧化偶联制乙烯的反应机理、催化剂筛选、工艺技术以及反应器设计被广泛研究。目前，该技术存在反应温度太高（700～900℃）、反应热难以移出、乙烯的选择性和甲烷的单程转化率低、产物分离困难以及耐高温反应器材质不好选择等问题。尽管如此，氧化偶联供了一种 $CH_4$ 一步转化制乙烯的全新途径，工业前景很好。

从化学角度看 $CH_4$ 十分稳定，而目的产物乙烯则相当活泼，一般认为 $CH_4$ 是在强碱性活性中心上氧化生成甲基自由基而后偶联的，没有足够的温度就难以生成甲基自由基，而反应温度过高又易使乙烯发生二次反应。$CH_4$ 氧化偶联反应是一个高温强放热过程，总反应式可表示为：

$$CH_4 + O_2 \longrightarrow C_2H_6 \text{、} C_2H_4 \text{、} CO_x \text{、} H_2O \text{、} H_2 \tag{4-26}$$

$CH_4$ 氧化偶联是一个自由能降低的反应，反应产物乙烷和乙烯比 $CH_4$ 活泼，容易被深度氧化为 CO 和 $CO_2$，导致反应的选择性降低。因此，必须选择合适的催化剂以保证 $CH_4$ 转化率的同时尽量减少其深度氧化，提高乙烯和乙烷的选择性。此外，$CH_4$ 氧化偶联一般需要在温度＞600℃下进行，而产物分离通常又需较低的温度（＜−100℃），这种将物料升到高温再降至低温的过程能耗巨大、工艺复杂。

催化剂是 $CH_4$ 氧化偶联技术的核心，根据催化剂的活性和选择性，性能较好的 $CH_4$ 氧化偶联催化剂主要有四类：① $NaWMnO/SiO_2$ 类催化剂；② $ABO_3$ 钙钛矿型复合氧化物催化剂；③ $Li/MgO$ 类催化剂；④ $Re_xO_y$ 类催化剂。除此之外，$BaCl_2\text{-}TiO_2\text{-}SnO_2$ 的效果也较好，$C_2$ 收率为 23% 左右。技术经济评价表明，$CH_4$ 氧化偶联的 $C_2$ 收率需达到 30% 以上（转化率＞35%，选择性＞88%）时才可与石脑油裂解制乙烯工艺竞争，但目前尚有不小的差距。

氧化偶联反应的单程转化率不高，且反应温度高，反应热量大，目的产物又不稳定，因此有大量复杂的工程放大问题需要解决，如反应模式、反应器结构、工艺流程和反应器材质等。图 4-11 为美国 UCC 公司提出的以乙烯为目的产品的 $CH_4$ 氧化偶联工艺流程，其最终的产品则是汽油和柴油，由乙烯低聚制得。

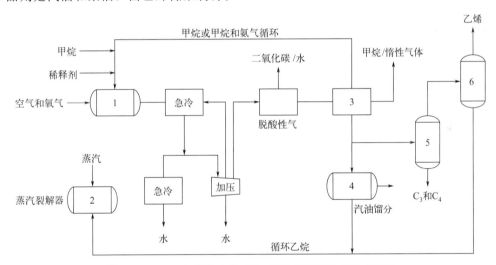

图 4-11　UCC 公司提出的 $CH_4$ 氧化偶联制乙烯工艺流程

1—催化反应器；2—蒸汽裂解器；3—冷箱；4—MOGD（烯烃转化制汽油）；5—脱乙烷塔；6—乙烯塔

反应器是 $CH_4$ 氧化偶联工艺中的关键设备之一，目前大多为固定床，固定床反应器采用 $CH_4$ 和氧气同时进料的方式运行。但由于乙烯和乙烷的活性比 $CH_4$ 高，生成的 $C_2$ 很容易与氧再次反应，导致固定床反应器出口产品中 $C_2$ 选择性较低。此外，空气中大量的氮气混到反应体系中并随产物排出，会增加反应和分离过程能耗。近些年，出现了一种混合导体透氧膜反应器，可以克服固定床反应器的缺陷，其原理是空气中的氧通过吸附、体相扩散后到达反应侧，在膜表面与 $CH_4$ 发生反应。该反应器可实现氧分离过程和反应过程在同一空间中完成，且在透氧膜表面存在多种氧物种（$O^-$、$O_2^-$、$O_2^{2-}$ 和 $O^{2-}$），不容易氧化反应产物，对 $C_2$ 的生成很有利。

目前，$CH_4$ 氧化偶联制乙烯从经济上还无法与传统的乙烯方法相媲美，但从长远来看，这是一种颠覆性技术，一旦催化剂和反应分离系统取得突破，一定会迅速得到工业应用。

### 4.4.3 无氧芳构化

苯等轻质芳香烃产品是重要的基础化工原料，随着经济发展，芳烃下游产品线路不断延长，苯和芳烃的需求将持续增加。将 $CH_4$ 在无氧条件下催化脱氢芳构化可直接制备芳烃产品，同时副产氢气，是一条原子利用率很好的芳烃生产路线。$CH_4$ 无氧芳构化所得产品易分离、产物附加值高，副产的氢气与 $CO_2$ 反应转化为 $CH_4$，再进行无氧芳构化，可减少天然气加工过程中的 $CO_2$ 排放，其反应过程如下：

$$24CH_4 \longrightarrow 4C_6H_6 + 36H_2 \tag{4-27}$$
$$36H_2 + 9CO_2 \longrightarrow 9CH_4 + 18H_2O \tag{4-28}$$

由于反应（4-27）只需打开甲烷的 C—H 键，而传统合成气路线还需打开水蒸气的 H—O 键或 $CO_2$ 的 C=O 键，故反应（4-27）的能耗远低于同等量 $CH_4$ 重整的能耗，反应（4-28）为放热反应，技术相对成熟。

虽然 $CH_4$ 无氧芳构化具有众多优势，但其反应受热力学的限制较大，$CH_4$ 无氧芳构化反应为强吸热和平衡限定反应，图 4-12 为不同温度（773～1173 K）和压力下该反应生成苯的平衡转化率，其反应产物还含有 $H_2$、$CH_4$、$C_2H_6$、$C_2H_4$、$C_2H_2$、甲苯和萘等副产物。为了提高转化率，$CH_4$ 无氧芳构化反应需在较高温度（> 950 K）以及合适的催化条件下进行，但温度过高积碳也会很严重，因此，$CH_4$ 无氧芳构化反应对催化剂的性能要求很高。

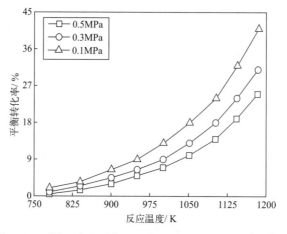

图 4-12　不同温度和压力下 $CH_4$ 无氧芳构化的平衡转化率

$CH_4$ 无氧芳构化过程需使用双功能催化剂，$CH_4$ 活化主要发生于金属（如 Mo 等）中心上，而碳链增长则是在布朗斯特酸（B 酸）中心上完成，但酸性过强将导致碳链急剧增长及环化使催化剂积碳。目前，$CH_4$ 无氧芳构化催化剂绝大部分是分子筛负载的金属催化剂，其中分子筛载体的孔道大小宜与苯分子直径相当，从而有利于产品逸出，如 MCM-22、MCM-48 及 MCM-49 等分子筛。

此外，HZSM-5、HZSM-6、HZSM-8、HZSM-11、HMCM-41、$Al_2O_3$、$SiO_2$、USY、FSM-16 和 Mordenite 等也可作为载体，其中 HZSM-5 因具有二维孔道结构，且其孔道直径与苯分子的动力学直径相当，因而具有较高的 $CH_4$ 转化率和苯选择性。Mo/HZSM-5 催化剂上活性组分 Mo 的负载量可大范围内调整，催化剂稳定、甲烷转化率和芳烃选择性都较高，被认为是 $CH_4$ 无氧芳构化的最佳催化剂，其双功能作用机理如图 4-13 所示，甲烷的 C—H 键被固定在沸石孔道内的 Mo 位点活化形成 $CH_x$（$0<x<3$）和 $C_2$ 中间体（$C_2H_4$

和/或 $C_2H_2$），并释放出 $H_2$；附近分子筛的 B 酸位点为 $CH_x$ 和 $C_2$ 中间体提供了环化和芳构化的活性位点，并在沸石分子筛孔道择形作用下高选择性地生成苯和萘等芳烃。

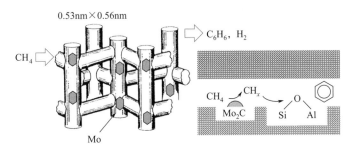

图 4-13　Mo/HZSM-5 催化剂和分子筛孔道内 $CH_4$ 无氧芳构化过程双功能催化作用机理

$CH_4$ 无氧芳构化反应过程中只有当原料不含或仅含少量含氧物质时才能保证对芳烃的高选择性，也就是说不能通过氧化催化剂床内的部分 $CH_4$ 提供所需反应热。此外，无氧芳构化反应随着压力的增加平衡转化率降低。受上述条件限制，$CH_4$ 无氧芳构化技术在反应器和工艺设计中至少需要考虑两个重要的工程问题：①如何通过外部加热源向工业规模的反应器有效地提供所需的反应热；②如何在大型反应器系统中实现足够高的 $CH_4$ 单程转化率和苯产率。

目前，$CH_4$ 无氧芳构化反应器类型主要有固定床反应器、膜反应器和流化床反应器。固定床反应器具有结构简单、容易建造、操作维护方便等特点，是目前应用最多的反应器类型。但固定床反应器放大时面临温度梯度问题。如图 4-14 所示，在中试或工业化装置中用大型固定床反应器时，为获得较高 $CH_4$ 的单程转化率，平均床层温度需达到 1073 K 或更高；由于催化剂床层导热性能较差，外部热源的温度至少要达到 1200 K，此时催化剂很容易由外及内快速积碳失活。

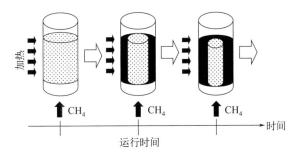

图 4-14　外温 1200 K 时固定床中无氧芳构化反应的 Mo/HZSM-5 催化剂床层失活示意图

膜反应器用于 $CH_4$ 无氧芳构化反应可及时移走反应产生的 $H_2$，打破热力学平衡，提高 $CH_4$ 转化率和芳烃收率。但膜反应器在放大过程中面临着反应器制造水平、反应器加热及催化剂再生的多种难题。流化床反应器被认为是最适合 $CH_4$ 无氧芳构化工业化的反应器。借助催化裂化反应中提升管反应器的设计理念，国内外多家研究机构设计了包含反应器和再生器两种关键功能的循环流化床反应器用于 $CH_4$ 无氧芳构化。如图 4-15 为日本产业综合研究所提出的一种双塔循环流化床反应器，其中两个催化剂床都保持在 1073 K 下运行，从而可以使催化剂得到原位再生。特殊设计的螺旋进料器对催化剂几乎没有磨损，并可精确控制两个催化剂床之间的催化剂循环速率。

近些年来，虽然 $CH_4$ 无氧芳构化技术的研究和进展很快，但目前仍未工业化。从长远考虑，特别是在石油资源紧缺和"双碳"背景下，将 $CH_4$ 无氧芳构化技术、制氢技术和甲烷化技术相耦合，可在实现碳减排的同时创造巨大经济价值。

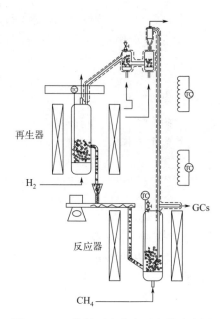

再生器

H₂

反应器

CH₄

GCs

图 4-15　双塔循环流化床反应器示意图

1. 按照储存状态，天然气可分为哪几种类型？
2. 从天然气中可以提取哪些有价值组分，用什么方法？
3. 天然气的化工利用途径有哪些？
4. 天然气转化为合成气的方法各有什么特点？
5. 以天然气为原料制备的合成油与煤基、石油基合成油有什么不同？
6. 天然气氧化偶联制烯烃的反应机理是什么？
7. 天然气直接转化制备芳烃的优势是什么，存在什么问题？

思考题答案

## ◆ 参考文献 ◆

[1]　娄钰，潘继平，王陆新，等．中国天然气资源勘探开发现状、问题及对策建议．国际石油经济，2018，26（6）：21-27.

[2]　白桦．全球非常规天然气开发利用及经验借鉴．中国石油企业，2019，416（12）：64-68.

[3]　王陆新，潘继平，王越．我国天然气资源安全评价研究．国土资源情报，2021，245（05）：46-50.

[4]　史建勋，熊伟，张晓伟，等．中国煤层气与页岩气产业发展比较．油气与新能源，2022，34（03）：30-35.

[5]　张明森，冯英杰，柯丽，等．甲烷氧化偶联制乙烯催化剂的研究进展．石油化工，2015，44（04）：401-408.

[6]　蓝少健，邹华生，黄朝辉，等．吸附天然气（ANG）储存技术吸附剂研究进展．广东化工，2006（10）：40-43.

［7］　王海辉，丛铀，杨维慎，等．在透氧膜反应器中进行甲烷氧化偶联反应的研究．催化学报，2003（03）：169-174.

［8］　郑厚超，吴丽娟，熊烨，等．甲烷无氧芳构化技术研究进展．天然气化工，2020，45（03）：108-114.

［9］　王子松，王业勤，张超祥，等．小型化天然气制氢技术的研究进展与探索．太阳能，2022，337（05）：40-47.

［10］　王莉，敖先权，王诗瀚．甲烷与二氧化碳催化重整制取合成气催化剂．化学进展，2012，24（09）：1696-1706.

［11］　王明智，张秋林，张腾飞，等．Ni 基甲烷二氧化碳重整催化剂研究进展．化工进展，2015，34（08）：3027-3033, 3039.

［12］　孙杰，孙春文，李吉刚，等．甲烷水蒸气重整反应研究进展．中国工程科学，2013，15（02）：98-106.

［13］　高志博，王晓波，刘金明，等．甲烷水蒸气重整制合成气的研究进展．高师理科学刊，2012，32（02）：79-81.

［14］　李长俊，张财功，贾文龙，等．天然气提氦技术开发进展．天然气化工，2020，45（04）：108-116.

［15］　ZHANG Z, XU Y, SONG Y, et al. Development of a two-bed circulating fluidized bed reactor system for nonoxidative aromatization of methane over Mo/HZSM-5 catalyst. Environmental Progress Sustainable Energy, 2016, 35: 325-333.

［16］　陈骥，吴登定，雷涯邻，等．全球天然气资源现状与利用趋势．矿产保护与利用，2019，39（05）：118-125.

# 第5章
# 生物质转化与利用

生物质能是人类最早利用的能源，也是目前唯一的可再生碳源，是继煤炭、石油和天然气之外的第四大能源。生物质不仅可以燃烧发电，还可经物理、化学和生物等转化方式变为天然气、油品、醇和烃等化工产品。本章主要介绍通过化学、化工方法转化和利用生物质，包括生物质制燃料、生物质制化学品以及生物质制材料。

## 5.1　生物质能源概述

生物质是通过光合作用而产生的各种有机体，包括植物、动物和微生物。广义的生物质包括所有的植物、微生物和以植物、微生物为食物的动物及其生产的废弃物。狭义的生物质主要是指农林业生产过程中除粮食、果实以外的秸秆、树木等木质纤维素，农产品加工业下脚料、农林废弃物及畜牧业生产过程中的禽畜粪便和废弃物等物质。地球上的生物质能资源很丰富，每年经光合作用产生的生物质有1730亿～2200亿吨，其能量相当于全世界能源消耗总量的10～20倍。目前我国农业废弃物、木材和森林废弃物、城市有机垃圾、藻类等主要生物质资源年产生量约为35亿吨，预计到2030年将达38亿吨，若实现60%回收利用，可替代约8.5亿吨标煤。因而，开发和利用生物质能对于减缓化石能源的使用以及二氧化碳减排都具有重要意义。

### 5.1.1　生物质与生态环境

生物质的分布很广泛，不受天气和自然条件的限制，只要有生命的地方即有生物质存在。在能源的转换过程中，生物质是一种理想的燃料，其优点是燃烧容易，污染少，灰分较低。自然界中的生物质具有生态和环境保护功能，主要表现在光合作用碳循环、植物的净化功能、植物的水土保持功能以及植物的气候调节功能。

生物质若利用不当会对环境产生巨大威胁，并危及人类健康，例如，农业废弃物随意丢弃和排放、畜禽粪污的堆置和排放以及城市生活垃圾都对环境和水体有污染风险。另外，如果这些"放错位置的生物质废弃物"能被合理利用，转化为清洁能源，可缓解能源压力，提高能源品质，改善能源结构，促进能源环境的可持续发展。我国目前经济发展迅速，人口众多，未来将面临经济增长和环境保护的双重压力，改变能源生产和消费方式、开发利用生物质能等可再生的清洁能源对建立可持续的能源系统、促进国民经济发展和环境保护都具有重大意义。

开发新型生物质能转换技术不仅能加快村镇居民实现能源现代化进程,满足农民富裕后对优质能源的迫切需求,同时也可促进乡镇企业发展。由于中国地广人多,常规能源无法完全满足广大农村日益增长的能源需求,而且国际上正在制定各种有关环境问题的公约,限制二氧化碳等温室气体排放,这对以煤炭为主导能源的我国是很不利的。因此,立足于农村现有的生物质资源,研究新型转换技术、开发新型装备,既是农村发展的迫切需要,又是减少排放、保护环境、实施可持续发展战略的需要。

### 5.1.2 生物质的特性

（1）生物质的元素组成

生物质基本上都是由 C、H、O、N、S 等化学元素组成的,碳是生物质中最基本的可燃元素,1kg 碳完全燃烧时可放出大约 33858kJ 热量,碳一般与 H、N、S 等元素形成复杂的有机化合物,在受热燃烧/分解时以挥发物的形式析出。氧是生物质中第二大组成元素,以有机形式存在于含氧官能团中,如—COOH、—OH、—OCH₃ 和—O—等;氧不能燃烧释放热量,但在加热时,含氧有机组分很容易分解成挥发性物质。氢在生物质中的含量仅次于氧,也属可燃组分,1kg 氢完全燃烧时能放出约 125400kJ 的热量,相当于碳的 3.5～3.8 倍,氢含量多少直接影响燃料的热值、着火温度以及燃烧的难易程度;氢在生物质中主要以碳、氧结合的形式存在。生物质中的硫含量极低,一般少于 0.3%,有的生物质甚至不含硫。生物质中有机氮化物被认为是比较稳定的杂环和复杂的非环结构化合物,如蛋白质、植物碱、叶绿素和其他组织的环状结构中都含有氮,而且比较稳定。不同生物质的元素组成也不同,表 5-1 列出了几种主要生物质的元素组成与热值。

表 5-1　常见生物质的元素组成与热值

| 种类 | 元素分析结果/% | | | | | 高位热值 HHV_daf/（kJ/kg） | 低位热值 LHV_daf/（kJ/kg） |
| --- | --- | --- | --- | --- | --- | --- | --- |
| | $C_{daf}$ | $H_{daf}$ | $O_{daf}$ | $N_{daf}$ | $S_{daf}$ | | |
| 玉米芯 | 47.20 | 6.00 | 46.10 | 0.48 | 0.01 | 19029 | 17730 |
| 麦秸 | 49.60 | 6.20 | 43.40 | 0.61 | 0.07 | 19876 | 18532 |
| 花生壳 | 54.90 | 6.70 | 36.90 | 1.37 | 0.10 | 22869 | 21417 |
| 棉秸 | 49.80 | 5.70 | 43.10 | 0.69 | 0.22 | 19325 | 18089 |
| 杉木 | 51.40 | 6.00 | 42.30 | 0.06 | 0.03 | 20504 | 19194 |
| 松木 | 51.00 | 6.00 | 42.90 | 0.08 | 0.00 | 20353 | 19045 |
| 柳木 | 49.50 | 5.90 | 44.10 | 0.42 | 0.04 | 19921 | 18625 |
| 枫木 | 51.30 | 6.10 | 42.30 | 0.25 | 0.00 | 20233 | 18902 |

注：daf 表示干燥无灰基。

（2）生物质的高分子化学特性

生物质是多种复杂的高分子有机化合物组成的复合体,其化学组成主要有纤维素、半纤维素、木质素和提取物等,而纤维素、半纤维素和木质素主要存在于植物的细胞壁中。明确生物质的化学组成及各成分的性质是研究和开发生物质转化技术和工艺的基础。常见生物质的化学组成见表 5-2。

表 5-2　常见生物质的化学组成　　　　　　　　　　　单位：%

| 种类 | 水溶性成分 | 纤维素 | 半纤维素 | 木质素 | 蜡 | 灰分 |
|---|---|---|---|---|---|---|
| 麦草 | 4.7 | 38.6 | 32.6 | 14.1 | 1.7 | 5.9 |
| 稻草 | 6.1 | 36.5 | 27.7 | 12.3 | 3.8 | 13.3 |
| 玉米秆 | 5.6 | 38.5 | 28.0 | 15.0 | 3.6 | 4.2 |
| 玉米芯 | 4.2 | 43.2 | 31.8 | 14.6 | 3.9 | 2.2 |
| 蔗渣 | 4.0 | 39.2 | 28.7 | 19.4 | 1.6 | 5.1 |
| 油棕榈纤维 | 5.0 | 40.2 | 32.1 | 18.7 | 0.5 | 3.4 |

　　如图 5-1 所示，纤维素是一种多糖，其化学组成为 $\beta$-D-葡萄糖单元经 $\beta$-1,4-糖苷键连接而成的直链多聚体，其结构中没有分支，化学式可表示为 $(C_6H_{10}O_5)_n$。纤维素中碳含量为 44.44%，氢含量为 6.17%，氧含量为 49.39%。一般认为纤维素分子由 8000～12000 个葡萄糖残基所构成。半纤维素是可以初溶于稀碱，并在加热情况下被稀无机酸迅速水解成单糖的植物细胞壁组分，组成半纤维素分子的常见糖基有木糖、阿拉伯糖、鼠李糖、半乳糖、甘露糖、葡萄糖及半乳糖醛酸和葡萄糖醛酸等，如图 5-1 所示。半纤维素分子中通常连有甲氧基、乙酰基等官能团，其实质是一类复杂的共聚糖。

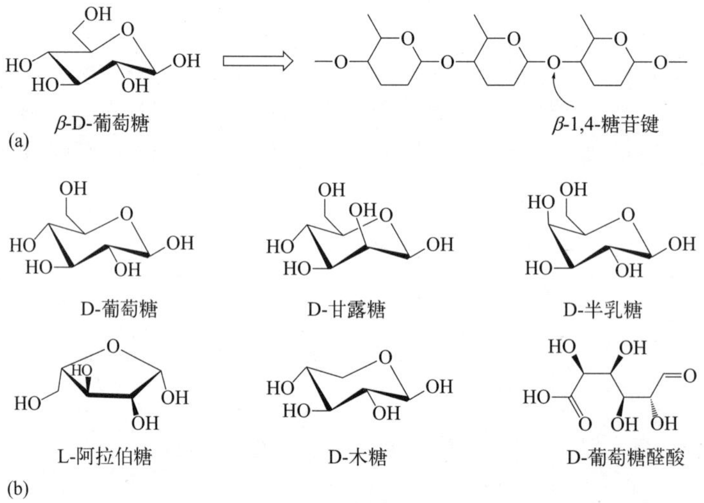

图 5-1　纤维素（a）和半纤维素（b）的结构与组成

　　木质素是一类结构复杂且在酸作用下难以水解的聚集体，其与纤维素、半纤维素所构成的植物骨架总量约占木材成分的 90% 以上。木质素可分为草类木质素、阔叶树木质素和针叶树木质素，其中，阔叶树和针叶树中木质素的含量为 20%～35%，高于草本植物（15%～25%）。木质素的结构复杂，是一种具有芳香族特性、结构单元为苯丙烷型的非结晶性三维高分子网状聚集体。针叶树木质素主要由愈创木基丙烷单元所构成，阔叶树木质素主要由愈创木基丙烷单元和紫丁香基丙烷单元所构成，草本植物木质素主要由愈创木基丙烷单元、紫丁香基丙烷单元和对羟基苯丙烷单元所构成。图 5-2 为木质素的基本结构单元结构模型，可以看出木质素主要是由本体苯丙烷基以

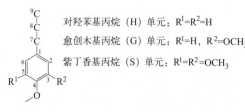

对羟基苯基丙烷（H）单元：$R^1 = R^2 = H$
愈创木基丙烷（G）单元：$R^1 = H$, $R^2 = OCH_3$
紫丁香基丙烷（S）单元：$R^1 = R^2 = OCH_3$

图 5-2　木质素的基本结构单元

醚键或 C—C 键结合而成的杂支链网状结构，其基本结构单元是对羟苯基丙烷、愈创木基丙烷和紫丁香基丙烷。

生物质中存在的可以用水、水蒸气或有机溶剂提取出来的物质称为"提取物"，这类物质在生物质中的含量很少，大部分存在于细胞腔和胞间层中，所以也称为非细胞壁提取物，主要包括天然树脂、单宁、香精油、色素木质素及少量生物碱、果胶、蛋白质等。此外，生物质中还含有极少量的无机矿物元素，如钙、钾、镁、铁等。

(3) 生物质的物理特性

生物质的导热性、粒度、密度和比表面积等物理性质是其化工转化过程用到的重要参数。生物质一般为热的不良导体，这是由其颗粒疏松、多孔的结构所决定的。生物质的热导率除受温度影响之外，还取决于本身的密度、含水率和纤维方向；生物质的热导率随温度和含水率的增加而提高，一般沿着顺纤维方向的导热率要比垂直纤维方向大。

粒度是生物质物料最基本的几何性质。生物质材料作为一种固体颗粒状物料，是由大量的单颗粒组成的颗粒群，对于单一的球状颗粒，用粒径值来衡量生物质颗粒的大小。但生物质颗粒一般是不规则的形状，含有各种粒径大小不一的颗粒，其大小不能用某一颗粒的粒径大小表示，一般采用平均大小。

生物质在破碎后得到的生物质颗粒之间存在许多孔隙，有些颗粒本身也有孔隙，因此表示生物质密度的方法有表观密度、真密度和堆积密度。表观密度又称视密度，是指材料在自然状态下单位体积的质量，生物质的表观密度是包含颗粒本身孔隙在内的单颗粒的密度。真密度是指不包含颗粒本身孔隙在内的单个颗粒密度。堆积密度是指把颗粒与颗粒之间的孔隙算作生物质的体积所计算的密度，在自然堆积时，单位体积物料的质量就是堆积密度。

生物质材料的比表面积是指单位质量生物质材料所具有的总表面积，单位为 $m^2/g$。生物质材料比表面积的大小对其传热性质、吸附能力、化学稳定性等均有明显的影响。由于生物质颗粒具有一定的几何外形，粉末或多孔性生物质不仅具有不规则的外表面，还有复杂的内表面，需要借助物理吸附仪才可测得其比表面积。

## 5.1.3 生物质能利用方式

生物质是唯一可存储和运输的可再生能源，其利用方式与化石燃料相似，常规能源利用技术可直接应用于生物质。但生物质的种类较多，具有不同特点和属性，其利用方式远比化石燃料复杂和多样。如图 5-3 所示，生物质的转化利用途径主要包括燃烧、热化学法、生化法、化学法、物理化学法和机械法等，转化产品有热量或电力、固体燃料、液体燃料、气体燃料、平台化学品和生物质材料等。

(1) 生物质直接燃烧

直接燃烧是生物质最简单的利用方式，直接燃烧过程所产生的热和蒸汽可用于发电，也可供热。小规模燃烧利用方式有家庭做饭和房间取暖等，一般效率非常低。当前，已经研制出大型工业所需要的燃烧炉和锅炉，这些炉具能够燃烧各种不同形式的生物质，例如木材、废木、造纸黑液、食品加工废物和城市固体废物等。大型生物质燃烧设备的效率相当高，其性能接近于使用矿物性燃料的锅炉。瑞典、丹麦、德国等发达国家在生物质流化床燃烧技术方面具有较高的水平，我国以生物质为燃料的流化床锅炉的应用也正迅速推进，哈尔滨工业大学、清华大学、华中科技大学、浙江大学等单位在流化床燃用生物质燃料技术方面有很多研究积累。

(2) 生物质致密成型

生物质致密成型是将稻壳、木屑、花生壳、甘蔗渣等生物质原料粉碎到一定粒度，在机械挤压所提供的高压和黏结作用下，形成圆柱状、棒状和颗粒状等成型燃料的过程。生物质

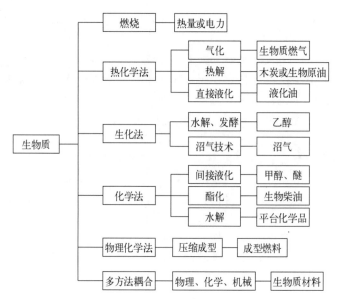

图 5-3 生物质转化利用途径

经致密成型后不但可显著提高其能量密度，还方便储存与运输，生物质经颗粒机挤压成型后其堆积密度在 $800\sim1200kg/m^3$，显著高于原生物质颗粒的堆积密度（$300\sim400kg/m^3$）。生物质致密成型燃料可以在许多场合替代煤和木柴作为燃料，具有燃烧效率高、热值大、排烟黑度和粉尘浓度低等优点。生物质致密成型的型块虽然在燃烧性能和环保节能上具有明显的优势，但挤压机械能耗高、磨损严重，配套设施复杂，一次性投资和成本也很高，目前还没有显著的经济优势，未形成规模化应用。

（3）生物质热化学转化

通过热化学转化可将生物质转化为更有价值或更便于利用的产品，包括生物质热解、气化和直接液化。生物质热解是在无氧或部分氧存在时通过加热原料反应生成可燃气体、油状液体和富碳固体的过程，生物质热解过程设备简单，可同时生产生物炭和多种化工产品，但加工能力小，一些典型的热解过程见表 5-3。生物质气化是在高温和气化剂的作用下最大化生产燃气的过程，其燃气主要成分为 $CO$、$H_2$ 和 $CH_4$，以及少量的 $CO_2$ 和 $N_2$。相比生物质本身，生物质燃气的应用范围宽，使用时的能源利用效率也高；但生物质燃气不便储运，其热值也不高。生物质液化是在合适的催化剂作用下，使其大分子分解成小分子化合物，小分子化合物再聚合成具有适量分子量的油类化合物的过程。生物质液化的主要优点是液体产品容易运输和储存，可以把生物质制成油品燃烧，作为石油的替代品，应用范围和附加值大大提高。

表 5-3 生物质热解类型

| 热解类型 | 停留时间 | 升温速率 | 反应环境 | 压力/$\times10^5$ Pa | 温度（最大）/ K | 主要产物 |
| --- | --- | --- | --- | --- | --- | --- |
| 炭化 | 1h～1d | 很低 | 燃烧产物 | 1 | 400 | 固体 |
| 传统热解 | 5～30min | 低 | 初次级产物 | 1 | 600 | 气液体＋固体 |
| 快速（液） | <1s | 高 | 初次级产物 | 1 | <600 | 液体 |
| 快速（气） | <1s | 高 | 初次级产物 | 1 | >700 | 气体 |
| 真空热解 | 2～30s | 中等 | 真空 | <0.1 | 400 | 液体 |

（4）生物质生化转化

生物质的生化转化是指农林废弃物通过微生物的生物化学作用生成高品位气体燃料或液

体燃料的过程，主要有厌氧发酵和乙醇发酵两种方式。厌氧发酵是有机物在厌氧细菌的作用下进行代谢，产生以甲烷为主的沼气的过程。乙醇发酵是指从碳水化合物中提取乙醇的过程。利用生物质发酵生产液体燃料乙醇的技术可分为以糖和淀粉为原料和以纤维素为原料两类，纤维素发酵制取乙醇是最令人瞩目的技术，目前主要有浓硫酸水解法、稀硫酸水解法、浓盐酸水解法及酶水解法。此外，通过将光合细菌与发酵细菌联合，可将生物质或有机废水发酵转化为富氢气体。

（5）生物质化学转化

通过化学水解可将生物质转化为葡萄糖，葡萄糖经化学转化可得到乙酰丙酸。乙酰丙酸是一类重要的新型平台化合物，以其为原材料通过不同的反应可以得到多种有机化合物。葡萄糖也可以作为化工原材料，通过相应的化学反应得到醇、酸、酮等化合物，而后再转化得到更高级的酸、酯、烯烃及聚合物。生物质化学转化的另一种方法是酯化，酯化是指将植物油与甲醇或乙醇在催化剂作用下进行酯化反应生成生物柴油并获得副产品甘油的过程，生物柴油可单独或与石化柴油混合使用。

（6）生物质制生物质材料

生物质材料是指由动物、植物及微生物等生命体衍生得到的材料。生物质材料容易被自然界的微生物降解为水、二氧化碳等小分子，这些小分子能再次加入自然界循环，因此生物质材料具有可再生和可生物降解的重要特征。木材、秸秆、竹材、聚多糖、木质素、蛋白质等动植物提供的生物质资源含有羟基、氨基、醚键等，通过化学、物理、机械等方法可创生出满足不同用途的新材料，也可通过化学降解、物理分离、生物降解等技术将它们转化成为制备高分子新材料的原料。目前，生物质材料可制成塑料、纤维、涂料、胶黏剂、絮凝剂、功能材料和复合材料等，应用在生产生活的各个领域。

上面介绍的生物质转化和利用途径基本涵盖了生物质资源利用的所有方面，而其中有关燃烧、生化和物理加工等方法与化工过程的结合不太紧密，因此后面重点介绍与化学、化工过程相关的生物质转化技术。

# 5.2 生物质制燃料技术

燃料是生物质化工利用过程的重要目标产品。生物质具有的可再生和碳中性特点，使其作为化石能源的替代物来生产燃料的优势非常明显，近些年来受到各国的高度重视，产生了一大批生物质制燃料技术，主要包括生物柴油制备技术、生物质热解技术、生物质液化技术、生物质气化技术以及生物质制氢技术。

## 5.2.1 生物柴油制备

生物柴油，即长链脂肪酸烷基酯，是以油料作物、野生油料植物和工程微藻等水生植物油脂，以及动物油脂、废餐饮油等为原料，通过特定的生产工艺制成的甲酯或乙酯燃料。作为一种替代燃料，生物柴油既可单独使用，又可与石化柴油以任意比例互溶后直接用于柴油机。生物柴油作为生物质能源最重要的可再生液体燃料之一，其合理开发利用对促进国民经济的可持续发展、保护环境都有深远意义。

（1）生物柴油的优缺点

与石化柴油相比，生物柴油具有能量密度高、润滑性能好、储运安全、抗爆性好、燃烧充分等优良的使用性能，还具有可再生性、环境友好性及良好的替代性等优点。生物柴油与石化柴油性能比较见表 5-4。但是，生物柴油也有一些自身的缺点，主要是燃烧排放物中 NO 含量较高，生物柴油含有微量甲醇与甘油等，会使接触的橡胶部件老化降解；此外，原料油脂的来源、种类分散，使生物柴油的品种复杂。

表 5-4　生物柴油与石化柴油的性能对比

| 性能指标 | 石化柴油 | 生物柴油 |
| --- | --- | --- |
| 密度(20℃)/(kg/m) | 820～860 | 875～900 |
| 黏度(40℃)/(mm²/s) | 2.0～4.5 | 3.5～5.0 |
| 引火点/℃ | ＞55 | ＞1.0 |
| 硫含量/% | ＜0.20 | ＜0.01 |
| 氧含量/% | 0 | 10.9 |
| 芳烃含量/% | ≤25 | 微量 |
| 十六烷值 | ＞45 | ＞56 |
| 发热量/(MJ/L) | 35.6 | 32.9 |
| 燃烧效率/% | 38.2 | 40.7 |

（2）生物柴油生产方法

生物柴油的生产技术本身并不复杂，但由于植物油价格高于石化柴油，因此简化生产工艺，尽可能地回收具有较高价值的副产甘油，以降低生物柴油成本，成为生物柴油制备的关键。目前，生物柴油的制备方法主要分为物理法、化学法和生物酶法等，具体分类如图 5-4 所示。一般将生物柴油制备方法归纳为直接混合法、微乳液法、高温热裂解法和酯交换法四种。采用直接混合法生产的生物柴油能够降低动植物油的黏度，但容易导致发动机积碳及润滑油污染；高温热裂解法的主要产品是生物汽油，生物柴油只是其副产品。相比之下，酯交换法是一种有效方法，应用也最广泛。下面对酯交换生产工艺进行详细介绍。

在油类酯交换反应中，甘油三酸酯与醇在催化剂作用下进行酯交换得到脂肪酸甲酯和甘油。酯交换制得的长链脂肪酸甲酯流动性较好、黏度较低，适合作为燃料使用。该反应可在常温、常压下进行，在催化剂作用下可以达到很高的转化率，且条件易于控制。酯交换反应过程如图 5-5 所示。

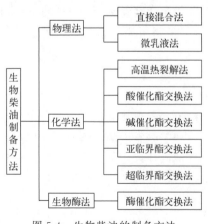

图 5-4　生物柴油的制备方法

图 5-5　油脂发生酯交换反应方程式

酯交换反应分为三步进行：

① 甲醇中的甲氧基与甘油三酸酯中的一个脂肪酸结合形成长链脂肪酸甲酯，甘油三酸酯变成甘油二酸酯。

② 甲醇中的甲氧基继续与甘油二酸酯中的一个脂肪酸结合形成长链脂肪酸甲酯，甘油二酸酯变成甘油单酸酯。

③ 甲醇中的甲氧基继续与甘油单酸酯中的脂肪酸结合形成长链脂肪酸甲酯，最终形成甘油。

从以上反应过程可以看出经酯交换反应后甘油三酸酯分裂形成三个单独的脂肪酸甲酯，碳链长度缩减的同时还形成副产物甘油。通过酯交换反应可以使天然油脂的平均分子量降至原来的 1/3，黏度降低至原来的 1/9，与石化柴油接近，十六烷值可达 50，同时提高挥发度。由于空间效应影响，发生酯交换反应时，伯醇的反应活性最高，且醇的碳链越短受空间效应影响越小，所以甲氧基是最活泼的烷氧基。此外，酯交换反应是一个可逆过程，该过程没有很大的能量变化。

典型的酯交换生产生物柴油的工艺流程如图 5-6 所示，生产生物柴油的原料有草本植物油（菜籽油、大豆油、葵花籽油等）、木本植物油（胡麻油、棕榈油等）、餐饮废油脂、动物脂肪以及微生物油脂等。目前酯交换生产生物柴油的主要问题是成本过高，原料油脂的费用占到生物柴油总生产成本的 70%～75%，因此，使用廉价的原料油脂及提高转化率从而降低成本是生物柴油产业化的关键。

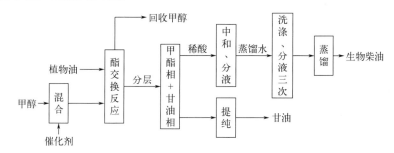

图 5-6　酯交换反应制取生物柴油工艺流程

（3）酯交换反应催化体系

酯交换反应的关键是催化剂，采用的催化剂有酸性催化剂（硫酸、磷酸、盐酸和苯磺酸等）、碱性催化剂（NaOH、KOH、各种碳酸盐以及钠和钾的醇盐）和生物催化剂（脂肪酶和微生物细胞）三大类。

① 酸催化酯交换　甘油三酸酯上的羰基质子化形成碳正离子，与醇发生亲核反应得到四面中间体，最后生成新的脂肪酸酯，其反应机理如图 5-7 所示。

$$R-\overset{\overset{\displaystyle O}{\|}}{C}-OR' \xrightarrow{H^+} R-\overset{\overset{\displaystyle OH}{|}}{\underset{+}{C}}-OR' \xrightarrow{MeOH} R-\overset{\overset{\displaystyle OH}{|}}{\underset{HOMe}{C}}-OR' \xrightarrow{-R'OH} R-\overset{\overset{\displaystyle \overset{+}{O}H}{\|}}{\underset{OMe}{C}}-HOR' \xrightarrow{-H^+} R-C\overset{OMe}{\underset{O}{\diagup}}$$

图 5-7　酸催化酯交换反应机理

尽管酸催化酯交换反应比碱催化慢得多，但当甘油酯中游离脂肪酸和水含量较高时，酸催化更合适。酸催化酯交换过程产率高，但反应速率慢，分离难且易产生"三废"。

② 碱催化酯交换　碱催化酯交换反应是一种亲核取代反应，催化剂首先形成烷氧阴离子 MeO⁻，然后 MeO⁻ 攻击油脂 $sp^2$ 杂化的第一个羰基碳原子，形成四面体结构的中间体，

接着中间体与醇反应生成新的 MeO⁻，中间体重排生成脂肪酸酯和甘油二酯，通常使用甲醇钠的催化效率比 NaOH 高。其反应机理如图 5-8 所示。

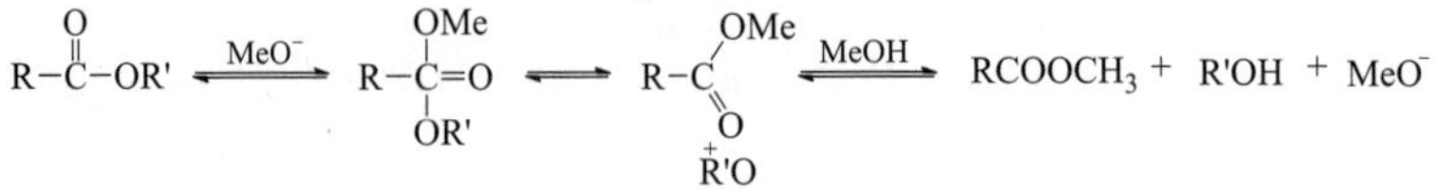

$$R{-}\overset{O}{\overset{\|}{C}}{-}OR' \xrightleftharpoons[]{MeO^-} R{-}\underset{O^-}{\overset{OMe}{\overset{\|}{C}{=}O}}{-}OR' \rightleftharpoons R{-}\underset{R'O}{\overset{OMe}{\overset{\|}{C}}}{-}O^- \xrightleftharpoons[]{MeOH} RCOOCH_3 + R'OH + MeO^-$$

图 5-8　碱催化酯交换反应机理

③ 超临界酯交换　超临界流体用作反应介质时，其密度、黏度、扩散系数、介电常数以及化学平衡和反应速率常数等都可通过改变操作条件而加以调节。此外，超临界流体既可作为反应介质，也可直接参加反应，从而大大提高了反应效率。超临界酯交换生产生物柴油能很好地解决反应产物与催化剂难分离的问题。超临界酯交换法生产生物柴油属于亲核反应，甘油三酯由于电子分布不均匀而发生振动，使羰基碳原子显正价，氧原子显负价；同时甲醇上的氧原子攻击带有正电的碳原子，形成中间体，然后中间体醇类物质的氢原子向甘油三酯中烷基上的氧转移形成第二种反应中间体，进而得到酯交换产物，其反应机理如图5-9。

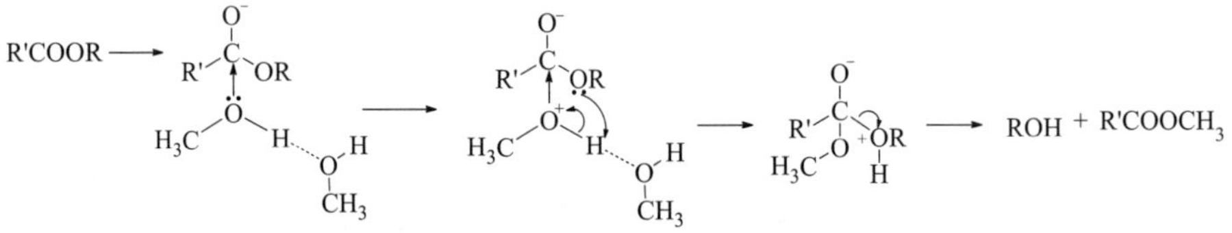

R'COOR ⟶ ... ⟶ ... ⟶ ... ⟶ ROH + R'COOCH₃

图 5-9　超临界酯交换反应机理

（4）生物柴油现状与未来

自 20 世纪 70 年代以来，世界各国的生物柴油技术发展非常迅速。我国从"八五"期间便开始了生物柴油制备技术的研究和探索，并在"九五"期间进入中试阶段。中国科技大学、西北农林科技大学等机构分别进行了实验研发和小型工业试验，一系列关键技术已被攻克，我国生物柴油产业已初具规模。

## 5.2.2　生物质热解技术

（1）生物质热解概述

生物质热解是在完全缺氧或有限氧供给的条件下，利用高温使生物质大分子中的化学键断裂，使之转化为小分子产物，并释放出有机挥发物的过程，生物质热解的产物有焦炭、气体和生物油。根据产物需求，可通过调节热解参数（如温度、升温速率、停留时间等）而获得所需的焦炭、气体燃料和生物油的最大产量，其中，挥发物的停留时间和温度对产物的分布影响最明显。

生物质热解得到的各产物都有广泛应用，生物炭可作为活性炭吸附剂、土壤改良剂和燃料；燃气可用于发动机、锅炉、燃气轮机中的燃料，也可用作家用燃气和制备富氢气体的原料；生物油具有能量密度高、易储存和运输等优点，其不仅可以直接用于现有燃气透平和锅炉等设备的燃料，而且可以通过精细加工进一步改性为汽油或柴油，替代化石燃料。此外，从生物油中还可以提取众多有价值的化工产品。根据升温速率和热解终温不同，生物质热解技术可分为：

① 低温慢速热解，热解温度一般 <500℃，升温速率 <10℃/s，产物以木炭为主；

② 中温快速热解，热解温度一般在 500～650℃，升温速率为 1000～10000℃/s，产物以生物油为主；

③ 高温闪速热解，热解温度一般在 700～1100℃，升温速率 ＞ 10000℃/s，产物以可燃气体为主。

（2）生物质热解原理

生物质热解过程中，会发生一系列的物理和化学变化，包括热质传递和复杂化学反应。如图 5-10 所示，生物质热解时热量首先传递到生物质颗粒表面，并由表面传递到颗粒内部，热解过程由外而内逐层进行，生物质颗粒被加热后迅速分解成焦炭和挥发物。生物质的一次裂解反应生成了生物炭、一次生物油和气体。一次热解产物在多孔生物质颗粒内部将进一步热解，称为二次裂解反应，最终形成生物油、不可冷凝气体和生物质炭。温度越高、气态产物的停留时间越长，二次裂解反应越剧烈。

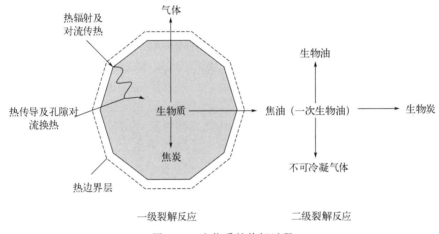

图 5-10　生物质的热解过程

从反应进程的角度分析，生物质的热解过程可分为以下三个阶段：

① 脱水阶段（室温～100℃）：本阶段主要是失去物理水分。

② 裂解阶段（100～380℃）：本阶段生物质在缺氧条件下受热分解，并随着温度升高各种挥发物相继析出；在该阶段，生物质中的半纤维素、纤维素和木质素发生脱水、解聚、脱羧、异构化、芳构化、炭化等一系列复杂的化学反应，生物质原料损失大部分质量。

③ 炭化阶段（＞400℃）：本阶段分解过程非常缓慢，质量损失比裂解阶段的小得多，该阶段通常被认为是 C—C 键和 C—H 键进一步断裂的过程。

此外，生物质中三大组分的热解特性也有很大差异，具有温度阶梯特点，半纤维素主要在 220～315℃发生分解，纤维素的主要分解温度范围为 315～400℃，而木质素在 100～900℃范围内均会分解。在热解过程中，生物质三大组分首先分解成它们的单体单元，单体单元进一步分解为挥发性产物，如一氧化碳、二氧化碳、可冷凝气体和液体等。

（3）生物质热解产物

生物质的热解产物包括生物炭、生物油和气体。生物炭是热解的固体产物，主要成分是C，含少量 H 和 O。生物炭的低位发热量约为 32MJ/kg，远高于生物质本身。生物质是碳中性的，生物炭的燃烧比煤等化石能源更低碳、环保。生物炭具有多孔、比表面积大的特点，在污染物吸附净化和碳储存等非燃料利用领域有广泛的应用。

生物油是一种含大量氧和水的复杂烃类化合物的混合物，呈棕黑色，性质不稳定，存放温度较高或时间过长会发生聚合现象，导致含水量和黏度增加。生物油的低位发热量在

13～18MJ/kg，pH 值在 2～3 之间，具有一定的腐蚀性，密度为 $1.2\times10^3\,kg/m^3$ 左右。生物油的元素组成与生物质原料较为接近，主要包括 C、O、H 和少量的 N 以及一些微量元素 S 和金属。生物油和化石燃油最大的区别在于生物油中的氧含量高（45%～60%），作为热解的副产物是一种重要的化工原料，含有的芳香化合物、酚类等组分经过精馏提取后，是香料、塑料、染料和药物等合成的重要中间体。

生物质热解产物中的不可冷凝气体混合物包含二氧化碳、一氧化碳、甲烷、氢气、乙烷和乙烯，生物质热解气体的低位发热量通常在 $10\sim20\,MJ/m^3$ 之间，因此生物质热解气常作为清洁优质的气体燃料使用，也可通过净化、分离和除杂等步骤制取合成气或富氢气体。

（4）生物质热解过程影响因素

影响生物质热解过程的因素有内部因素（生物质组成、类型、水分、灰分等）、外部因素（温度、升温速率、压力、停留时间、气氛、催化剂等）和反应器形式等。其中生物质的热解温度、升温速率和组分组成的影响更显著。

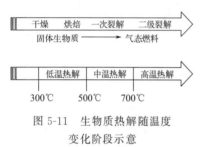

图 5-11 生物质热解随温度变化阶段示意

温度对生物质热解产物的分布、组成和品质有着很大的影响。如图 5-11，随着温度升高生物质呈现出阶段性热解变化，当温度超过生物质组分的沸点时，就会挥发形成蒸气，因此，随着反应温度的升高生物质中不同分子转化为气相的可能性增加。在热解过程中，温度是生物质热分解的原始驱动力，随着反应温度升高，生物质的分解速率也增大。通常，低温低加热速率和较长固相停留时间可最大限度地生产生物炭；中温（500～700℃）和极高加热速率、极短气相停留时间的快速热解主要用于制备生物油，产率最高可达 80%，若温度高于 700℃，则主要以气体产物为主。随着热解温度的升高，生物油产率提高，在 500～550℃ 达到最大值，然后降低；生物炭的产率在 350℃ 左右达到最大值，并且随着温度的升高而降低；气体产率随着温度的升高而不断增加，最高产率出现在较高温度时。

升温速率是热解过程中的另一个重要参数，用来描述生物质被加热到目标温度的快慢。升温速率增大，热解反应途径和反应速率都会发生改变，气相和液相产物的产率会提高，固相产物的产率则会降低。高升温速率热解时可突破传热传质阻力，抑制生物焦油裂解或再聚合等二次反应，促进生成更多的气、液态挥发物和较少的生物炭。升温速率对生物质热解动力学参数也有很大的影响，同一样品在不同升温速率下的动力学参数不同，热解起始温度、最大失重温度和对应的失重率以及热解结束温度均随升温速率的增加而增大。

生物质的三大组成对热解产物的产率有重要影响，各组分都有其最佳的分解温度范围。生物质各个组分对产物的贡献也不同，纤维素和半纤维素是木质纤维素类生物质中挥发物的主要来源；其中，纤维素是可冷凝气体的主要来源，而半纤维素产生的不可冷凝气体比纤维素多；木质素由于其芳香族化合物含量多、降解缓慢，对生物炭的产量有很大贡献。纤维素主要在 300～400℃ 的较窄温度范围内分解，纤维素在无催化条件下主要裂解成单体左旋葡萄糖，超过 500℃ 时，左旋葡萄糖蒸发，几乎不形成生物炭。半纤维素呈非结晶结构，是木材中最不易降解的成分，在 200～300℃ 温度范围内分解。与纤维素不同，木质素分解的温度范围更宽，分解速率在 350～450℃ 时最大，主要生成芳烃和生物炭等液固产物，生成的气态产物仅有 10% 左右。

### 5.2.3　生物质高压液化技术

生物质高压液化是指以水或其他有机溶剂为介质，在一定温度下将生物质转化成少量气体、大量液体产品和少量固体残渣的过程。高压液化的液体产品一般用作燃料油，与热解产生的生物质油一样，也需要改质后才能使用。高压液化与热解相比，反应温度相对较低，但压力很高，其操作条件较为苛刻，所需设备耐压要求高，能量消耗也较大。近年来低压甚至常压下生物质液化的研究越来越多，其特点是液化温度通常为 $120\sim250℃$，压力为常压或低压（小于 2MPa），液化产品一般作为高分子产品（如胶黏剂、酚醛塑料和聚氨酯泡沫塑料等）的原料，或者作为燃油添加剂。

（1）高压液化原理

生物质高压液化是纤维素、半纤维素和木质素的解聚和脱氧过程。在液化过程中，纤维素、半纤维素和木质素被降解成低聚体，低聚体再经脱羟基、脱羧基、脱水或脱氧形成小分子化合物。这些小分子化合物可以通过缩合、环化、聚合而生成新的化合物。

纤维素结构中的 C—O—C 键容易断裂，其降解的主要产物是左旋葡萄糖，还有少量水、醛、酮、醇、酸等。半纤维素热稳定性比纤维素差，更容易降解成小分子产物，其降解产物主要有乙酸、甲酸、甲醇、酮以及糠醛等。纤维素和半纤维素在高压液化过程中主要发生低温下的大分子逐步降解、分解和结焦反应以及高温下左旋葡萄糖的快速挥发。加压可以抑制纤维素和半纤维素解聚，减少液化过程中气态产物生成，促进交联和脱水等反应。纤维素和半纤维素的降解过程反应如下：

解聚反应：

$$(C_6H_{10}O_5)_x \longrightarrow xC_6H_{10}O_5 \qquad (5\text{-}1)$$

脱水反应：

$$C_6H_{10}O_5 \longrightarrow 2H_3C\text{—}CO\text{—}CHO + H_2O \qquad (5\text{-}2)$$

加氢反应：

$$H_3C\text{—}CO\text{—}CHO + H_2 \longrightarrow H_3C\text{—}CO\text{—}CH_2OH \qquad (5\text{-}3)$$

$$H_3C\text{—}CO\text{—}CH_2OH + H_2 \longrightarrow H_3C\text{—}CHOH\text{—}CH_2OH \qquad (5\text{-}4)$$

$$H_3C\text{—}CHOH\text{—}CH_2OH + H_2 \longrightarrow H_3C\text{—}CHOH\text{—}CH_3 + H_2O \qquad (5\text{-}5)$$

木质素分子结构中相对弱的是连接单体的氧桥键（β-O-4）和单体苯环上的侧链键，受热易发生断裂，形成活泼的含苯环自由基，极易与其他分子或自由基结合而生成酚类、酸、醇以及结构更稳定的焦。在 250℃时，木质素就会分解产生酚自由基，酚自由基又可通过缩合和重聚而形成固体残留物。当停留时间过长时，由于高压液化所生成的生物原油中重组分的缩聚，生物原油的产率会下降，固体残留物的含量会上升。通常，可向反应体系中引入氢或其他稳定剂以抑制中间产物发生缩聚等反应。木质素的降解过程如下：

$$木质素 \longrightarrow 2R\cdot \qquad (5\text{-}6)$$

$$R\cdot + DH_2 \longrightarrow RH + DH\cdot \qquad (5\text{-}7)$$

$$R\cdot + DH\cdot \longrightarrow RH + D\cdot$$

自由基的缩聚过程：

$$Ar\cdot + ArH \longrightarrow Ar\text{—}Ar + H\cdot \qquad (5\text{-}8)$$

$$ArO\cdot + ArO\cdot \longrightarrow 二聚体 \qquad (5\text{-}9)$$

（2）高压液化的影响因素

生物质高压液化过程的主要影响因素包括原料种类、催化剂与溶剂、反应温度与时间、反应压力、液化的气氛等。为了提高液体产物的产率，减少固体残留物和气态产物的量，获得黏度低、流动性好、易分离、稳定性好、热值高的液体产品，须选择适宜的液化操作条件。

生物质高压液化过程中，纤维素的主要液化产物为左旋葡萄糖，半纤维素的降解产物主要有乙酸、甲酸、糠醛等，木质素降解产物主要含有芳香族化合物。不同生物质原料的三组分含量不同，三组分的液化产物也不同，因此生物质的种类将影响生物原油的组成和产率。使用溶剂可以分散生物质原料、抑制生物质组分分解所得中间产物的再缩聚，同时由于采用供氢溶剂，高压液化生物原油的 H/C 比高于快速热裂解生物原油的 H/C 比。常用的溶剂有水、苯酚、高沸点的杂环烃、芳香烃混合物以及中性含氧有机溶剂如酯、醚、酮、醇等。生物质液化中催化剂的使用有助于抑制缩聚、重聚等副反应，提高生物质粗油的产率。液化常用的催化剂主要有碱、碱金属的碳酸盐和碳酸氢盐、碱金属的甲酸盐和酸催化剂等，催化剂对液化过程有很大影响，不仅能改善产物的品质，同时能使液化反应向低温区移动，使反应的条件趋于温和。反应温度和时间是影响生物质液化的重要因素。适当提高反应温度有利于液化过程，但温度过高时，生物油的得率降低，较高的升温速率有利于液体产物的生成。反应时间太短反应不完全，但反应时间太长会引起中间体的缩合和再聚合，使液体产物中重油产量增加，通常最佳反应时间为 10~45min，此时液体产物的产率较高，固体和气态产物较少。液化反应可以在惰性气体或还原性气体中进行，还原性气体有利于生物质降解，提高液体产物的产率，改善液体产物的性质，如氢气气氛下液化时，提高氢气压力可以明显减少液化过程中焦炭的生成量。但在还原性气氛下液化生产成本较高。

（3）高压液化工艺

生物质高压液化工艺是把添加了某些溶剂和催化剂的生物质原料加入高压反应器，然后通入氢气或惰性气体，在适当的温度和压力下通过热化学反应使原料液化。由于在液相中进行，生物质原料无需干燥，从而节约大量能量。选择合适的加压气体、溶剂、反应温度、反应压力和催化剂是高压液化工艺提高生物原油产率的关键。图 5-12 所示为美国 CWT 公司开发的一种热解聚高压液化工艺，主要包括三个步骤：

① 原料首先经过研磨与水混合形成浆液，再用泵加压送入第一级反应器（压力 4~6MPa、温度 200~300℃）中，反应 15~30min，进行一次裂解；

② 第一级反应器所产生的有机物浆液进入闪蒸器减压脱水，然后经液-液分离装置分离出油相，并用固-液分离装置分离出干物质；

③ 闪蒸产生的生物原油进入第二级反应器，在常压、500℃左右进行二次裂解，生成燃气、轻油和焦炭，反应所得的燃气为整个流程提供燃料。

该工艺于 1999 年在费城建立了处理量为 7 t/d 的生产装置，可以连续处理动植物废弃物、生活垃圾、纸浆废水等含生物质的原料，具有热量传递迅速、能耗低和产油率高等优点。

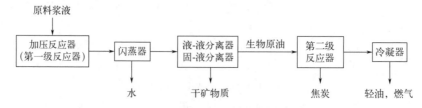

图 5-12　美国 CWT 液化热解聚转化过程

（4）生物质超临界流体液化

超临界流体是一种被加热至临界温度和压缩至临界压力以上的流体，在超临界状态下，

流体既有与气体相当的高扩散系数和低的黏度，
又有与液体相近的密度和对物质良好的溶解能力。
如图 5-13 为水的三相图，临界点是一个具有固定
温度、压力和密度的点，在该点处气相和液相之
间的差别完全消失。超临界流体对状态参数的改
变十分敏感，较小的温度和压力变化就会使流体
的性质发生较大的改变，应用超临界流体可以有
效地减少传质、传热阻力，控制物质溶解度，方
便、快速地实现反应和分离过程。

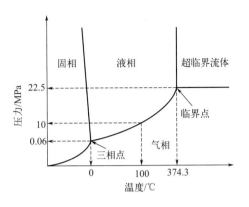

图 5-13　水的三相图

　　水在超临界条件下可离子化、促进生物质的
转化，在超临界水中的生物质液化是最常见的反
应体系。超临界水中液化和裂解相比，可获得更
高的油产率，在很短的反应时间内便可增加液化油的甲氧基和氢含量。此外，以甲醇或乙醇
为溶剂，并在碱催化剂作用下的生物质超临界液化也是常见的反应体系，该体系中碱性越强
对液化越有利，越能获得高的液化油收率。此外，水/苯酚混合物可作为木质素液化的超临
界流体，水中加入苯酚能显著增加木质素的液化率，而且还能降低液化产品的平均分子量。
总之，与常规条件下的生物质液化相比，超临界流体液化具有固体产物少，反应速度快等优
点，是生物质液化的新方向。

　　（5）液化油的分离

　　与石油相比，生物质高压液化的液体产物在含水率、分子量和化学组成等理化性质上有
很大不同，通常不可作为燃料油直接使用，需要通过脱水、萃取、蒸馏等分离操作才能得到
生物质原油。高压液化的溶剂通常是有机溶剂和水，使用有机溶剂时，高压液化所得生物油
的分离一般是先脱除有机溶剂，然后在残留反应液中加入一定量的水，再用有机溶剂萃取，
最后对萃取液进行浓缩后可得到质量较好的生物油。用水作溶剂时，增加水量可以减少焦炭
的产量，增加液体产物的产量，且生产成本低，因此以水为溶剂的高压液化更具有工业化前
景。以水为溶剂制备的生物油通常按图 5-14 所示的过程加以分离提纯，涉及的分离方法有
液-液萃取、减压蒸馏和固-液萃取等。

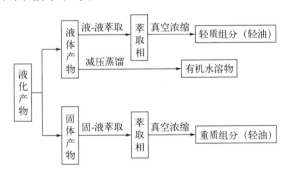

图 5-14　液化生物油的分离流程

## 5.2.4　生物质气化技术

　　生物质气化是指在高温条件下利用空气中的氧气或含氧物质作为气化剂，使生物质反应
得到小分子可燃气体的过程，其主要反应是生物碳与气体之间的非均相反应和气体之间的均
相反应。相比固态燃料，生物质气化得到的气态燃料燃烧时具有燃炉结构简单、燃烧容易控

制、污染物释放低等优点。生物质气化技术作为生物质清洁利用的重要途径，可将低品位的固态生物质转换成为高品位的可燃气体，从而可广泛应用于合成甲醇、集中供气、供热和发电等。

（1）生物质气化原理

生物质的挥发分高，受热后会快速析出大量挥发性物质、生成生物焦炭，挥发性物质和生物焦再与氧气和水蒸气发生气化反应就可生成以 $CO$、$H_2$、$CO_2$ 和 $CH_4$ 为主要成分的燃气。为了提供反应所需的热量，气化过程需要供给空气或氧气，使原料发生部分燃烧，并尽可能地避免过度氧化生成的 $H_2$、$CO$ 及低分子烃等可燃性气体。生物质气化过程可分为干燥、热解、氧化和还原四个阶段。干燥过程是生物质进入气化炉后，在 $200\sim300℃$ 的作用下析出表面水分。当温度升高到 $300℃$ 以上时开始进行热解反应，在 $300\sim400℃$ 时，生物质就可以释放出 $70\%$ 左右的挥发组分，热解反应析出挥发物主要是 $H_2O$、$H_2$、$CO$、$CH_4$、焦油及其他碳氢化合物。热解的剩余生物炭与引入的空气发生反应，同时释放大量的热以支持生物质干燥、热解和后续的还原反应，燃烧温度可达到 $1000\sim1200℃$。还原过程是在无氧气条件下热解产物、燃烧产物、残余生物炭在还原层中与水蒸气发生反应，生成以 $H_2$ 和 $CO$ 为主的气体。

（2）生物质气化方式与类型

生物质气化的种类和技术路线很多，可从不同的角度对其进行分类。

① 根据燃气生产机理，可分为热解气化和反应性气化两类，其中反应性气化又可根据反应气氛的不同细分为空气气化、氧气气化、水蒸气气化、氢气气化及这些气体混合物的气化等。

② 根据采用气化反应器的类型，可分为固定床气化、移动床气化、流化床气化、气流床气化和旋风分离床气化等。

③ 根据气化反应的工艺，分为一级气化、二级气化和多级气化，多级气化即固定床、流化床及催化热解炉等气化炉的不同组合。

④ 根据气化反应器的压力，分为常压气化（$0.11\sim0.15MPa$）、加压气化（$0.15\sim2.50MPa$）和超临界气化（$\geqslant22.05MPa$）。

⑤ 根据加热机理，分为自热气化、配热气化和外加热气化，其中自热气化最常用。

⑥ 根据催化剂使用情况，分为非催化气化和催化气化（镍基催化剂、铁基催化剂、碳酸盐催化剂、金属氧化物催化剂等）。

（3）生物质气化的影响因素

如图 5-15 所示，影响生物质气化过程的因素较多，原料特性、操作条件、反应器形式、气化介质以及催化剂等都是主要因素，这些主要因素同时还包含着若干具体影响参数。物料

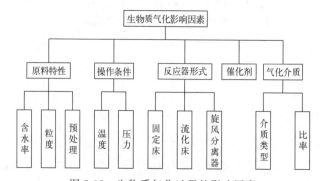

图 5-15　生物质气化过程的影响因素

含水会增加能耗，但可作为气化剂，提高燃气的质量。生物质颗粒粒度分布主要影响床层气流分布和反应动力学。烘焙和酸碱洗涤等预处理可以显著改善生物质的气化反应行为。气化温度过低，燃气热值太小，焦油产率较大；气化温度过高，不利于高热值燃气的生成，而且能量损耗会变大，通常气化反应温度范围在 $700 \sim 1000 ℃$。增大气化压力可提高单炉生产能力，有助于减小设备尺寸，因而目前流化床气化都从常压向高压发展。

目前生物质气化技术中采用的气化介质主要有空气气化、富氧气化、空气-水蒸气气化和水蒸气气化，前三种气化方式所需能量由燃烧部分生物质自给，而水蒸气气化需要外部能量；空气-水蒸气气化结合了空气气化设备简单、操作维护简便以及水蒸气气化气中 $H_2$ 含量高的优点，运行和生产成本较低，是理想的气化介质，用较低的运行成本可得到 $H_2$ 和 $CO$ 含量高的高热值燃气，适合化学品的合成。催化剂是气化过程中重要的影响因素，其性能直接影响着燃气组成与焦油含量，催化剂既能强化气化反应，又可促进焦油的裂解生成更多小分子气体组分，提高产气率和热值。目前用于生物质气化过程的催化剂有白云石、方解石、菱镁矿、镍基催化剂、水蒸气重整催化剂以及混合基催化剂等。

（4）生物质气化炉

气化炉是生物质气化的核心设备，其能量转化效率决定着整个气化系统的经济性。根据可燃气与物料相对流动的速度和方向，生物质气化炉主要可分为固定床和流化床两种形式。在固定床气化炉中，一定粒径分布的生物质颗粒堆积成一定高度的床层，并静止不动，气化剂穿过具有孔隙的床层进行反应，其特点是固体颗粒处于静止状态。按照气化介质的流动方向，固定床又可分为上吸式和下吸式等形式。如图 5-16(a) 和（b）所示，上吸式气化炉是物料从顶部加入，气化剂由炉底部进入气化炉，产出的燃气经过气化炉的几个反应区，自下而上从气化炉上部排出；下吸式气化炉是物料从顶部加入，气化剂由气化炉中部加入，物料依靠重力而自由下落，经过干燥区使水分蒸发，再进行裂解反应、氧化还原反应等，生成的燃气从下部排出。

当气化床层中的气流速度增加到某一值时，生物质颗粒将被气流夹带移动，在颗粒间相互碰撞，在气流夹带速度降低的影响下颗粒又会落下，处于恒定的搅动状态，此时即为"流化床"状态，这时的气流速度称为"临界流化速度"。如图 5-16(c) 所示，生物质流化床气化是气化剂从底部的布风板吹入流化床内，生物质原料由气化炉中下部进入布风板上面进行气化反应，生成的气化气体直接由气化炉出口送入净化系统中，反应温度一般控制在 $800 ℃$ 左右。为了强化传热，生物质流化床气化炉一般设置有热沙床，即在流化床气化炉中放入沙子作为流化介质，将沙子加热后通入流化床中与生物质物料进行传热并发生气化反应。流化床气化炉具有反应温度均匀、热质传递速度快、物料停留时间短、生产能力大和易于操作等优点，能够使用细粉状和堆积密度小的生物质。

## 5.2.5　生物质制氢技术

氢气作为一种理想的新能源，具有热值高、清洁无污染和适用范围广等特点，在当前能源结构调整和"双碳"背景下受到高度重视。但自然界中不存在纯氢，只能通过矿物原料制氢、水电解制氢、甲醇转化制氢、太阳能电解水制氢、微生物制氢、化工过程副产物氢气回收和生物质制氢等途径获得。生物质是一种重要的可再生能源，生物质制氢的 $CO_2$ 净排放量为零，属于绿氢，发展生物质制氢技术具有重要意义。

（1）热化学法制氢技术

生物质热化学转化制氢是通过热化学反应将生物质转化为富氢气体，传统的热化学制氢过程一般包括生物质热裂解、热裂解产物的气化和焦油等大分子烃类物质的催化裂解，其流

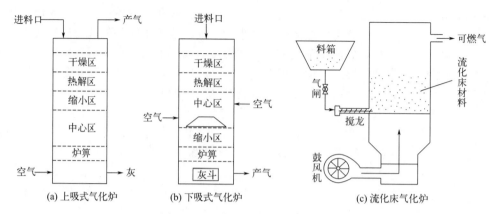

图 5-16　生物质气化炉类型与结构

程如图 5-17 所示。生物质热化学制氢技术的类型主要有气化一步法制氢、气化二步法制氢、热解一步法制氢、热解二步法制氢和热解-气化制氢。其中热解-气化制氢技术最先进，是生物质在第一级反应器内被直接快速热解后，得到的生物油与半焦以及气体产物再进入第二级反应器发生水蒸气气化反应的过程。对于流化床，其快速热解反应温度为 $500\sim550℃$，催化水蒸气重整反应温度为 $750\sim850℃$，产出的富氢气体中氢气含量可达 70% 以上。生物质热化学法制氢前端涉及的生物质热解和气化过程的原理和工艺，前文已介绍，这里不再赘述。

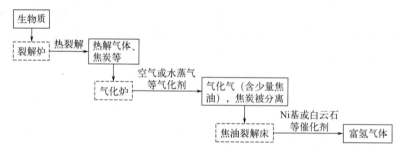

图 5-17　生物质热化学法制氢工艺流程

（2）超临界水气化制氢

超临界水气化制氢是将生物质、水和催化剂等置于高压反应器内反应生成富氢气体的过程。该过程可直接使用含水生物质，无需干燥，在较低温度下就可达到很高的气化效率。与常规气化相比，生物质超临界水气化制氢具有以下特点：① 由于超临界水可以溶解有机物，故可使反应在均相中进行；② 由于生物质主要通过水解而发生快速解聚，可减少焦炭等物质的生成；③ 超临界水可以破坏碳与杂原子之间的键合作用，气化效果很好；④ 超临界水气化能同时实现生物质的裂解、水解和产物回收。

生物质气化过程包含高温分解、异构化、脱水裂化、浓缩、水解、蒸汽重整、甲烷化、水蒸气转化等一系列反应过程，溶解的生物质在超临界水中首先进行脱水、裂化等反应使大分子生物质分解成小分子化合物，气化生成的 $CO$、$H_2$ 和 $CH_4$ 等还会进行甲烷化、水蒸气转化等反应。显然，如何抑制可能发生的小分子化合物聚合以及甲烷化反应，促进水蒸气转化反应，是提高生物质气化效率和氢气产量的关键。生物质在超临界水中的气化制氢过程受到诸多因素共同影响，如生物质原料、反应环境、操作条件、催化剂及反应的形式等，各因素间还往往有相互作用和协同关系，如图 5-18 所示。在这些因素中，催化剂是核心要素之一，目前生物质超临界水气化过程使用的催化剂主要有碳基催化剂、单金属催化剂、金属氧化物催化剂、碱性催化剂以及天然矿石催化剂等。

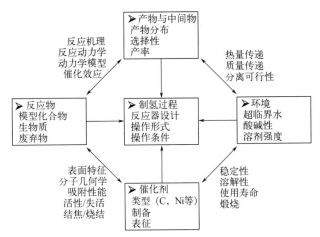

图 5-18　超临界水中生物质催化气化制氢影响因素关系图

生物质超临界水气化反应器的形式主要有间歇式和连续式两种，间歇式反应器包括管式、罐式和蒸发壁式反应器。间歇式反应装置结构较简单，可以不需要高压流体泵等装置，对反应物料有较强的适应性；缺点是生物质物料不易混合均匀，不易达到超临界水所需的压力和温度，也不能实现连续生产。因此，间歇式反应器一般只用于小试试验和机理研究，难以应用于商业化生产。

如图 5-19 所示，连续式反应器可实现生物质超临界水气化连续生产，通过柱塞泵、加料器以及阀门实现物料的连续输送。反应器左端的预热器用以实现物料进入反应器前的快速升温；为了防止结焦，右侧的冷却器用以实现物料离开反应器时的快速降温。生物质物料在反应器中气化后，首先经过出口冷却器冷却至室温，然后通过背压阀使压力降到常压，最后通过一个气液分离器实现气体和液体产物的分离。

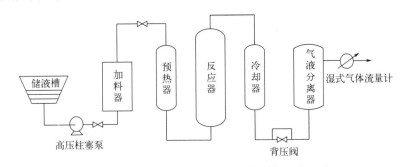

图 5-19　连续式生物质超临界气化制氢工艺流程

（3）光催化重整生物质制氢

20 世纪 70 年代初，日本研究者 Fujishima 和 Honda 在研究半导体氧化物对光的反应时发现了 $TiO_2$ 的光催化效应，在半导体 $TiO_2$ 电极上实现了水的光电分解，揭开了利用太阳能分解水制氢研究的序幕。但水的分解反应是一个热力学上不能自发进行的反应，逆反应更容易发生，因此光催化分解水的效率非常低。若在水中加入甲醇、乙醇、葡萄糖、氨基酸等有机物，使其参与到光催化反应中，即所谓的"重整反应"，可极大地提高光催化产氢效率。以甘氨酸为例，光催化产氢的反应途径为：

$$NH_2CH_2COOH + 2H_2O \xrightarrow[\text{催化剂}]{h\nu} 3H_2 + NH_3 + 2CO_2 \qquad (5\text{-}10)$$

此外，不仅光催化重整糖类可以产氢，可溶性淀粉、纤维素等也可在光催化条件下产氢。以下是光催化重整纤维素产氢的反应式：

$$(C_6H_{12}O_6)_n + 6nH_2O \xrightarrow[\text{催化剂}]{h\nu} 6nCO_2 + 12nH_2 \qquad (5\text{-}11)$$

表 5-5 列出了光催化重整糖类的产氢活性和量子效率。由于糖类主要含有醇基官能团，故选用甲醇和甲醛作为模型研究糖类在 $Pt/RuO_2/TiO_2$ 催化剂上的光重整途径，甲醇被氧化为甲醛，$H^+$ 被还原为 $H_2$，甲醛最终按计量比被转化为 CO 和 $H_2$。在催化反应初期，糖首先发生脱氢反应生成—C=O、—CH=O 或—COOH 基团，随后碳链被催化剂表面的空穴连续氧化为 $CO_2$，同时放出 $H^+$。

表 5-5 $Pt/RuO_2/TiO_2$ 催化光重整糖、淀粉和纤维素生产 $H_2$ 和 $CO_2$ 的速率

| 反应物 | $H_2/(\mu mol \cdot 20h^{-1})$ | $CO_2/(\mu mol \cdot 20h^{-1})$ | 量子效率($\lambda=380nm$)/ % |
|---|---|---|---|
| 糖＋水 | 280 | 133 | 1.2 |
| 淀粉＋水 | 204 | 96 | 0.8 |
| 纤维素＋水 | 70 | 42 | 0.3 |
| 水 | 4 | — | 0.02 |
| 糖＋6mol/L NaOH | 341 | — | 1.5 |
| 淀粉＋6mol/L NaOH | 320 | — | 1.3 |
| 纤维素＋6mol/L NaOH | 244 | — | 1.0 |

# 5.3 生物质制化学品技术

通过化学、物理或生物等方法，可使生物质降解成为一系列绿色化合物，如糖类、乙醇、甘油、乳酸、1,3-丙二醇、山梨醇和乙酰丙酸等。这些产品具有非常好的反应特性，可以衍生出众多下游产品，为化工行业开辟出新的应用领域，也有助于解决化石资源应用带来的环境问题和资源短缺问题。

## 5.3.1 生物油中提取化合物

生物油中的很多物质都具有很高的化工应用价值，但目前生物油的分析和分离技术不太成熟，而且绝大多数物质的含量都很低，现阶段只能从生物油中分离提取出含特定官能团的某一组分，从生物油中分离单体化合物比较困难。

（1）从生物油中提取酚类物质

酚类是生物油中含量最多的有机组分，酚类可直接用于制备酚醛树脂，应用于生产刨花板和胶合板等。在生物油中加水可以将木素裂解物以沉淀的形式分离出来，这部分沉淀物一般占生物油总量的 20%～40%，其中含有 30%～80% 的酚类，但是直接加水会稀释生物油的水相部分，使后续应用或处理变得困难。鉴于此，人们开发了利用可回收溶剂从生物油中分离酚类物质的方法，其基本原理是基于酚类和强碱反应生成酚盐溶于水而不与弱碱反应的特性将其从酸性体系中分开。

图 5-20 左图展示了一种生物油中提取酚的方法流程，先用乙酸乙酯和水分别萃取生物油，再用碳酸氢钠的水溶液将水相组分的 pH 值调至 8～10，此时水相为有机酸盐，残余物即为酚。图 5-20 右图所采用的分离方法为：先用氢氧化钠溶液萃取生物油得到 pH 值为 12 左右的碱性水溶液，用二氯甲烷萃取中性组分，再将残液酸化至 pH 值为 8 左右，最后再用二氯甲烷溶液萃取即可得到酚类组分。

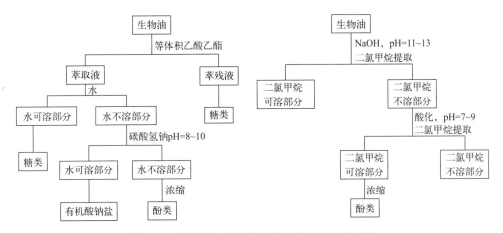

图 5-20　从生物油中提取酚类物质的方法与流程

（2）从生物油中提取特殊化学物质

从生物油中提取特殊化学物质的潜力巨大，但在现阶段仅有少数物质的分离在技术和经济上比较有前景，主要有乙酸、羟基乙醛、左旋葡聚糖和左旋葡萄糖酮等。

羟基乙醛一般是生物油中除水以外含量最高的组分，它是一种性能优良的食品染色剂。由于羟基乙醛主要是纤维素的热解产物，因此单独热解纤维素就可以得到很高的羟基乙醛产率。通过对生物油低温减压蒸馏可得到含羟基乙醛等小分子物质的组分，经除水后加入二氯甲烷并适当降温，羟基乙醛就可以从溶液中结晶分离出来，其分离工艺过程如图 5-21 所示。

图 5-21　从生物油中分离提取羟基乙醛的工艺流程

左旋葡聚糖是纤维素热解过程的中间产物，但在较长的气相停留时间或者灰分的催化作用下，其很快会分解成其他产物。因此，若采用纯纤维素或经过脱灰处理的生物质，在一定热解条件下左旋葡聚糖和左旋葡萄糖酮的产率分别高达 46% 和 24%。左旋葡萄糖酮的分离过程比较简单，但左旋葡聚糖的分离提取有一定难度，目前还在不断研究中。图 5-22 所示为两种左旋葡聚糖的分离流程，左图流程中首先要蒸去生物油中的大部分水分，再用氯仿、丙酮分别萃取，最后从浓缩的丙酮溶液中重结晶出产物。右图流程则先采用乙酸乙酯等脂肪族小分子溶剂除去生物油中的酚类和高分子木素裂解物，再加入碱金属氧化物除去长链羧酸，最后分别用阳离子和阴离子交换树脂除去液体中残余的钙离子和小分子羧酸，从而得到含左旋葡聚糖的水溶液，通过浓缩、结晶后即可得到产物。

随着研究的深入，生物油中越来越多的高附加值物质被发现并分离提取，例如麦芽酚（用作食品增香剂）、糠醛（用于生产四氢呋喃和丁二醇等）、5-甲基糠醛（用于生产呋喃二酸、乙酰丙酸等）等。

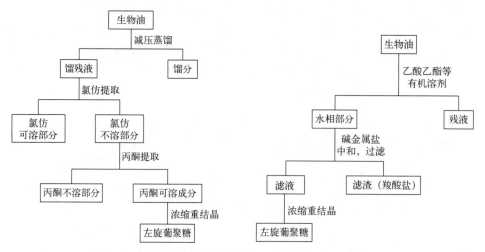

图 5-22　两种从生物油中分离提取左旋葡聚糖的工艺流程

### 5.3.2　生物质甘油制备1,3-丙二醇

1,3-丙二醇是一种无色黏状透明液体，是合成聚对苯二甲酸丙二酯（PTT）的单体，还可用于制备聚萘二甲酸丙二醇（PTN）、新型聚氨酯树脂、乳化剂和医药等。我国聚酯纤维的需求量逐年攀升，对合成原料1,3-丙二醇的需求也很旺盛。在生物柴油的生产过程中，可产生10%左右的副产物甘油，将甘油化学转化为1,3-丙二醇的路线是一条具有环保和经济价值的绿色合成路线，具有广阔的应用和开发前景。甘油通过化学法制备1,3-丙二醇可分为脱羟基法、加氢脱水法和脱水成丙烯醛法。

（1）脱羟基法

脱羟基法制备1,3-丙二醇主要由三步反应组成：① 甘油与苯甲醛发生加成反应，生成5-羟基-2-苯基-1,3-二氧六环（HPD）和4-羟甲基-2-苯基-1,3-二氧五环（HMPD）；② HPD与磺化物发生置换反应；③催化加氢脱除磺酸基。各步反应过程如下：

$$\text{HO}\diagdown\diagup\diagdown\text{OH} + 2\text{PhCHO} \rightleftharpoons \cdots + \cdots + 2\text{H}_2\text{O} \tag{5-12}$$

$$\cdots + \text{TsCl} \longrightarrow \cdots + \text{HCl} \tag{5-13}$$

$$\cdots \xrightarrow[-\text{PhCHO}]{+\text{H}_2\text{O}} \text{HO}\diagdown\diagup\diagdown\text{OH}(\text{OTs}) \xrightarrow[-\text{TsOH}]{+\text{H}_2} \text{HO}\diagdown\diagup\diagdown\text{OH} \tag{5-14}$$

该方法通过醇醛缩合反应选择性地将甘油中的第二个羟基转化为磺酸基。由于与羟基相比，磺酸基更易于被氢原子取代而脱除，因此可采用适当的催化剂脱除磺酸基，得到1,3-丙二醇。脱羟基法中各反应步骤技术成熟，反应速率较快，副产物少，且易分离，有利于甘油转化为1,3-丙二醇。但反应过程中所使用的磺酰氯是一种精细化学品，生产量较小，价格高，可能会影响该方法的工业推广。

（2）加氢脱水法

甘油溶液在 180℃、8MPa 氢压和催化剂的作用下可以选择性加氢生成 1,3-丙二醇和 1,2-丙二醇。采用的加氢催化活性组分有铜、钯、铑等，载体可以是氧化锌、活性炭和氧化铝等，溶液可以选用水、环丁砜和二氧杂环乙烷，在酸性环境下能加快反应速率和提高 1,3-丙二醇的选择性。反应过程如下：

$$\underset{\text{OH}}{\text{HO}\diagup\diagdown\text{OH}} + H_2 \xrightarrow{\text{催化剂}} HO\diagup\diagdown OH + \underset{\text{OH}}{HO\diagdown} \qquad (5\text{-}15)$$

该工艺路线的核心在于选择性加氢，因此对加氢催化剂有较高的要求，既要促进加氢反应的进行，也要保证加氢位置发生在甘油的第二位羟基上。此外，还要考虑 1,3-丙二醇与 1,2-丙二醇的分离问题。

（3）脱水成丙烯醛法

在亚临界或超临界水蒸气中以及酸性条件下通过催化脱水可使甘油转化为丙烯醛，其反应过程如下：

$$\underset{\text{OH}}{HO\diagdown\diagup OH} \xrightarrow[H_2O]{H^+} \diagup\diagdown O \qquad (5\text{-}16)$$

该过程是一个甘油分子内的脱水反应，即从甘油的三个羟基上脱除两个水分子，形成丙烯醛。在亚临界或超临界状态下，加入硫酸锌盐，通过增加反应体系的酸性，可以显著促进该反应的进行，使丙烯醛的收率增加。由甘油转化为丙烯醛后，进一步采用工业上较为成熟的丙烯醛水合加氢法，可最终生产出 1,3-丙二醇。

### 5.3.3　生物质制备糠醛

糠醛也称呋喃甲醛，是重要的杂环化合物和有机化工原料。糠醛化学性质活泼，可通过氧化、缩合等反应制取多种衍生物，广泛应用于合成树脂、医药、染料、农药等工业，糠醛还是性能优良的有机溶剂，可用于提炼高级润滑油和柴油。

糠醛是由富含多缩戊聚糖的植物纤维原料在一定温度和催化剂的作用下，水解成戊糖，再通过脱水环化而生成糠醛。可用于生产糠醛的原料有玉米芯、向日葵壳、棉籽壳、稻壳、甘蔗渣、棉麻秆、阔叶林等，其中玉米芯中多缩戊聚糖的含量高达 38%，糠醛潜含量为 25%，是制备糠醛的优良原料。糠醛的生产工艺有一步法和两步法，一步法生产糠醛的反应过程如下：

$$(C_5H_8O_4)_n \xrightarrow{\text{水解}} nC_5H_{10}O_5 \xrightarrow{\text{脱水}} nC_5H_4O_2 \qquad (5\text{-}17)$$

一步法因设备投资少、操作简单，在糠醛工业中得到了广泛应用。经过多年发展，糠醛的生产工艺和技术有了很大的提高，从最初的单锅蒸煮发展到多锅串联以及连续生产，这些工艺都采用水蒸气汽提法抽提反应生成糠醛。但一步法蒸汽消耗量大，糠醛收率低（最高60%），并且会产生大量由纤维素、木质素、未反应的半纤维素和残留催化剂所组成的废渣，难以有效利用。一步法生产糠醛主要包括硫酸法、盐酸法、醋酸法和无机盐法等。

两步法生产糠醛的第一步是在 98℃ 和 5.8% 硫酸条件下反应 129min，可得到 95% 的戊糖收率。第一步水解后的产物经过滤、脱水处理得到的残渣再用 8% 的硫酸于 120℃ 左右水解 8min，可得到 90% 的葡萄糖收率；葡萄糖用于发酵制酒精，戊糖溶液经硫酸催化脱水最终得到糠醛，糠醛收率为 69%。两步法工艺较为复杂，设备投资高，第二步脱水工艺还不太成熟。随着糠醛生产对原料综合利用要求的提高，发展两步法糠醛的生产工艺、分离原料中的纤维素和半纤维素并分别加以利用，是糠醛工业的发展趋势。

### 5.3.4 生物质制备乙酰丙酸

乙酰丙酸是一种重要的化工原料，其酸性强于同碳数的其他戊酸，更强于碳酸，能发生酯化、取代、缩合和中和反应。同时，乙酰丙酸的特殊结构使它能发生加氢、氧化和不对称还原反应。因此，乙酰丙酸广泛用于手性试剂、活性材料、聚合物、润滑剂、吸附剂、涂料、电池、油墨、医药、农药、电子品等领域中。

早些年间，人们采用不同的碳水化合物，如葡萄糖、蔗糖、果糖和生物质材料如淀粉、植物废渣和农作物废弃物等作为原料，通过与无机酸高温共热，再经分离提纯来获得乙酰丙酸。但是由于存在原料价格高、产率低和缺乏有效的分离提纯方法等限制，乙酰丙酸的生产和应用基本上没有太大的进展。20 世纪 70 年代后，相继开发了利用糠醇催化水解法来制取乙酰丙酸，到 90 年代，开发了利用造纸厂废纤维一步法生产乙酰丙酸，进而生产甲基四氢呋喃。根据原料的不同，乙酰丙酸的生产方法可分为糠醇催化水解法和生物质水解法。

糠醇催化水解法是在酸催化下，糠醇发生水解，进行开环和重排反应，生成乙酰丙酸的过程，主要反应过程如下：

$$\text{(结构式)} \quad -CH_2OH + H_2O \xrightarrow{H^+} H_3C-\underset{\underset{O}{\|}}{C}-CH_2CH_2COOH \tag{5-18}$$

生成乙酰丙酸的关键在于开环和重排反应，其中反应介质对整个反应影响极大。为减少副反应，提高乙酰丙酸产率，采用不同的反应介质和反应条件，形成了各种工艺，如采用盐酸催化剂在较高温度（70～100℃）下的反应、采用有机酸催化剂在较低温度（＜70℃）下的反应以及不使用催化剂直接以乙酰丙酸为溶剂的反应体系等。

生物质水解法中多以含纤维素和淀粉等生物质为原料，在无机酸的催化下高温共热，生物质原料可分解成单糖，再脱水形成 5-甲基糠醛，然后进一步脱羧生成乙酰丙酸。生物质水解法生成乙酰丙酸的主要反应如下：

$$(C_6H_{10}O_5)_n + nH_2O \xrightarrow{H^+} nC_6H_{12}O_6 \tag{5-19}$$

$$C_6H_{12}O_6 \xrightarrow{H^+} \text{(结构式)} \quad HOCH_2\text{—}O\text{—}CHO + 3H_2O \tag{5-20}$$

$$HOCH_2\text{—}O\text{—}CHO \xrightarrow{H^+} H_3C-\underset{\underset{O}{\|}}{C}-CH_2CH_2COOH + HCOOH \tag{5-21}$$

生物质水解法生产乙酰丙酸工艺可分为间歇催化水解和连续催化水解两种形式，其中连续催化水解生产效率高、处理能力大，是一种非常有前途的生产方法。Biofine 公司开发了一种两段连续催化法生产乙酰丙酸工艺，其流程如图 5-23 所示。该工艺以废弃的纤维素为原料，稀硫酸为催化剂，采用两个连续的反应器行催化水解。纤维素原料由贮罐经高压泵打入管式反应器中，高压蒸汽由底部直接通入，于 215～230℃、1.5%～3.5%稀硫酸条件下，连续水解 13.5～16s，纤维素分解为己糖单体和低聚物，半纤维素水解为戊糖和低聚物，进一步水解生成糠醛和 5-羟甲基糠醛。从管式反应器出来的水解物料进入水解反应器，继续在 200～210℃的条件下水解 20～30min，使 5-羟甲基糠醛水解为乙酰丙酸，由水解反应器底部连续流出，收率可达到 70%。

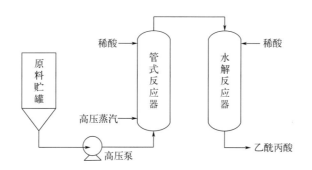

图 5-23　Biofine 公司的两段连续催化法生产乙酰丙酸工艺

# 5.4　生物质制材料技术

以生物质资源为原料，经过物理、化学、生物等加工方法，可制备出具有特殊使用性能的生物质基功能和能源材料。生物质基材料具有原料可再生、减少碳排放、节约能源等特性，部分品类还具有良好的生物可降解性，是新材料产业发展的重要方向，也是引领科技创新和经济发展的新型产业。

## 5.4.1　生物质基聚乳酸

聚乳酸是一种无毒、无刺激性、具有良好生物相容性和可降解性的高强度热塑性聚合物。如图 5-24 所示，生物质基聚乳酸的原料来源于可再生资源，使用生命周期结束后降解产物可回归自然，并可参与生物质资源的再生过程，是一个理想的自然界碳循环过程。在石油资源日益短缺的背景下，生物质基聚乳酸正好满足了人们追求自然、绿色、环保的要求，被公认为是 21 世纪优异的"绿色环保材料"。

聚乳酸作为降解塑料的主要使用形式是薄膜材料、发泡材料、片材和各种形状的制品，被广泛用于农用地膜、包装薄膜和缓冲材料、胶黏剂、办公用品、日用品和电子产品外壳等。聚乳酸还可被加工为聚乳酸纤维，进而制成复丝、单纤、短纤维、假捻变形丝、机织物和非织造布等，用于医用和服装等领域。此外，生物医药行业也是聚乳酸最早开展应用的领域，聚乳酸对人体有高度安全性，并可被组织吸收，加之其优良的力学性能，也广泛应用在生物医药领域。

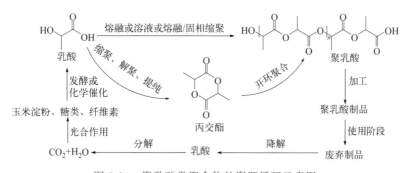

图 5-24　聚乳酸类聚合物的资源循环示意图

（1）乳酸的制备

乳酸是合成聚乳酸的原料，含有一个羟基和一个羧基，具有一定的反应活性。乳酸主要以生物质中的糖类为原料通过糖化、发酵制得。虽然生物发酵法是当前生物质转化制乳酸的主要方法，其条件也温和、所得乳酸光学纯度也高；但该法对原料要求也较高，生产耗时长、成本居高不下。相比之下，化学催化法原料适用性强、利用率高、耗时短、所得产物浓度高，具有更大的优势。

化学催化法是利用均相或非均相催化剂在一定的温度、压力和气氛下将纤维素等原料转化成乳酸的方法。纤维素制备乳酸的反应历程如图 5-25 所示，主要包括四个步骤：① 纤维素水解为葡萄糖；② 葡萄糖异构为果糖；③ 果糖经逆醇醛缩合转化为甘油醛及二羟基丙酮；④ 后两者脱水转化为丙酮醛并最终经过重排生成乳酸。

纤维素的水解需要断裂 $\beta$-1,4-糖苷键，必须依靠酸或碱的催化作用，传统无机酸（如硫酸、盐酸等）、有机酸（苯磺酸、乙酸等）、酸性氧化物及分子筛都可用作该反应的催化剂。纤维素水解为葡萄糖后，为使反应更加偏向转化为乳酸的路径，葡萄糖的异构化十分关键，该反应可通过碱、路易斯酸（一些金属离子或分子筛）催化的手段来实现。涉及 C—C 键断裂的羟醛缩合也是葡萄糖转化制乳酸的关键步骤，该反应也可通过碱或路易斯酸催化的手段来实现。

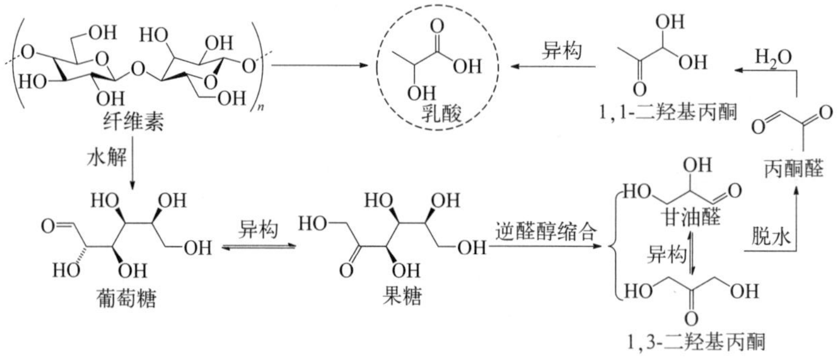

图 5-25　纤维素催化转化生成乳酸的化学反应历程

（2）聚乳酸合成工艺

聚乳酸的合成方法主要两种：①乳酸直接在适当条件下脱水缩合成聚乳酸，该方法简称"缩聚法"或"一步法"；②乳酸先缩合成二聚体——丙交酯，然后开环聚合制得聚乳酸，该方法简称"两步法"。缩聚法工艺成本低、工艺简单，但是制得的聚乳酸分子量较低，机械性能不好。虽然经由丙交酯开环聚合的生产流程长、成本较高，但却能得到高性能的聚乳酸，分子量能达到 70 万～100 万。

## 5.4.2　天然聚多糖及材料

天然聚多糖主要包括纤维素、淀粉、甲壳素和壳聚糖、海藻酸、魔芋葡甘露聚糖以及其他动植物和微生物多糖。天然聚多糖广泛存在于自然界，是取之不尽、用之不竭的可再生资源。天然聚多糖具有特殊的化学结构、不同的生理功能和很高的应用价值，具有较好的安全性、生物相容性和生物可降解性，可以直接制备成各种不同的环境友好材料，还可通过化学、物理和生物改性成为化工原料和新材料。

（1）纤维素及材料

纤维素是自然界最丰富的天然高分子，主要来源于树木、棉花、麻、谷类植物和其他高等植物，具有来源丰富、可生物降解、生物相容性好和易衍生化的特点。纤维素分子内和分子间的氢键作用很强，致使其难溶于水和几乎所有的有机溶剂，通过醚化反应可在纤维素中引入取代基以破坏其强氢键作用，改善亲水性。

纤维素醚的种类繁多，目前能够合成和具备大规模生产条件的有二十余种，表 5-6 列出了几种重要纤维素醚的功能基、取代度范围以及溶解性，随着取代基和取代度的不同，纤维素醚在溶剂中表现出不同的溶解性，并显示不同的用途。纤维素醚类有许多重要的性质，例如溶液增稠作用、保水性、成膜性和黏合性等。此外，部分纤维素醚还具有热致凝胶作用、表面活性作用、泡沫稳定性、触变性和离子活性等。这些优良的性质，使纤维素醚广泛应用于合成洗涤剂、石油、采矿、纺织、造纸、聚合反应、食品、医药、化妆品、涂料及建材各个方面，有"工业味精"之称。

表 5-6　几种重要的商业纤维素醚

| 产品名 | 全球产量/ $t \cdot a^{-1}$ | 功能基 | 取代度 | 溶解性 |
|---|---|---|---|---|
| 羧甲基纤维素（CMC） | 300000 | —CH$_2$COONa | 0.5～2.9 | 水 |
| 甲基纤维素（MC） | 150000 | —CH$_3$ | 0.4～0.6 | 4% NaOH 水溶液 |
| 乙基纤维素（EC） | 4000 | —CH$_2$CH$_3$ | 0.5～0.7 | 4% NaOH 水溶液 |
| 羧乙基纤维素（HEC） | 50000 | —CH$_2$CH$_2$OH | 0.1～0.5 | 4% NaOH 水溶液 |

在强酸溶液中，纤维素还可通过亲核取代反应生成纤维素酯，纤维素酯可作为涂料的添加剂、改性树脂和成膜剂。作为涂料的添加剂时纤维素酯具有一系列优异性质，如改善流动性和均匀性、缩短固化时间、阻止涂料层变黄、改善喷雾性以及防止龟裂等。纤维素酯还可作为肠衣覆盖层、疏水型母料以及半渗透膜在药物的传送过程中起重要作用，并用于农业活性物质、香料和聚合物添加剂的控制释放。纤维素酯也是一种热塑性材料，具有良好的力学性能和光学性能，大量用作光学介质，是生产胶卷和液晶显示器的优良材料。纤维素酯还能用于生物薄膜分离介质，其中纤维素硝酸酯和醋酸酯就是非常理想的生物膜分离材料。

通过氧化还可在纤维素分子链上引入羰基、羧基或酮基，形成氧化纤维素。氧化纤维素作为纤维素衍生物的一种，具有良好的生物相容性、可生物降解性，对环境友好且无毒，在医疗卫生、功能材料和纺织等领域得到了广泛应用。此外，纤维素还可通过交联改性、接枝共聚改性以及均相化学修饰制得具有特殊性能的纤维素改性材料，具有更广阔的用途。

（2）纤维素纤维及复合材料

如图 5-26 所示，天然纤维素纤维是一种由木质素、半纤维素和纤维素微纤等组分构成的绿色复合材料，非晶木质素和半纤维素将纤维素纤维连接在一起形成层状。除棉花外，天然纤维素纤维的成分均为纤维素、半纤维素、木质素、果胶、蜡状物和少量水溶物，其中纤

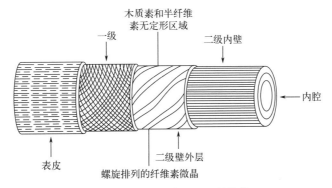

图 5-26　天然纤维素纤维的结构模型

维素、半纤维素和木质素为主要成分。由于天然纤维素纤维具有较高的强度、硬度及相对较低的密度，常被用作增强复合材料的增强纤维。生长环境条件的不同使天然纤维的结构有很大差异，并使各种天然纤维素具有不同的性能参数，通过不同的处理技术，可以将天然纤维制备成多种形态的、具有不同力学性能的增强元素。从表5-7可以看出，原始木头的模量为10 GPa，而从木头中分离出来的木纤维的模量为40 GPa，通过进一步水解得到的纤维素微纤的模量为70 GPa，据估算纤维素链的模量高达250 GPa。

与无机玻璃纤维相比，纤维素纤维具有可再生、来源丰富、不受地域限制、价廉、密度低、比模量和比强度高等诸多优点。但纤维素纤维是极性的，且亲水，而大多数树脂基体是疏水的，因而很难将纤维均匀分散在基体内。此外，受纤维的分解温度（230℃）限制，纤维素增强复合材料的加工温度必须控制在200℃以内，难以与一些高熔点的聚合物基体（如聚乙烯、聚丙烯、聚酯和聚碳酸酯等）复合。为了使纤维素纤维达到理想的复合效果，通常采用物理和化学方法处理天然纤维，从而改变其表面化学结构，控制纤维的表面能。物理方法包括热处理、混纺纱和拉伸等。化学处理方法一般是在纤维表面接入基团，以降低天然纤维素纤维的亲水性、增加天然纤维素与疏水高分子的表面相容性。通过自由基引发聚合，在纤维表面接枝共聚改性就是一种比较有效的化学处理方法。

表 5-7　天然纤维素结构形态与模量的关系

| 处理方法 | 制浆 | | 水解 | |
|---|---|---|---|---|
| 组分 | 植物 | 纸浆纤维 | 微纤 | 晶体 |
| 杨氏模量/GPa | 10 | 40 | 70 | 250 |
| 结构 | | | | |

### 5.4.3　木质素及材料

木质素是植物中仅次于纤维素的第二大天然高分子，原木木质素是一种白色或接近无色的不溶性固体，相对密度大约在1.35～1.50之间，比表面积大、质轻，有较高的热值。通常所见的木质素呈现出不同深浅的颜色，这是在分离、制备过程中造成的。木质素分子含有很多种类的活性官能基，易于被化学修饰，具有可再生、可降解和无毒等优点。

目前，木质素已经被广泛应用于开发酚醛树脂、聚氨酯、环氧树脂和离子交换树脂等材料，并作为廉价的生物质填料用于制备改性橡胶、聚烯烃、聚酯、聚醚等合成高分子材料，还可与天然高分子复合制备可生物降解的环境友好材料。这些材料在塑料、胶黏剂、泡沫和薄膜材料等领域都得到了广泛应用。此外，木质素及其衍生物作为增稠剂、絮凝剂和表面活性剂，被广泛应用于石油开采、污水处理、纳米纤维的制备等领域。

虽然木质素在材料领域的研究和应用已经取得了长足的进步，但是关于木质素实际应用的成功例子并不多，这主要归因于木质素复杂的多级结构。目前，在生物质资源综合利用的趋势下，木质素及材料的研究和开发面临着机遇和挑战，亟须加强对木质素及其材料结构和性质的认识，探索出开发木质素高价值应用的新思路。

如图 5-27 所示，木质素的分子结构中含有芳香基、酚羟基、醇基、羰基、甲氧基、羧基、共轭双键等活性基团，可以进行多种类型的化学反应。木质素的化学反应可以分为芳香核选择性反应和侧链反应两大类。在芳香核上优先发生的是卤化和硝化反应，此外还有羧甲基化、酚化、接枝共聚等。侧链官能团的反应主要是烷基化和去烷基化、氧烷基化、甲硅烷基化、磺甲基化、氨化、酰化和酯化等。此外，木质素通常还能进行氢解、氧化、还原以及聚合等反应。这些反应是修饰木质素结构并强化官能团的基础，是制备木质素基高分子材料的基本途径。

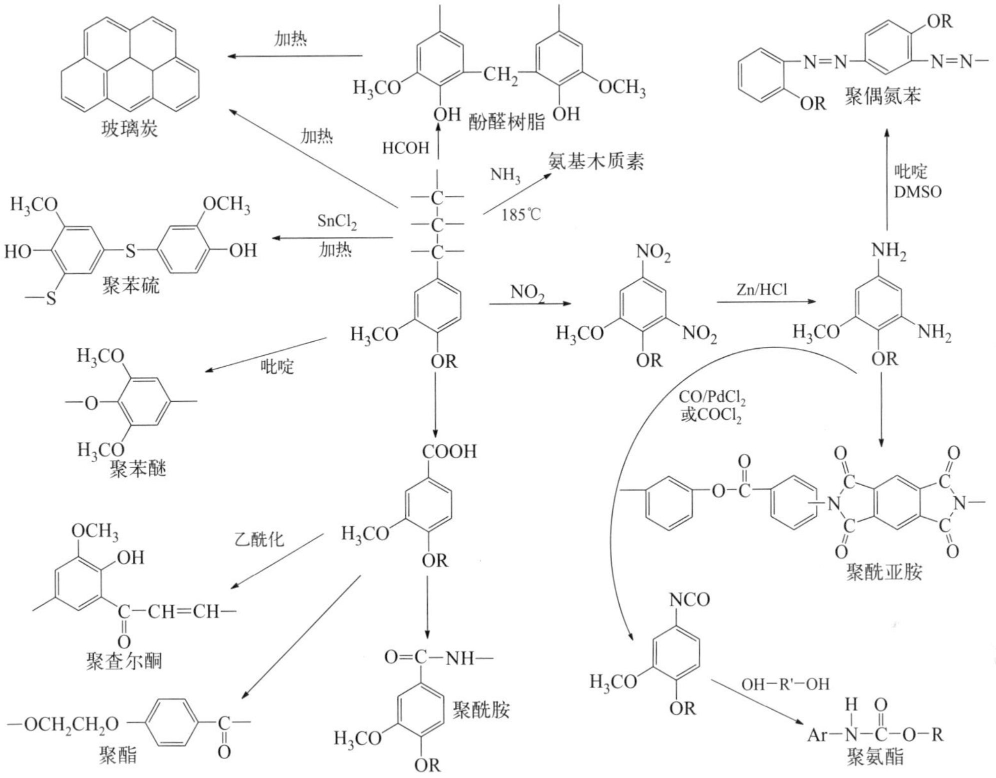

图 5-27　木质素通过化学反应制备材料的示意图

## 5.4.4　生物质纳米材料

生物质纳米材料是具有生物功能的有机聚合物，几乎存在于所有的动物、植物体内。从棉花、蟹壳和玉米等生物质中能分别提取出纤维素晶须、甲壳素晶须和淀粉纳米晶，植物中的主要成分木质素能自发聚集形成超分子聚集体。这些生物质纳米材料均是有序结构组合体，是一类重要的生物质基材料，用途很广泛。

（1）纤维素纳米晶

纤维素纳米晶体是一种刚性的棒状纤维素晶体，长度在 100nm 到几微米之间，直径在 5～30nm 之间，具有较高的长径比、结晶度和比表面积等。与普通纤维材料相比，纤维素纳米晶具有极高的杨氏模量、拉伸强度和刚度，并且同时具备密度低的特点，其杨氏模量可达 150GPa，可媲美于钢铁、玻璃、碳纤维和低密度聚乙烯。纤维素纳米晶的常规制备方法有酸水解法、酶解法和氧化法。目前，酸水解法是常用的方法，主要采用较高浓度的无机酸，如盐酸、硫酸和磷酸等，其中硫酸最为常用。如图 5-28 所示，硫酸水解过程中破坏了纤维素的无定形区，纤维素表面的羟基被硫酸酯基团所取代，制得带有负电荷的纤维素纳米晶，从而在水中形成稳定的悬浮液。

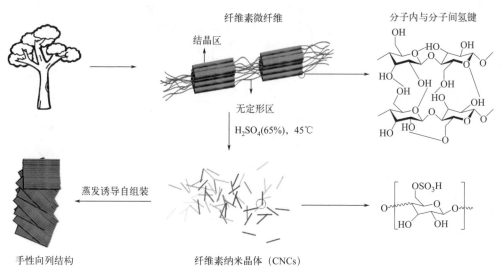

图 5-28　利用酸水解制备纤维素纳米晶体

纤维素纳米晶可用作增强填料及其改性材料、药物载体和细胞支架等生物医药材料、光电功能材料、吸附/分离材料、传感检测材料、催化材料、乳化剂、增稠剂与黏合剂等，在健康、信息、环境、能源、建筑、包装、加密防伪、国防军工等领域广泛应用。

（2）甲壳素晶须

甲壳素晶须是指在人工控制条件下以单晶形式存在的一种甲壳素纤维，由甲壳素分子有序堆积而成。由于甲壳素晶须直径非常小，其原子排列高度有序，不存在晶体缺陷，因而甲壳素晶须的强度接近于完整晶体的理论值。与纤维素晶须类似，甲壳素晶须也是一种棒状纳米微晶，不同生物质来源所提取的甲壳素晶须在结构形态以及尺寸上略有差别。图 5-29 为不同来源生物质材料提取的甲壳素晶须透射电镜图，其中鱿鱼晶须 $L=50\sim300nm$，$d=10nm$，$L/d=15$；蠕虫晶须 $L=0.5\sim10\mu m$，$d=18nm$，$L/d=120$；红蟹晶须 $L=100\sim300nm$，$d=15nm$，$L/d=16$。

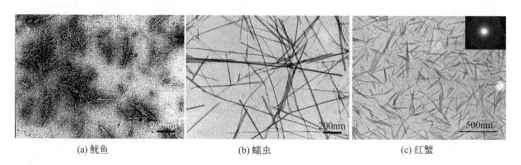

(a) 鱿鱼　　　　　　　　(b) 蠕虫　　　　　　　　(c) 红蟹

图 5-29　不同来源生物质材料提取的甲壳素须晶结构

（3）淀粉纳米晶

淀粉纳米晶主要由支链淀粉构成。不同的淀粉存在直链淀粉和支链淀粉含量以及化学结构差异，同时，提取条件对淀粉不定形区和结晶区的破坏程度也不同。因此，提取的淀粉纳米晶虽然同为片层结构，但在结构方面存在微弱差别。通常，采用盐酸或硫酸在一定条件下降解玉米淀粉，得到的淀粉纳米晶呈碟状，厚度为 6～8nm，长度为 40～60nm，宽度为 15～30nm。图 5-30 为几种淀粉纳米微晶的形貌，虽然都以糯米淀粉为原料，采用硫酸水解方法制备的淀粉纳米晶呈现片层状，而采用酶法水解制备的淀粉纳米晶呈球形结构，直径在 80～150nm 之间。采用盐酸水解-乳液聚合方法制备的淀粉纳米晶则呈现出草莓状，单体纳米晶之间和球型颗粒直径分别约为 30nm 和 280nm。

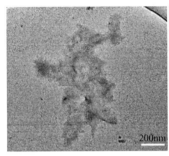 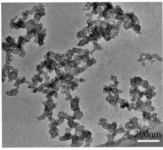 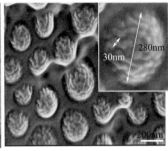 

(a) 硫酸水解糯米淀粉　　　　(b) 酶水解糯米淀粉　　　　(c) 盐酸水解-乳液聚合糯米淀粉

图 5-30　几种不同原料和制备方法所得淀粉纳米微晶

## 思考题

1. 草本木本植物三大组分的组成和结构有什么特点？
2. 生物质柴油的制备方法和催化剂有哪些类型？
3. 相比其他热化学转化工艺，生物质高压液化工艺有何特点？
4. 以生物质为原料有哪些制氢方法，原理分别是什么？
5. 生物质的组成有什么特点，其中含有哪些高附加值化合物？
6. 以生物质为原料的化学品制备路径有哪些？
7. 以生物质为原料的材料制备路径有哪些，这些材料有何应用？

思考题答案

## 参考文献

[1] 黄进，夏涛，郑化．生物质化工与生物质材料．北京：化学工业出版社，2009.

[2] 肖波，马隆龙，李建芬，等．生物质热化学转化技术．北京：冶金工业出版社，2016.

[3] 朱锡锋，陆强．生物质热解原理与技术．北京：科学出版社，2015.

[4] Haaj S B, Thielemans W, Magnin A, et al. Starch nanocrystal stabilized pickering emulsion polymerization for nanocomposites with improved performance. ACS Applied Materials Interfaces, 2014, 6: 8263-8273.

[5] Zhao X, Xu Z, Xu H, et al. Surface-charged starch nanocrystals from glutinous rice: Preparation, crystalline properties and cytotoxicity. International Journal of Biological Macromolecules, 2021, 192: 557-563.

[6] 任学勇，张扬，贺亮．生物质材料与能源加工技术．北京：中国水利水电出版社，2016.

[7] Gopalan N K, Dufresne A. Crab shell chitin whisker reinforced natural rubber nanocomposites. 1. Processing and swelling behavior. Biomacromolecules, 2003, 4: 657-665.

[8] Morin A, Dufresne A. Nanocomposites of chitin whiskers from riftia tubes and poly ( caprolac-

tone）. Macromolecules, 2002, 35: 2190-2199.

[9] Paillet M, Dufresne A. Chitin whisker reinforced thermoplastic nanocomposites. Macromolecules, 2001, 34: 6527-6530.

[10] 李孟情, 李仁爱, 张宏壮, 等. 纤维素纳米晶柔性功能光子材料的制备及应用研究进展. 功能材料, 2022, 53（12）: 12053-12064.

[11] 王洪亮, 杨景雅, 梁明珠. 生物质转化制备乳酸及其酯类物质研究进展. 精细化工, 2021, 38（12）: 2438-2449.

[12] 李陆杨, 朱林峰, 漆新华. 生物质及其衍生糖类制备乳酸的研究进展. 农业资源与环境学报, 2017, 34（04）: 309-318.

[13] 高振华, 邸明伟. 生物质材料及应用. 北京: 化学工业出版社, 2008.

# 第6章
# 储能技术

储能是指通过介质或设备把能量存储起来，在需要时再释放的过程。近几十年来，储能技术的研究和发展一直受到各国能源、交通、电力、电信等部门的重视。当前，储能是新能源规模化发展的重要支撑，是电动汽车的核心部件，是现代电网的重要组成部分，也是构建能源互联网的关键支撑技术。本章在了解储能技术概况的背景下，重点介绍电化学储能技术、储热和储氢技术以及超级电容器技术。

## 6.1  储能技术概述

在能源开发利用的历史进程中，能源的存储与利用能力在不断地改善，遵循着从低密度到高密度、从低品质到高品质和从分散到集中的总导向。在低碳发展与能源革命的大背景下，新能源得到了快速发展，未来的能源结构是多元化的，将以间歇性新能源为主体，新旧能源并存。储能可以实现大量分布式、低密度、随机性和间歇性新能源的大规模聚集存储。从这个意义上说，未来的能源革命与能源转型在很大程度上依赖于储能技术的突破。

### 6.1.1  储能基本概念

储能科学与技术是一门具有悠久历史的工程交叉学科，进入21世纪以来，呈现出快速发展的态势。储能即能量存储，具体是指通过某种介质或设备，将一种能量用相同或不同形式的能量存储起来，在某一时刻再根据需要以特定的形式进行释放的过程。广义的储能包括一次能源（原煤、原油、天然气、核能、太阳能、水能、风能等）、二次能源（电能、氢能、煤气、汽油等）和热能等各种形式的能量存储。从狭义上讲，储能是指利用机械、电气、化学等方法将能量存储起来的一系列技术和措施。本书介绍的储电、储热和储氢即属于狭义的储能。

储能过程往往伴随着能量的传递和形态的变化。虽然储能的类型较多，工作机理也存在差异，但储能的基本特性一般可通过以下指标进行描述。

① 存储容量。顾名思义，存储容量是指储能系统所能存储的有效能量，主要用于描述储能系统对能量的存储能力。

② 实际使用能量。实际使用能量是指储能系统在应用过程中所能释放的有效能量，主要用于描述储能系统对能量的释放能力。

③ 能量转换效率。能量转换效率是指储能系统在完成某次充放电循环后，所能释放的

有效能量与所能存储的有效能量的比值。由于能量在存储过程中会产生损耗，因此能量转换效率小于1。

④ 能量密度。能量密度可分为质量能量密度与体积能量密度，分别对应单位质量或体积的储能系统所能存储的有效能量。

⑤ 功率密度。与能量密度类似，功率密度可分为质量功率密度与体积功率密度，分别对应单位质量或体积的储能系统所能输出的最大功率。

受储能材料限制，储能系统通常难以兼具较高的能量密度和功率密度。比如，抽水蓄能系统的能量密度较大，但功率密度较小；蓄电池的功率密度普遍较高，但能量密度往往偏小。

⑥ 自放电率。自放电率是指储能系统在单位时间内的自放电量，主要用以反映储能系统对所存储能量的保持能力。

⑦ 循环寿命。储能系统每经历一个完整的能量存储和释放过程，便称为一个循环。储能系统在寿命周期内所能实现的最大循环次数，称为循环寿命。

⑧ 其他指标。除上述指标外，常用的储能技术指标还包括技术成熟度、兼容性、可移植性、安全性、可靠性和环保性等。

## 6.1.2 储能的作用

现代能源体系的建立需要对传统能源系统的各个环节进行变革。在能源供应侧，大量间歇性、随机性和可调度性低的新能源将逐渐取代可控的传统化石能源成为主力电源。在能源消费侧，以电动汽车为标志的再电气化序幕已经拉开。在能源输配侧，电网作为基础能源配置平台将面临源荷双侧强不确定性的冲击，各种安全稳定问题不断出现。此外，在能源的供应、消费和输配链条中，不同能源间的相互转化与互补互济将成为常态。在上述能源体系变革过程中，储能将扮演核心角色，以下将进行具体分析。

（1）储能是新能源规模化发展的重要支撑

由于风能、太阳能等新能源的波动性、随机性以及反调峰、极热无风、晚峰无光等特性，新能源的规模化并网消纳极为困难，轻则产生"弃风、弃光"现象，重则诱发大规模连锁脱网事故，给系统安全运行带来严重威胁。储能技术是支撑高比例新能源并网的关键技术。一方面，通过引入储能系统，可以实现太阳能、风能等新能源发电功率的平滑输出，降低新能源并网给系统带来的冲击，提高新能源的并网消纳率。另一方面，通过引入储能系统，可有效控制电网电压、频率及相位变化，提高新能源电力系统的安全性及电能质量，从根本上促进新能源的开发利用。

（2）储能电池是电动汽车的核心部件

电动汽车的动力由电机和电池提供。其中，电机技术经过200余年的发展已非常成熟，在低噪声、零排放等方面相对于燃油机均具有显著优势。未来随着电池循环寿命的提高和容量的增大，电动汽车中的电池系统还可以作为一个存储单元与电网进行互动，从而降低用电成本。另一方面，储能电池系统还能在汽车减速制动过程中，将汽车的部分动能转化为电能并存储起来，降低能耗。这将进一步提高电动汽车的经济性，从根本上促进电动汽车的发展。

（3）储能是现代电网的重要组成部分

作为能源生产与供应的基础平台，现代电网的安全稳定运行面临严峻挑战。一方面，风电、光伏发电、核电等可控性较低的电源占比将不断提高；另一方面，风力发电、光伏发电等新能源因受自然条件的制约而更为分散，通过微电网就地消纳可能更为经济、高效与便捷。所有这些能源结构与电网结构的变化，都对电力系统的灵活调节能力提出了非常高的要求。储能作为最具代表性的灵活调节资源，既可以平抑新能源的波动性和间歇性，实现削峰填谷，又可以参与系统调频调压，确保系统安全稳定运行。

（4）储能是构建能源互联网的关键支撑技术

能源互联网能够实现电能、热能和化学能等多种能源的相互转换，使能量可以在电网、气网、热力网和交通网等能源网络之间流动，提高能源的综合利用率。不同形式的能源存储方式，可以调节多种能源之间的耦合关系，使其变得更为可控，是构建能源互联网的关键支撑技术。

### 6.1.3 储能的分类

储能具有多种分类方法。根据储能载体的类型，储能一般可分为机械类储能、电气类储能、电化学储能、热储能和氢储能五大类，具体如图 6-1 所示。根据储能的作用时间的长短，可将储能分为分钟级以下储能、分钟至小时级储能和小时级以上储能，具体分类方法和应用场景见表 6-1。

接下来将按图 6-1 所示的分类方法对各种储能技术进行简要介绍。考虑到储能技术的成熟度、应用广泛性等因素，本章后续章节将按照电化学储能、热储能、氢储能和超级电容器储能的顺序进行详细介绍。

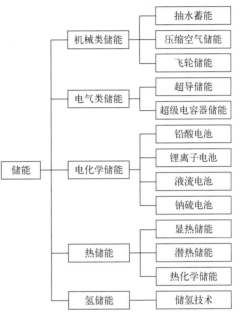

图 6-1　储能的不同载体技术类型分类

表 6-1　不同的储能类型及其特点、应用场景

| 时间尺度 | 主要储能类型 | 运行特点 | 主要应用场景 |
|---|---|---|---|
| 分钟级以下 | 超级电容器<br>超导储能<br>飞轮储能 | 动作周期随机；<br>毫秒级响应速度；<br>大功率充放电 | 辅助一次调频；<br>提高系统电能质量 |
| 分钟至小时级 | 电化学储能 | 充放电转换频繁；<br>秒级响应速度；<br>能量可观 | 二次调频；<br>跟踪计划出力；<br>平滑新能源发电；<br>提高输配电设施利用率 |
| 小时级以上 | 抽水蓄能<br>压缩空气储能<br>储热<br>储氢 | 大规模能量存储 | 削峰填谷；<br>负荷调节 |

（1）机械类储能

目前，应用在电力系统中的机械类储能技术主要包括抽水蓄能、压缩空气储能和飞轮储能。其中，抽水蓄能技术已非常成熟，在电力系统中得到了广泛应用。压缩空气储能技术成熟度相对较高，目前已进入产业化阶段。与前两者相比，飞轮储能的技术成熟度不高，仍然

处于产业化的初级阶段。

① 抽水蓄能　抽水蓄能是以水为能量载体，实现能量存储和利用的一种储能技术。在电力系统处于负荷低谷时，通过电动机机械做功，把下游水库的水抽到上游水库，从而将过剩的电能转换成水体势能存储起来。在负荷高峰时，通过发电机将存储在上游水库的水体势能转换成电能以供应电力系统的尖峰电量。抽水蓄能具有调峰、调频、调相、紧急事故备用、黑启动等功能，在电力系统中的应用最为广泛。

② 压缩空气储能　压缩空气储能是以压缩空气为载体实现能量存储和利用的一种储能技术。储能时，受电能或机械能的驱动，压缩机从环境中吸取空气，将其压缩至高压状态后存入储气装置，电能或机械能在该过程中被转化为压缩空气的内能和势能。释能时，储气装置中存储的压缩空气进入空气透平中膨胀做功发电，压缩空气中蕴含的内能和势能在该过程中被重新转化为电能或机械能。由此可见，和抽水蓄能一样，压缩空气储能也是一种采用机械设备实现能量存储和转换的物理储能技术。压缩空气储能广泛用于电源侧、电网侧和用户侧，发挥调峰、调频、容量备用、无功补偿和黑启动等作用。

③ 飞轮储能　飞轮储能系统是电能与飞轮机械能的一种转换装置。储能时，电机驱动飞轮高速旋转，将电能转化为机械能存储起来；释能时，电机处于发电机运转状态，使飞轮减速，将机械能转化为电能。飞轮储能具有寿命长、充电时间短、功率密度大、转换效率高、对环境友好和几乎不需要维护等优点；其缺点是储能密度低，自放电率较高。飞轮储能主要适用于电能质量控制、不间断电源等对储能调节速率要求高、但储能时间短的场景。

（2）电气类储能

电气类储能主要包括超导储能和超级电容器储能，前者将电能存储于磁场中，后者将电能存储于电场中。电气类储能在功率密度和循环寿命方面有巨大的优势，可减小电网瞬间断电的影响，抑制电网的低频功率振荡，改善电压和频率特性。

① 超导储能　超导储能利用超导线圈将电能转换成电磁能进行存储，在需要时再对电能进行释放。超导储能具有毫秒级响应速度、比功率大（$10^4 \sim 10^5 \mathrm{kW/kg}$）、储能密度大（$10^8 \mathrm{J/m^3}$）、转换效率高（$\geqslant 95\%$）、易于控制和无污染等特点，但目前主要处于示范应用阶段，离大规模应用仍有较大距离。

② 超级电容器储能　超级电容器储能是将电能存储于电场中的一种储能形式。超级电容器由活性炭多孔电极和电解质构成，其电容值达法拉级以上，是一种新型储能元件。超级电容器在储能过程中遵循电化学双电层理论，通过电极与电解液形成界面双电层以收纳电荷，从而实现能量的存储。超级电容器在充放电过程中几乎不发生化学反应，因此其循环寿命长、充放电速度快。超级电容器的正常工作温度范围在 $-35 \sim 75 ℃$ 之间，可适应恶劣环境温度。此外，超级电容器还具有功率密度高、内阻小、维护保养成本低和对环境友好等优点。其缺点是续航能力相对较差，并依赖石墨烯等新材料的发展。目前，超级电容器储能通常应用于提高电能质量等场景。

（3）电化学储能

电化学储能通过电化学反应实现电能与化学能之间的相互转换，这对应于电能的存储和释放过程，近年来该技术的发展极为迅速。根据温度的差异，电化学储能可分为室温电池和高温电池两类。其中，室温电池主要包括铅酸电池、锂离子电池和液流电池；高温电池主要为钠硫电池。一般认为，电化学储能的投资成本低于 250 美元/kW•h、储能寿命超过 15 年（4000 个充放电次数）和储能效率高于 80% 时，具有较大的规模化应用前景。目前，铅酸电池和离子电池已实现了大规模产业化，特别是高比能锂离子池在电动汽车领域得到了广泛应用。

① 铅酸电池　铅酸电池根据铅在不同价态之间的固相反应实现充放电过程。传统铅酸电池的电极由铅及其氧化物制成,电解液为硫酸溶液,在充电状态下,正极的硫酸铅转化为二氧化铅,负极的硫酸铅转化为铅;放电过程恰好相反,正极的二氧化铅与硫酸反应后转化为硫酸铅和水,负极的铅与硫酸反应后转化为硫酸铅。铅酸电池具有安全可靠、价格低廉和性能优良等优点,是目前应用最为广泛的电池之一。然而,铅是非环保材料,容易引发环境污染问题。为了实现铅酸电池的回收利用,欧美等发达国家已形成具有一定循环封闭性的铅酸电池产业链,废旧铅蓄电池的回收率可以达到 97%。

② 锂离子电池　锂离子电池是一种可充电的二次电池,主要依靠离子在正极和负极之间的移动进行能量存储与释放。锂离子电池一般以钴酸锂、锰酸锂和磷酸铁锂等锂的化合物为正极材料,以石墨、软碳、硬碳和钛酸锂等锂-碳层间化合物为负极材料,电解液为含有锂盐的有机碳酸盐电解液。充电时,正极的锂原子变为锂离子,通过电解质向负极移动,在负极与外部电子结合后被还原回锂原子进行存储;放电过程正好与此相反。锂离子电池的能量密度高,自放电率低,寿命长,且无记忆效应,易于快充快放,但成本偏高。随着技术的发展以及成本的下降,近年来锂离子电池的应用规模越来越大,前景被广泛看好。

③ 液流电池　液流电池的全称为氧化还原液流电池,其工作原理是先将活性物质溶解于正负储液罐的溶液中,利用送液泵使电解液不断循环,并在正负极发生氧化还原反应,从而实现电池的充电与放电。与一般电池不同,液流电池以氧化还原反应堆为活性物质,这些活性物质以离子状态存在于液体电解质溶液中。液流电池的功率主要由电堆决定,容量则主要取决于电解液容量。液流电池具有寿命长、自放电率低、环境友好和安全性高等优点,缺点是能量效率和能量密度均不高。目前,全钒液流电池、锌溴液流电池等已初步实现了商业化应用。

④ 钠硫电池　钠硫电池是一种以熔融金属钠为负极,以熔融态的硫为正极和以陶瓷管为电解质隔膜的熔融盐二次电池。通过钠与硫的化学反应将电能存储起来,待电网需要用电时,再将化学能转化为电能释放出去。钠硫电池具有体积小、容量大、寿命长和效率高等优点。此外,钠硫电池的稳定性较强,在输入和输出电流突增至额定值 5～10 倍的情况下,依然可以稳定地进行能量存储与释放。目前,钠硫电池主要应用于电网削峰填谷、大规模新能源并网、辅助电源等领域。

(4) 热储能

热储能即储热技术,有两个关键环节,首先是热能的传递,即选用合适的传热工质和换热器结构,使得储热系统能够高效地在热能富余时从热源吸热,并在热能短缺时向负载供热;其次是热能的存储,即选取合适的储热材料及盛放储热材料的容器,使得整个储热系统在大量充、放热的过程中保持稳定性,而且将热能损失降到最低。储热方式主要有显热储热、潜热储热(也称为相变储热)和热化学储热。

① 显热储热　显热储热主要利用储热材料温度的变化进行热量存储与释放。按储热材料的差异,显热储热可分为固体显热储热和液体显热储热两种。显热储热是发展最早、技术最成熟和应用最广的储热方式之一,但也存在储热密度低、储热时间短、温度变化大及储热系统庞大等缺点。

② 潜热储热　潜热储热利用物质在凝固/熔化、凝结/气化、凝华/升华等过程需要吸收或放出相变潜热的原理进行储热,所以也被称为相变储热。相变形式包括"固-液""液-气""气-固""固-固"四种,其中以"固-液"相变最为常见。相较于显热储热技术,潜热储热有着更高的储热密度,而且由于充、放热过程均发生在相变材料的相变点附近,潜热储热技术有着更高的稳定性。

③ 热化学储热 热化学储热技术通过可逆的化学吸附或化学反应存储和释放热能。热化学储热的密度远高于显热储热和相变储热，既可以对热能进行长期存储，还可以实现冷热复合存储，其热量损失小，在余热/废热回收等领域得到了广泛应用。目前，国内外的热化学储热技术都处于研发阶段，尚未实现商业化。

（5）氢储能

氢储能的基本原理是将水电解得到氢气，并以高压气态、低温液态和固态等形式进行存储。氢气具有燃烧热值高、大规模存储便捷、可转化形式广和环境友好等优点，受到了能源行业的高度重视，具有极大的发展潜力。其缺点是能量转换率相对较低。此外，目前的氢储能技术的成本仍然比较高，这也在一定程度上阻碍了氢储能技术的规模化应用。

## 6.1.4 储能现状及挑战

纵观全球储能项目的实施情况，整个产业总体在向前发展，市场也在逐渐扩大，成为各国布局的重要新兴产业。

近年来，我国的储能行业发展迅速，2015～2020 年的发展情况如图 6-2 所示。在此期间，我国储能项目的累计装机规模在逐年增长，2020 年达到了 35.6GW，同比增长 9.88%，其中，电化学储能项目的发展最为迅速，2020 年达到了约 3.2GW，同比增长 91.23%，新增装机规模首次突破 1GW 大关。从我国储能市场累计装机分布情况上看（图 6-3），截至 2020 年年底，抽水蓄能的累计装机规模最大，达到 31.79GW，电化学储能的累计装机规模位列第二，其中又以锂离子电池为主，累计装机规模为 2.9GW。

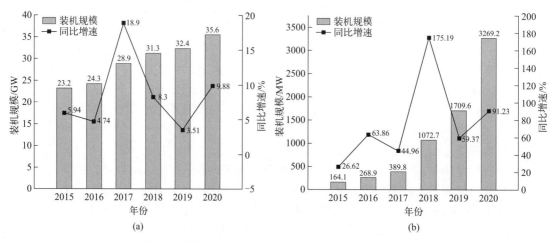

图 6-2 2015～2020 年我国储能项目累计装机规模（a）和电化学储能项目累计装机规模（b）

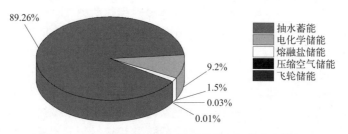

图 6-3 2020 年我国储能市场累计装机规模分布情况

从图 6-4 可见，储能在我国电力系统各个环节的应用差异较大。其中，储能在电源侧辅助服务与新能源联合运行两个方面的应用最广，分别达到 31.38% 和 30.90%；在电网侧的应用位列第三，达到了 21.41%；在用户侧削峰填谷的应用占比也达到了 10.78%；而在分布式微网中的应用最少，仅为 5.53%。

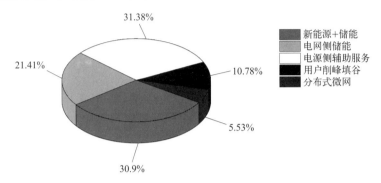

图 6-4　2020 年我国电化学储能应用场景

尽管我国储能产业呈现多元、快速发展的良好态势，但不可否认的是，受政策、技术成本等因素影响，我国储能在大规模产业化的进程中仍面临以下挑战：

① 储能缺乏长效机制，收益存在较大的不确定性。一方面，目前我国的储能市场仍以政策驱动为主，缺乏配套的使用细则和行为规范，某些地方甚至存在"朝令夕改"的现象，无法形成长效机制。另一方面，我国仍处于电力市场建设的初始阶段，缺少有针对性的储能交易品种与机制，盈利模式不够清晰。这些在很大程度上增加了投资的不确定性，阻碍了储能的规模化发展。

② 储能的技术和非技术成本过高，不具备大规模应用的条件。一方面受储能原材料、技术发展水平等限制，储能的技术成本较高；另一方面，受国内储能电站建设、并网验收、融资等环节的影响，储能的非技术投资成本也被无形拉高了，使之成为制约储能行业发展的重要因素之一。

③ 储能的标准体系尚未完善，影响了行业的良性发展。储能的种类较多，应用场景多样，如果缺少相应的标准体系，可能造成储能产品的技术规格和参数在设计、运输、安装、调试、运维等环节出现不匹配现象。此外，标准体系的缺失会造成使用者对储能系统的性能指标认识模糊，管理者也难以实施规范的监督，易引发相关安全问题。

④ 储能的系统集成技术不够成熟。为了满足大容量的储能应用要求，需要对小容量的电化学储能等进行集成应用，具体涉及状态监测、系统控制、设备优化匹配、电池健康及安全联动保护管理等多个环节，任意一个环节出现问题，都会影响到整个储能系统的技术性能。

为解决上述问题，可以采取以下几个方面的措施：
① 加强国家规划对于储能行业发展的引领作用；
② 提高各省区政策的稳定性和可持续性；
③ 建立更为完善的储能价值评价体系；
④ 建立储能市场机制，促进储能的规模化应用；
⑤ 加快建立储能技术及应用标准体系。

## 6.1.5　未来储能发展方向

（1）成熟的交易机制与商业模式将促使储能产业健康发展

目前的储能配置仍以政策驱动为主，受储能成本、寿命等因素的制约，储能离商业化发展和盈利仍存在一定的困难。然而，随着储能成本的下降、寿命的提高以及交易机制的完善和商业模式的成熟，储能的收益将不断提高。

（2）能源转型呼唤更高比例、更具价值的储能系统

能源转型对储能提出了极高的要求。随着越来越多的新能源并网发电，由于风电、光伏等新能源发电直接受天气影响，加上分布式新能源发电系统的多样性，以新能源为主体的新型电力系统的协调控制难度不断增大，迫切需要高配比储能的参与。

（3）新基建时代将赋予储能系统更丰富的内涵

储能技术可广泛应用于5G基站建设、特高压、城际高速铁路和城市轨道交通、电动汽车充电桩、大数据中心、人工智能、工业互联网等领域，是新基建不可或缺的组成部分。反过来，新基建的发展也将给储能的发展带来新的机遇，赋予储能系统更丰富的内涵。

（4）共享储能将使储能的应用更为便捷与高效

对于储能而言，共享经济同样有望发挥巨大作用。一方面，不同新能源场站或用户对储能资源的需求具有时间上的互补性，通过共享储能可以显著提高储能资源利用率；另一方面，分散在电网中的储能资源具有空间上的互补性，通过就近调用储能资源，可以有效降低网损，提高系统运行的经济性。

# 6.2 电化学储能技术

电化学储能利用化学元素作为储能介质，充放电过程伴随储能介质的化学反应或者价态变化，主要包括锂离子电池、液流电池和其他电化学电池等。电化学储能技术在整个电力行业的发电、输送、配电以及用电等各个环节都得到了广泛应用。相比抽水蓄能，电化学储能具备较大的发展潜力，受地理条件影响较小，建设周期短。同时，随着成本持续下降、商业化应用日益成熟，电化学储能技术在众多储能技术中进步最快。随着全球新能源的普及、电动汽车产业的迅速发展以及智能电网的建设，电化学储能技术成为影响新能源发展的重要环节。

## 6.2.1 锂离子电池技术

1970年，埃克森公司的M. S. Whittingham分别采用硫化钛和金属锂作为正负极材料，制成首个锂离子电池。1982年，伊利诺伊理工大学的R. R. Agarwal和J. R. Selman发现锂离子具有嵌入石墨的特性，此过程快速且可逆。1989年，A. Manthiram和J. Goodenough发现采用聚合阴离子的正极将产生更高的电压。1992，日本索尼公司发明了以碳材料为负极，以含锂化合物作为正极的锂离子电池。此后，锂离子电池迅速占领市场，至今仍是便携式电子产品的主要电源。1996年，Padhi和Goodenough发现具有橄榄石结构的磷酸盐，如$LiFePO_4$。与传统的$LiCoO_2$等正极材料相比，$LiFePO_4$具有更好的安全性、耐高温性和过充电性，已成为目前大电流放电的动力锂离子电池的主流正极材料。然而，目前锂离子电池的能量密度较低，难以满足电动汽车的发展需求，以金属锂为负极材料的锂/硫电池与锂/空气电池逐渐成为研发的热点。

（1）锂离子电池的原理

锂离子电池是目前能量密度最高的实用二次电池（充电电池），锂离子电池是以锂离子为活性离子，在进行充放电时，集电器中的锂离子经过电解液在正负极之间脱嵌，将电能存储在嵌入锂化合物电极中的一种电化学储能方式，锂离子电池的工作原理如图 6-5 所示。

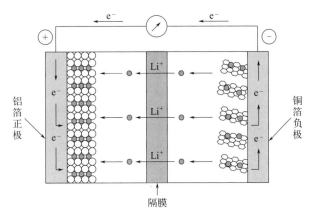

图 6-5　锂离子电池的工作原理

锂离子电池主要由电极（正极、负极）、隔膜、电解液和壳体等组成。适合作正极的含锂化合物有钴酸锂、锰酸锂、磷铁锂等二元或三元材料。负极采用锂-炭层间化合物，主要有石墨、软炭、硬炭、钛酸锂等。电解液为含有锂盐（如 $LiPF_6$、$LiBF_4$）的碳酸酯类有机电解液，包括碳酸乙烯酯（EC）、碳酸二甲酯（DMC）、碳酸甲乙酯（EMC）等。

电池充电时，正极上的电子通过外部电路移动至负极上，而锂离子从正极脱嵌，穿过电解质和隔膜嵌入负极，与从正极移动过来的电子结合，使得负极处于富锂态，正极处于贫锂态；同时电子的补偿电荷从外电路供给到负极，保证负极的电荷平衡。放电时则相反，电子从负极经过外部电力电子器件移动到正极，锂离子从负极脱嵌，穿过电解质和隔膜重新嵌入正极，与从负极移动过来的电子结合。因此锂离子电池实质为一种锂离子浓差电池，依靠锂离子和电子在正负极之间的转移来完成充放电过程。

锂离子电池的化学反应式如下：

$$LiMO_2 + nC \rightleftharpoons Li_{1-x}MO_2 + Li_xC_n \tag{6-1}$$

正极反应
$$LiMO_2 \rightleftharpoons Li_{1-x}MO_2 + xLi^+ + xe^- \tag{6-2}$$

负极反应
$$xLi^+ + xe^- + nC \rightleftharpoons LiC_n \tag{6-3}$$

化学反应式正向均表示充电，反向均表示放电；M 表示锂离子电池正极的各种材料，可以是钴、镍、铁和铝等。

正常充放电时，锂离子在均为层状结构的正负极材料层间嵌入和脱嵌，一般只会引起层面间距的变化，不会破坏晶体结构。且在充放电过程中，电极材料的化学结构基本保持不变。因此，锂离子电池反应是一种理想的可逆反应，能够保证电池的长循环寿命和高能量转换效率。

（2）锂离子电池的关键材料

锂离子电池主要由正极材料、负极材料、电解质材料、隔膜及其他非活性成分组成。以下将对关键材料进行逐一介绍。

① 正极材料　根据结构的不同，可将已商用化的锂离子电池正极材料分为三类：六方层状晶体结构的 $LiCoO_2$、立方尖晶石晶体结构的 $LiMn_2O_4$ 和正交橄榄石晶体结构的 $LiFePO_4$。

a. 六方层状正极材料 $LiCoO_2$。1981 年，Goodenough 等提出层状 $LiCoO_2$ 材料可以作为锂离子电池正极材料使用，1991 年该材料成为 Sony 公司首次商业化的锂离子电池中的正极材料。层状 $LiCoO_2$ 材料由于具有开路电压高、比能量高、循环性能优异等优点而被广泛应用于 3C 电子产品领域。为了提高 $LiCoO_2$ 的能量密度，需要将其充到更高电压，但是高电压下存在结构不稳定、晶格失氧、电解液分解、钴溶解等一系列问题，因此需要对其进行掺杂和包覆改性，目前经过掺杂、表面修饰和采用功能电解液，钴酸锂的充电截止电压已提升至 4.45V，可逆放电容量达到了 185mA·h/g。

b. 立方尖晶石结构 $LiMn_2O_4$ 正极材料。1983 年，美国阿贡国家实验室科学家 Thackeray 提出尖晶石 $LiMn_2O_4$ 可作为锂离子电池正极材料使用。由于其成本低、对环境友好、制备简单、安全性高等优点，现已广泛应用于电动汽车、储能电站和电动工具等领域。$LiMn_2O_4$ 的理论容量为 148mA·h/g，放电平台在 4V 左右。目前，$LiMn_2O_4$ 依然存在高温下循环和存储性能差的问题，主要解决手段是通过掺杂、表面包覆、使用电解液添加剂和改进合成方法等手段来进行改性。目前，锰酸锂电池的循环性已经达到了 2500 次以上，可逆容量为 105mA·h/g。

c. 正交橄榄石结构 $LiFePO_4$ 正极材料。$LiFePO_4$ 正极材料由美国科学家 Goodenough 等在 1997 年提出，该材料由于具有价格低廉、环境友好、安全性高和长循环寿命等优点，被大规模应用于电动汽车和规模储能等领域。$LiFePO_4$ 正极材料的理论容量为 170mA·h/g，在 3.5V 左右存在充放电平台，其反应机理为两相反应：$LiFePO_4 \longrightarrow FePO_4 + Li^+ + e^-$。由于 $PO_4$ 四面体的稳定性起到了稳定晶体结构的作用，因此 $LiFePO_4$ 材料的循环和安全性能优异。但该材料的电子和离子导电性均较差，因此需要进行碳包覆、离子掺杂和材料尺寸纳米化来提高其倍率性能。目前，磷酸铁锂电池的循环寿命已经提升到了 12000 次，但其能量密度偏低，主要用于客运大巴及静态储能。

② 负极材料　为了使锂离子电池具有较高的能量密度、功率密度以及较好的循环性与安全性，锂离子电池负极材料应该具备的条件有：脱嵌 $Li^+$ 反应具有较低的氧化还原电位，以使锂离子电池具有较高的输出电压；可逆容量大，以满足锂离子电池高容量的需求；脱嵌 $Li^+$ 过程中结构稳定性好，从而确保良好的循环寿命；脱嵌 $Li^+$ 电极电位变化小，有利于使电池获得稳定的工作电压；嵌锂电位在 1.2V（相对于 $Li^+/Li$）以下时负极表面能生成致密且稳定的固态电解质膜，以防止电解质在负极表面不断还原；具有较高的电子和离子电导率，以获得较高的倍率性能和低温性能；具有良好的化学稳定性、对环境友好、成本低、易制备等优点。

目前商业化的锂离子电池负极材料主要有以下两类。

a. 石墨负极材料。20 世纪 80 年代碳负极材料得到了广泛的研究，1983 年法国 INPG 实验室首次实现了石墨的可逆锂脱嵌，1991 年 Sony 公司使用石油焦作为负极材料首次实现了锂离子电池的商业化。1993 年后，锂离子电池开始采用性能稳定的人造石墨作为负极材料。石墨负极理论容量高、导电性好、氧化还原电位低（$0.01 \sim 0.2V$ 相对于 $Li/Li^+$）、来源广泛和成本低等优点，使其成为市场上主流的锂离子电池负极材料。

石墨包括天然石墨和人造石墨，其中中间相碳微球是一种重要的人造石墨材料，其优点是颗粒外表面均为石墨结构的边缘面，反应活性均匀，易于形成稳定的固体电解质界面膜（SEI），有利于 $Li^+$ 的脱嵌。然而中间相碳微球的制造成本较高，因此需要对天然石墨进行改性以降低负极材料的成本。天然石墨的缺点是晶粒尺寸较大，表面反应活性与 SEI 的覆盖不均匀，初始库仑效率低，倍率性能不好，循环过程中晶体结构容易被破坏等。为此，研究者们采取了多种方法对石墨负极进行改性，如颗粒球形化、表面包覆软碳或硬碳材料等其他表面修饰的方法。

b. $Li_4Ti_5O_{12}$ 负极材料。尖晶石 $Li_4Ti_5O_{12}$ 材料最早由 Jonker 等在 1956 年提出，由于其循环性能、倍率性能和安全性能优异，在动力型和储能型锂离子电池中得到广泛的应用。$Li_4Ti_5O_{12}$ 中 $Li^+$ 的脱嵌过程是两相反应过程，电压平台在 1.55V 左右，理论容量为 170mA·h/g。此外由于嵌锂后的 $Li_7Ti_5O_{12}$ 与 $Li_4Ti_5O_{12}$ 之间体积相差不到 1%，所以 $Li_4Ti_5O_{12}$ 是一种零应变材料，有利于电极结构的稳定性，从而提高循环寿命。然而 $Li_4Ti_5O_{12}$ 的室温电子电导率低（$10^{-9}$ S/cm）、倍率性能差，通常需要通过离子掺杂、减小颗粒尺寸、表面包覆碳材料和其他导电材料等方法来提升其倍率性能。此外，$Li_4Ti_5O_{12}$ 还有一个缺点是胀气问题（尤其是在高温下），会导致电池容量衰减快、安全性下降等问题，通常也需要通过掺杂或表面包覆降低其表面活性、减少电池各个材料中水的含量、优化化成工艺等手段来解决。

③ 电解质材料　电解质是锂离子电池中的重要组成部分，起到在正负极之间传输 $Li^+$ 的作用。目前商用的锂离子电池电解质为非水液体电解质，由有机溶剂、锂盐和功能添加剂组成。

一般来说，液态锂离子电池的溶剂需满足以下需求：

a. 具有较高的介电常数 $\varepsilon$，即对于锂盐的溶解能力强；

b. 具有较低的黏度 $\eta$；

c. 在电池中稳定存在，尤其是在电池工作电压范围内必须与正负极有较好的兼容性；

d. 具有较高的沸点和熔点，具有比较宽的工作温度区间；

e. 安全性高，无毒无害，成本低。

能满足以上要求的有机溶剂主要有酯类和醚类。酯类中乙烯碳酸酯具有较高的离子电导率、较好的界面特性，可以形成稳定的 SEI，解决了石墨的共嵌入问题；但是其熔点较高，不能单独使用，需要加入共溶剂来降低熔点。1994 年开始，线性碳酸酯中的碳酸二甲酯开始被研究，将其以任意比例加入乙烯碳酸酯中，可得到具有高解离锂离子能力、高抗氧化性和低黏度的电解质。除碳酸二甲酯外，还有与其性能接近的碳酸二乙酯和碳酸甲乙酯等也逐渐被应用。醚类溶剂的抗氧化能力比较差，在低电位下易氧化分解，限制了其在锂离子电池中的应用，目前常用在锂硫和锂空电池中。

从解离和离子迁移的角度来看，通常选用阴离子半径大的锂盐，目前商业上应用的锂盐为六氟磷酸锂（$LiPF_6$），其在有机溶剂中具有比较高的离子迁移数、解离常数，较好抗氧化特性与正负极兼容特性。然而 $LiPF_6$ 在化学和热力学上是不稳定的，这给其生产与使用带来较多困难，加之其对水很敏感，少量（$10^{-6}$ 级）水的存在就会导致电池性能衰减。因此，寻找其他合适的新型锂盐来替代 $LiPF_6$ 成为研究的热点，如双（三氟甲基磺酰）亚胺锂、双氟磺酰亚胺锂和双草酸硼酸锂等。

④ 隔膜　在锂离子电池中，隔膜置于正负极极片之间，其关键作用是阻止正负极之间的接触以防止短路，同时允许离子的传导。虽然隔膜不参与电池中的反应，但是它的结构和性质影响着电池动力学性能，因此对电池性能起到重要作用，包括循环寿命、安全性、能量密度和功率密度。良好的锂离子电池隔膜需要满足电子绝缘性好、离子电导率高、力学性能好（拉伸和穿刺强度）、化学稳定、良好的电解质润湿性能、良好的热稳定性与自动关闭保护性能等一系列要求。目前锂离子电池隔膜主要有聚烯烃微孔膜、无纺布隔膜和聚合物/无机物复合膜。

⑤ 黏结剂　黏结剂的作用是将粉体活性材料与导电添加剂和集流体黏结在一起，构成电极片。用于锂离子电池的黏结剂应该满足的要求有：在电解液浸泡下可保持其结构与黏结

力的稳定，在电池中可保持化学稳定性，具有足够的韧性以适应充放电过程中电极片的体积变化以及在电极片烘干过程中保持热稳定性等。按照黏结剂分散介质性质的不同，可以将其分为油系和水系黏结剂两种。目前工业上普遍使用的黏结剂为聚偏氟乙烯（PVDF），其溶剂为 $N$-甲基吡咯烷酮（NMP）。

⑥ 导电添加剂　导电添加剂是指添加到电极片中的碳材料，其作用是改善活性颗粒之间或活性颗粒与集流体之间的电子电导，通常使用的有炭黑、乙炔黑、Super P 等部分石墨化的碳材料。不同的碳材料比表面积与颗粒大小不同，需要根据实际应用选择合适的碳材料。良好的导电添加剂应满足的需求有：纯度要高，避免碳材料中的杂质尤其是金属污染在电池中产生副反应对电池性能造成不利的影响；导电效率高，分散性好，用尽可能少的量便可在电极内部构筑有效的导电网络；对电解液的润湿性能好等。除了常规碳材料，近些年碳纳米管和石墨烯也作为导电添加剂应用到锂离子电池中，尤其是动力电池体系中，进一步提高了电池的性能。

⑦ 集流体　集流体起到在外电路与电极活性物质之间传递电子的作用，常用材料为金属箔片。集流体需要满足的条件有：具有足够的机械强度；表面对电极材料的浆料具有较高的润湿性；与黏结剂之间要有较强的黏结力；在电极的工作电压范围内不具有电化学活性。目前，负极常用的集流体为铜箔，正极集流体为铝箔，为了增加集流体的导电性，近年来涂炭集流体也得到了广泛的应用。

（3）锂离子电池的特点

锂离子电池具备循环寿命长、能效高、能量密度大和绿色环保等优势，但锂离子电池也存在一些缺点，例如价格较贵和安全性较差等。在工作状态下锂离子电池内部会发生放热反应，在一定条件下伴随着热失控反应，存在电池着火、燃烧和爆炸等安全隐患，故锂离子电池储能安全问题将成为电化学储能的一大研究热点。锂离子电池的特点见表 6-2。

表 6-2　锂离子电池的特点

| 优势 | 劣势 |
| --- | --- |
| 高能量密度,高功率密度 | 采用有机电解液,存在较大安全隐患 |
| 能量转换效率高,95%以上 | 循环寿命和成本等指标尚不能满足电力系统储能应用的需求 |
| 循环寿命长 | 不耐受过充和过放,容易自然缓慢衰退 |
| 可快充快放,充电倍率一般为 0.5～3C | 低温下（＜0℃）不易实现快充快放 |

（4）锂离子电池的应用场景

在锂离子电池中，不同类型的电池可根据实际需求应用在适宜的场合中，见表 6-3。

表 6-3　不同类型锂离子电池的特点及应用范围

| 锂离子电池类型 | 特点 | 应用 |
| --- | --- | --- |
| 磷酸铁锂 | 原料价格低,磷、锂、铁资源含量丰富,工作电压适中(3.2V)、比容量大(170mAh/g)、放电功率高、充电快速且循环寿命长,在高温、高热环境下的稳定性高,较环保、安全 | 新能源汽车、储能、5G 基站、两轮车、重型卡车、电动船舶等 |
| 钴酸锂 | 充放电容量、速率、比能量和安全性较高,但在功率特性、安全性和循环寿命方面表现一般;钴的价格昂贵,成本较高,不适于在耐受穿刺、冲撞、高温和低温等特殊环境应用 | 制造手机和笔记本计算机及其他便携式电子设备 |

| 锂离子电池类型 | 特点 | 应用 |
|---|---|---|
| 锰酸锂 | 成本低、无污染,制备容易,缺点是高温容量衰减较为严重 | 适用于大功率低成本动力电池,可用于电动汽车、储能电站以及电动工具等方面 |
| 镍锰钴酸锂 | 具有较高的比能量和比功率,但安全性还没有更大突破 | 主要应用于锂离子电池正极材料,如动力电池、工具电池、聚合物电池、圆柱电池、铝壳电池等 |
| 镍钴铝酸锂 | 具有较高的比能量、相当好的比功率和长的使用寿命,缺点是安全性较低和成本较高 | 主要用于医疗设备、工业、电动汽车等 |
| 钛酸锂 | 可以快速充电,放电倍率大,循环次数比普通锂离子电池高,同时更安全,低温放电特性优异 | 主要用于不间断电源、太阳能路灯、电动汽车等 |

## 6.2.2 液流电池技术

液流电池又称氧化还原液流电池,最早由美国国家航空航天局(NASA)资助研发,1974年由 Thaller L. H. 公开发表并申请了专利。40多年来,各国学者通过变换两个氧化-还原电对,提出了多种不同的液流电池体系,如铈钒体系、全铬体系、溴体系、全铀体系、全钒体系、铁铬体系等。

(1)液流电池的结构与特点

液流电池单体由正负电极、薄膜及其与电极围成的电极室、电解液储罐、泵和管道系统构成。电堆由多个电池单体采用双极板串接等方式组成,在电堆中引入控制系统即可与上述装置和设备组成液流电池储能系统。液流电池的正极与负极电解液分别装在两个储罐中,利用送液泵使电解液在储能系统内部循环。在电池堆内部,利用离子交换膜或离子隔膜分隔正、负极电解液,并通过管道系统与流体泵使电解质溶液流入电池堆内进行反应。在机械动力作用下,液态活性物质在不同的储液罐与电池堆的闭合回路中循环流动,采用离子交换膜作为电池组的隔膜,电解质溶液平行流过电极表面并发生电化学反应。双极板收集和传导电流,将存储在溶液中的化学能转换成电能。

与固体作电极的普通蓄电池不同,液流电池的活性物质以液体形态存储在两个分离的储液罐中,由泵驱动电解质溶液在独立存在的电池堆中反应,电池堆与储液罐分离,安全性高、没有潜在爆炸风险。液流电池特点见表6-4。

表6-4 液流电池基本特点

| 优势 | 劣势 |
|---|---|
| 寿命长:充放电循环次数大于10000次,寿命可达20年。充放电容量无衰减,电解液通过再平衡可永久使用 | 系统相对复杂:液流电池储能系统泵、传感器、流量计、电源、储罐、输送管路、阀件和热交换器等组成 |
| 通用性:电池的输出功率和容量可独立设计,液流电池可以定制化设计,易于扩容 | |
| 安全性高:液流电池电解液由不可燃材料组成,正常工作下电池起火可能性极低 | 能量密度低:液流电池能量密度相比其他电化学储能技术较低 |
| 响应速度快、自放电率低且对环境友好 | |

与锂离子电池相比,液流电池具有大容量、高安全性、长寿命和可深度放电的优势;与钠硫电池相比,液流电池也具有常温、瞬时启动和高安全性的优势;主流液流电池的主要性能参数见表6-5。

能源化学工程概论

**表 6-5　主流液流电池主要性能参数**

| 性能参数 | 全钒液流电池 | 锌溴液流电池 | 铁铬液流电池 |
|---|---|---|---|
| 技术成熟度 | 示范应用 | 示范应用 | 示范应用 |
| 能量密度/(Wh/kg) | 15~40 | 65 | 15~40 |
| 功率密度/(W/kg) | 50~100 | 200 | 50~100 |
| 功率等级/MW | 0.03~10 | 0.05~2 | 0.03~10 |
| 能量转换效率/% | 70~85 | 70~80 | 70~85 |
| 自放电率 | 低 | 10%/月 | 低 |
| 循环次数/次 | >15000 | 5000 | >15000 |
| 服役年限/年 | 20 | 10 | 20 |
| 响应速度 | 毫秒级 | 毫秒级 | 毫秒级 |

（2）全钒液流电池

① 全钒液流电池工作原理　全钒液流电池中，正极电解液为含有五价钒离子和四价钒离子的硫酸溶液，负极电解液为含有三价钒离子和二价钒离子的硫酸溶液，两者由离子交换膜隔开。在对全钒液流电池进行充放电过程中，正负极电解液在各自电极区产生化学反应，钒电池中的电能以化学能的形存储在不同价态钒离子的硫酸电解液中，通过循环泵把电解液压入电池堆内，在机械动力作用下使其在不同的储液罐和半电池的闭合回路中循环流动。全钒液流电池采用质子交换膜作为电池组的隔膜，电解质溶液平行流过电极表面并发生电化学反应，通过双极板收集和传导电流，从而使得存储在溶液中的化学能转换为电能。

全钒液流电池工作原理如图 6-6 所示，全钒液流电池进行循环充放电过程中，通过钒离子价态的变化实现能量的存储和释放，其电池化学反应如下：

正极

$$VO^{2+}+H_2O-e^- \rightleftharpoons VO_2^+ +2H^+ \tag{6-4}$$

负极

$$V^{3+}+e^- \rightleftharpoons V^{2+} \tag{6-5}$$

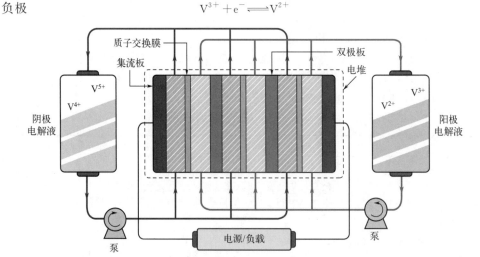

图 6-6　全钒液流电池工作原理

② 全钒液流电池储能系统特点与应用　全钒液流电池储能系统通过钒离子价态的变化可实现能量的存储和释放在常温下运行，无起火爆炸危险，使用寿命长，循环次数大于13000 次；其功率和容量可独立设计，易于扩展；此外，电解液可循环利用，绿色环保。全钒液流电池具有使用寿命长、电池均匀性好、安全可靠、响应速度快和环境友好等突出优

势，已成为规模化储能的应用技术之一。全钒液流电池储能系统广泛应用于电网发电、输电、变电、配电和用电各个环节，其主要作用为削峰填谷、作备用电源和参与电网调频等。全钒液流电池储能系统在智能电网中的应用如图 6-7 所示。

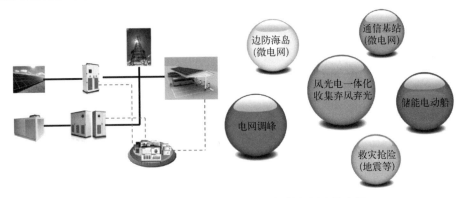

图 6-7 全钒液流电池储能系统在智能电网中的应用

（3）铁铬液流电池

① 铁铬液流电池工作原理 铁铬液流电池分别采用 $Fe^{3+}/Fe^{2+}$ 电对和 $Cr^{3+}/Cr^{2+}$ 电对作为正负极活性物质，通常以盐酸作为电解质，其工作原理如图 6-8 所示。在充放电过程中，电解液通过泵进入到两个半电池中，$Fe^{3+}/Fe^{2+}$ 电对和 $Cr^{3+}/Cr^{2+}$ 电对分别在电极表面进行氧化还原反应，正极释放出的电子通过外电路移动至负极。在电池内部，离子在溶液中移动，并与离子交换膜进行质子交换，形成完整的回路，从而实现化学能与电能的相互转换。

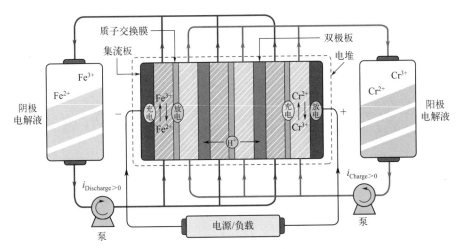

图 6-8 铁铬液流电池工作原理

铁铬液流电池储能单元的电解质溶液为卤化物的水溶液，在充电过程中，$Fe^{2+}$ 失去电子被氧化成 $Fe^{3+}$，$Cr^{3+}$ 得到电子被还原成 $Cr^{2+}$；放电过程则相反。其正极的正向充电与反向放电反应为 $Fe^{2+} \longrightarrow Fe^{3+} + e^-$，相对于标准氢电极（SHE），其电极电位为 0.77V；负极的正向充电与反向放电反应为 $Cr^{3+} + e^- \longrightarrow Cr^{2+}$，相对于标准氢电极（SHE），其电极电位 $-0.42V$。总的电化学反应为 $Fe^{2+} + Cr^{3+} \longrightarrow Fe^{3+} + Cr^{2+}$，总的电化学标准电位为 1.19V。

② 铁铬液流电池特点 铁铬液流电池技术具有效率高、寿命长、环境友好、可靠性高

和成本低等诸多优点,其输出功率为数千瓦至数十兆瓦,储能容量为数小时以上级,适用于规模化固定式储能应用场合,具有明显的优势,是大规模储能应用的技术路线之一。铁铬液流电池与其他电化学储能电池相比,具有明显的技术优势,具体见表6-6。

表6-6  铁铬液流电池优势

| 序号 | 本体技术方面 | 外部效益方面 |
|---|---|---|
| 1 | 稳定,寿命长 | 环境适应性强,运行温度范围广 |
| 2 | 电池堆关键材料选择范围广、成本低 | 资源丰富,成本低廉 |
| 3 | 电解质溶液毒性相对较低 | 储罐设计,无自放电 |
| 4 | 无爆炸风险,安全性很高 | 容量和功率可进行定制化设计,易于扩容 |
| 5 | — | 模块化设计,系统稳定和可靠性高 |
| 6 | — | 废旧电池易于处理,电解质溶液可循环利用 |

(4)锌溴液流电池

① 锌溴液流电池工作原理  锌溴液流电池是一种将能量存储在溶液中的电化学储能系统,其正负半电池由隔膜分开,两侧电解液为 $ZnBr_2$ 溶液。在动力泵的作用下,电解液在储液罐和电池构成的闭合回路中进行循环流动。锌溴液流电池基本原理如图6-9所示。

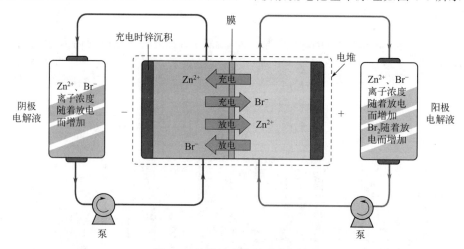

图6-9  锌溴液流电池基本原理

锌溴液流电池中的氧化还原反应是通过电极对间的电势差来实现的。充电过程中,负极锌以金属形态沉积在电极表面,正极生成溴单质,放电时在正负极上分别生成锌离子和溴离子。其电化学反应如下:

负极 $\qquad Zn^{2+} + 2e^- \Longrightarrow Zn \qquad E = 0.763V(25℃)$ (6-6)

正极 $\qquad 2Br^- \Longrightarrow Br_2 + 2e^- \qquad E = 1.087V(25℃)$ (6-7)

电池反应 $\qquad ZnBr_2 \Longrightarrow Zn + Br_2 \qquad E = 1.85V(25℃)$ (6-8)

从上面的电池反应中可以看出,充电时,溴离子失去两个电子变成单质溴。在放电过程中,溴溶解于水中,变成 $Br_3^-$、$Br_5^-$,并以离子形式从正极向负极扩散,当扩散到负极附近时,会与沉积的锌发生反应而放电。其化学反应如下:

$$Zn + Br_3^- \longrightarrow Zn^{2+} + 3Br^-$$ (6-9)

$$2Zn + Br_5^- \longrightarrow 2Zn^{2+} + 5Br^-$$ (6-10)

② 锌溴液流电池特点  锌溴液流电池储能系统的功率和容量可单独设计,灵活性大,

易于模块组合，储能规模易于调节。锌溴液流电池正负极和储液罐中的电解液均为 $ZnBr_2$，可保持反应的一致性。此外，锌溴液流电池储能系统的使用寿命长、无污染、运行和维护费用较低，是一种高效的大规模储电装置。

## 6.2.3　其他电化学电池

（1）铅酸电池

铅酸电池利用铅在不同价态之间的固相反应实现充放电过程，是目前产量最大和应用最广的二次电池体系，以其独特的技术优势活跃于工业、通信、交通、电力系统等电化学储能市场。自从 1859 年法国物理学家普兰特发明铅酸电池以来，迄今已有 160 多年的发展历史。由于铅酸电池工艺成熟、成本低廉、回收利用率高和自放电率低，目前在市场中占据很大的比例。但铅酸电池性能容易衰退，负极存在严重的硫酸盐化现象，还存在 Pb 的污染问题，这些共同制约了铅酸电池的发展。

铅酸电池结构主要由极板、栅板、隔板、电解液、安全阀、连接单元、壳体等组成，如图 6-10 所示。其中，极板的规格和数量是据蓄电池容量确定的。栅板是将化学能转变为电能装置中的主要部件，能使电解液顺利通过隔板，确保极板正常地进行化学反应。隔板既能防止正、负极板间产生短路，又不会妨碍两极间离子的流通，铅酸电池一般都使用胶质隔离板。铅酸电池的壳体起保护作用，要求壳体具有耐酸性强和机械性能高等特性。

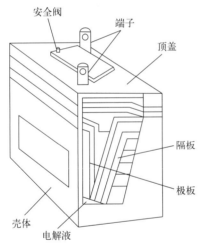

图 6-10　铅酸电池结构示意图

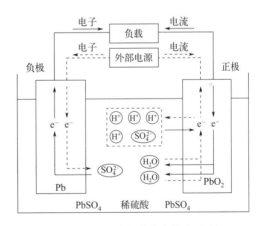

图 6-11　铅酸电池的充放电过程

传统铅酸电池的电极由铅及其氧化物制成，电解液采用硫酸溶液。在充电状态下，二氧化铅和铅分别作为铅酸电池的正负极主要成分；放电状态下，铅酸电池正负极的主要成分均为硫酸铅。放电时，正极的二氧化铅与硫酸反应生成硫酸铅和水，负极的铅与硫酸反应生成硫酸铅；充电时，正极的硫酸铅转化为二氧化铅，负极的硫酸铅转化为铅。铅酸电池的充放电过程如图 6-11 所示。

铅酸电池化学反应如下：

正极
$$PbO_2 + 3H^+ + HSO_4^- + 2e^- \Longrightarrow PbSO_4 + 2H_2O \tag{6-11}$$

负极
$$Pb + HSO_4^- \Longrightarrow PbSO_4 + H^+ + 2e^- \tag{6-12}$$

总反应
$$PbO_2 + Pb + 2H_2SO_4 \Longrightarrow 2PbSO_4 + 2H_2O \tag{6-13}$$

铅酸电池连接外部电路放电时，稀硫酸会与正、负极板上的活性物质发生反应，生成新化合物硫酸铅，放电时硫酸会从电解液中释出，导致电解液中的硫酸浓度逐渐降低。充电时，放电所产生的硫酸铅被分解还原成硫酸、铅及二氧化铅，因此电池内电解液的浓度会逐渐增加至放电前的浓度。

铅酸电池在充电后期和过充电时，会发生电解水的副反应，在电极上产生一定量的气体，如下所示：

正极 $\qquad\qquad\qquad\qquad 2H_2O \longrightarrow O_2 \uparrow + 4H^+ + 4e^-$ $\qquad\qquad$ (6-14)

负极 $\qquad\qquad\qquad\qquad 2H_2 + 2e^- \longrightarrow H_2 \uparrow$ $\qquad\qquad$ (6-15)

工程上，铅酸电池的电动势 $E$ 可由下式确定：

$$E = 0.85 + d \qquad\qquad (6\text{-}16)$$

式中，0.85 为铅酸电池电动势常数；$d$ 为电解液在极板活性物质微孔中的相对密度（15℃），一般来说，$d$ 在 1.050～1.300 范围内。

（2）钠硫电池

钠硫电池是以 Na-$\beta$-Al$_2$O$_3$ 为电解质和隔膜，以金属钠和多硫化钠为负极和正极的二次电池，由美国福特公司于 1967 年首先发明。钠硫电池单体一般放在圆柱体的容器内，内部填满钠，外围则是硫。这两种材料由陶瓷电介质（$\beta$-氧化铝）隔开，整个系统封装在一个钢复合材料罐中。钠硫电池需要在 300℃ 以上的温度下运行，其能量密度是约为 100Wh/kg，功率密度约为 230W/kg，是镉镍电池的三倍。钠硫电池采用的加热系统将固态盐类电解质加热熔融，使电解质呈离子型导体进入工作状态。固态 $\beta$-氧化铝陶瓷管作为固体电解质兼隔膜，只允许带正电荷的钠离子通过，并在正极与硫结合形成硫化物，如图 6-12 所示。

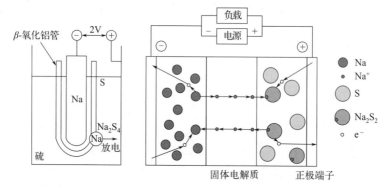

图 6-12　钠硫电池工作原理图

固体电解质与隔膜工作温度为 300～350℃，在工作温度下，钠离子（Na$^+$）通过电解质隔膜与硫发生可逆反应，完成能量的释放和存储。钠硫电池反应如下：

正极 $\qquad\qquad\qquad\qquad S^{2-} \Longleftrightarrow S + 2e^-$ $\qquad\qquad$ (6-17)

负极 $\qquad\qquad\qquad\qquad 2Na^+ + 2e^- \Longleftrightarrow 2Na$ $\qquad\qquad$ (6-18)

总反应 $\qquad\qquad\qquad\qquad Na_2S_x \Longleftrightarrow 2Na + xS$ $\qquad\qquad$ (6-19)

钠硫电池在放电过程中，电子通过外电路由负极到正极，而 Na$^+$ 则通过固体电解质 $\beta$-Al$_2$O$_3$ 与 S$^{2-}$ 结合形成多硫化钠产物，在充电时电极反应与放电时相反。钠与硫之间的反应剧烈，因此两种反应物之间必须用固体电解质隔开，同时固体电解质又必须是钠离子导体。目前所用的电解质材料为 Na-$\beta$-Al$_2$O$_3$，为保证钠硫电池的正常运行，钠硫电池的运行温度应保持在 300～350℃，但此运行温度使钠硫电池作为车载动力电池的安全性降低，同时使电解质破损，可能引发安全问题。

## 6.2.4 常用电化学储能对比

上文对锂离子电池、液流电池、铅酸电池、钠硫电池的工作原理、电化学反应、特点以及应用场景进行了详细介绍。未来，这些电化学储能技术必将在新能源领域根据自身特点发挥各自的作用，为能源转型和低碳社会贡献力量。根据不同的应用场景及自身特点，将上文介绍的这四种类型电池特点总结归纳于表 6-7 中。

表 6-7 不同类型电池特点

| 电池类型 | 磷酸铁锂 | 钛酸锂 | 镍钴锰酸锂 | 全钒液流 | 铅酸电池 | 钠硫电池 |
|---|---|---|---|---|---|---|
| 容量规模 | 百 MW·h | | | 百 MW·h | 百 MW·h | 百 MW·h |
| 功率规模 | 百 MW | | | 几十 MW | 几十 MW | 几十 MW |
| 能量密度/(Wh/kg) | 80～170 | 60～100 | 120～300 | 12～40 | 40～80 | 150～300 |
| 功率密度/(W/kg) | 1500～2500 | >3000 | 3000 | 50～100 | 150～500 | 22 |
| 响应时间 | 毫秒级 | | | 毫秒级 | 毫秒级 | 毫秒级 |
| 循环次数 | 2000～10000 | >10000 | 1000～5000 | >15000 | 500～3000 | 4500 |
| 寿命 | 10 年 | | | >20 年 | 5～8 年 | 15 年 |
| 充放电效率 | >90% | >90% | >90% | 75%～85% | 70%～90% | 75%～90% |
| 投资成本/(元/kW·h) | 800～1200 | 4500 | 1200～2400 | 2500～3900 | 800～1300 | 约 4000 |
| 优势 | 效率高、能量密度高、响应快 | | | 循环寿命高、安全性能好 | 成本低、可回收含量高 | 效率高、能量密度高、响应快 |
| 劣势 | 安全性较差、成本与铅酸电池相比较高 | | | 能量密度低、效率低 | 能量密度低、寿命短 | 需要高温条件、安全性较差 |

# 6.3 储热和储氢技术

储热和储氢分别属于物理储能和电化学储能，但更强调电能与其他能量形式之间的大规模转化和直接利用。

## 6.3.1 储热技术

储热与抽水蓄能、压缩空气储能一样具有低成本、大容量、长寿命的特征，是一种可以大规模使用的储能技术。到 2018 年底，全世界储热装机容量达到 1400 万千瓦，是装机量仅次于抽水蓄能的第二大储能技术。储热是利用物质的温度变化、相态变化或化学反应，实现热能的储存和释放。储热介质吸收辐射能、电能或其他载体的热量蓄存于介质内部，环境温度低于储热介质温度或者取热载体温度低于储热介质温度时，储热介质热量即可释放到环境或取热载体。依据储热的原理，可以将储热技术分成显热储热、相变储热和化学储热。

（1）显热储热技术

显热储热技术包括固体和液体显热储热技术。固体显热储热材料包括岩石、砂、金属、混凝土和耐火砖等，液体显热储热材料包括水、导热油和熔融盐等。水、土壤、砂石及岩石是最常见的低温（<100℃）显热储热介质，导热油、熔融盐、混凝土、蜂窝陶瓷、耐火砖

是常用的中高温（120～800℃）显热储热材料，其中混凝土、蜂窝陶瓷、耐火砖是价格较低的中高温显热储热材料。熔融盐有很宽的液体温度范围，其储热温差大、储热密度大、传热性能好、压力低、储放热工况稳定且可实现精准控制，是一种大容量（单机可实现1000MW·h以上的储热容量）、低成本的中高温储热技术。但目前广泛采用的太阳盐和Hitec盐配方存在熔点高、分解温度低的缺陷，研发低熔点高分解温度的宽液体温度范围熔盐是当前研究热点。此外，在混合熔盐中添加二氧化硅、碳等纳米粒子可提高混合熔盐的比热和储热密度。为了满足超临界二氧化碳太阳能热发电的需求，研发600～800℃高温混合熔盐配方成为近几年国际研究的前沿领域。

（2）相变储热技术

相变储热具有在相变温度区间内相变热容大、储热密度高和系统体积小等优点，得到了国内外研究者的普遍重视。固-液相变材料在相变过程中转变热熔大而体积变化较小，过程可控，是目前的主要研究和应用对象。按工作温度范围的不同，相变储热材料可分为低温和中高温相变材料两类，低温相变材料主要包括聚乙二醇、石蜡和脂肪酸等有机物和无机水合盐等，其中冰蓄冷技术已经普遍用于建筑空调的蓄冷中。有机相变材料的特点是相变热容大、过冷度小，但存在高温稳定性差、导热系数低和成本较高等缺点；水合盐的特点是容易相分离，但过冷度大。中高温相变材料主要包括无机盐、金属合金等。无机盐特点是相变热容高、性价比好，但导热系数较低，且大多数盐高温腐蚀严重；金属合金的特点是导热系数高、密度大，但高温腐蚀性强、易被氧化、成本高昂等。

（3）化学储热技术

化学储热技术则是利用储能材料相接触时发生可逆的化学反应来储、放热能，如化学反应的正反应吸热，热能便被储存起来，逆反应放热，则热能被释放出去。化学储热具有更大的能量储存密度，而且不需要保温，可以在常温下无损失地长期储存热能，但化学储热技术目前还很不成熟，距实现商业化应用还有一定的距离。

三种不同的储热技术在价格、密度和存储期限上各有不同，表6-8对这三种技术的主要特征进行了比较分析。

表 6-8    三种储热技术的特征比较

| 特征 | 显热储热 | 潜热储热 | 化学储热 |
|---|---|---|---|
| 储能价格/[元/(kW·h)] | 1～600 | 4～600 | 80～1000 |
| 储热容量/(MW·h) | 0.001～4000 | 0.001～10 | 0.001～4 |
| 储能密度/(kJ/kg) | 数十到近千 | 数百,甚至近千 | 上千 |
| 储能周期 | 10分钟至数月 | 10分钟至数周 | 几天至数年 |
| 技术优点 | 储热系统集成简单,储能成本低,储能介质环保 | 在近似等温的状态下放热,有利于热控 | 储能密度最大,非常适用于紧凑装置;储热期间热损失小 |
| 技术缺点 | 系统复杂,蓄放热温差大 | 储热介质的相容性和热稳定性差,相变材料热导率低、昂贵 | 储放热过程复杂、控制难,循环中的传热传质不好 |
| 技术成熟度 | 高 | 中 | 低 |
| 未来研究重点 | 高性能低成本储热材料开发,储热系统运行参数优化,储放热过程热损控制 | 新型相变材料或复合相变蓄材料的开发,材料的相容性改进,储放热过程优化控制 | 新型储热介质筛选,储放热循环的强化与控制,技术经济性的验证 |

### 6.3.2 储氢技术

氢作为地球上最丰富的元素之一，广泛存在于有机和无机分子中（如水、烃类、糖类和氨基酸等），储氢是低碳能源背景下的重要储能技术之一。与抽水蓄能、压缩空气储能及电化学储能相比，作为能量载体，氢的利用方式较为多样，既可以和氧化剂发生反应，释放热能，也可以通过燃料电池将化学能转化为电能，还可以利用其热核反应，释放出核能。

在氢能生产利用产业链的上游，制氢、加氢端相对成熟，而储存、运输环节（简称"储运"）已成为氢能价格居高不下的主要制约因素。氢能储存（氢气储能）本质是储氢，即将易燃、易爆的氢气以稳定形式储存。在确保安全前提下，提高储氢容量（效率）、降低成本、提高易取用性是储氢技术的发展重点。储氢技术可分为物理储氢和化学储氢两大类。物理储氢主要有高压气态储氢、低温液态储氢等；化学储氢主要有金属氢化物储氢、液态有机氢载体储氢和液氨储氢等。关于各种储氢技术，将在下一章中详细介绍。

# 6.4 超级电容器技术

超级电容器又名电化学电容器，是一种依靠双电层和氧化还原赝电容电荷存储电能的新型储能装置。与传统的化学电源不同，超级电容器是一种介于传统电容器和充电电池之间的电源，既具有电容器快速充放电的特性，又具有电池的储能特性。

1954 年，世界上第一个双电层电容器诞生，该电容器主要由碳电极和水溶液电解质组成，这便是历史上第一个超级电容器。日本电气股份有限公司于 1979 年将超级电容器术与电动汽车电池起动系统相结合，开启了双电层电容器的大规模商业应用。同一时期，日本松下电器产业公司也开始了对有机溶液电解质型超级电容器的研究。1992 年美国 Maxwell 公司开始研发超级电容器，并于 1995 年推出首款超级电容器产品，该产品在交通和新能源领域占有较高的市场份额。表 6-9 为近年来部分国家超级电容器的发展水平。

表 6-9　近年部分国际领先超级电容器供应商的技术水平

| 公司 | 现有技术 | 电容器参数 | 能量密度/(Wh/kg) | 功率密度/(W/kg) |
|---|---|---|---|---|
| 美国 Maxwell | 碳微粒电极 | 3V | 3~4 | 200~400 |
| | 有机电解液 | 800~2000F | | |
| | 滤波附着碳布电极 | 3V | 3 | 500 |
| 俄罗斯 ESMA | 混合型（NiO/碳电极） | 1.7V | 8~10 | 8~100 |
| | KOH 电解液 | 50000F | | |
| 日本 Panasonic | 碳微粒电极 | 3V | 3~4 | 200~400 |
| | 有机电解液 | 800~2000F | | |
| 法国 Alcatel | 碳微粒电极 | 2.8V | 6 | 3000 |
| | 有机电解液 | 3600F | | |

### 6.4.1 超级电容器的工作原理

如图 6-13 所示，平行板电容器由两个平行导电板构成，在导电板之间的部分填充了一种介电材料（即绝缘体），介电材料可以是真空或具有极性的绝缘材料。当电池连接时，电

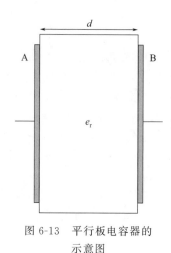

图 6-13 平行板电容器的示意图

流开始产生,电容器板上的电位差开始上升。因为施加了正电势,板 A 上原子的自由电子被抽离,板 A 上产生了过量的正离子。由于板 A 正离子的感应,使得板 B 的电子富集产生了相反的电荷,于是两块板之间产生了电位差,被定义为电容的电压。当电容器的电压与所施加的来自电源的电压相等时,电容器上的电流停止,此时电容器被完全充电,这一过程所需的时间是电容器的充电时间,充电时间取决于电路电阻和电容器的电容等因素。

当施加在电容两端的电源被移除时,电容器两个导电板上仍然带着相反的电荷,此时作为一个充满电的电容器,可以用作电源。如果这些板块连接到某个用电器或者负载上,电流会在短时间内从带负电的板块流向带正电的板块,直到两块导电板的所有电荷中和时才停止放电,这个过程所需的时间称为放电时间。平行板电容器的电容大小可由式(6-20)计算:

$$C = K \frac{\varepsilon_0 A}{d} \tag{6-20}$$

式中,$\varepsilon_0$ 为一个常数（$8.85 \times 10^{-12}\,\mathrm{F/m}$）；$K$ 是一个相对比值；$d$ 是两块平行板的距离；$A$ 是平板的面积。

如图 6-14 所示,超级电容器由两个电极组成,它们通过浸泡在电解液中的隔膜分开,这两个电极由多孔材料在金属薄膜上沉积而成,金属薄膜通常采用铝,而活性炭则是常用的多孔材料。充电时,电荷存储于多孔材料和电解质之间的界面上,多孔活性炭可为电荷的存储提供一个非常大的活性表面,并具有良好的导电性。

电解质的作用是确保内部离子向电极的迁移率。阴离子应能自由地向正极迁移,阳离子也应能自由地向负极迁移,电解质可以是固态的,也可以是液态的。隔膜通常是起绝缘作用,可以防止电极之间的任何物质接触导电,隔膜必须能够浸泡在电解质中,并且不影响电解质的离子导电性。影响超级电容器能量密度的两个主要参数是允许的最大端电压与电容值。超级电容的最大端电压与所选用的电解质有关,目前使用的电解质可以提供 $2.5 \sim 3\mathrm{V}$ 的端电压,若端电压超过 $3\mathrm{V}$,离子的导电性会受到影响。

超级电容器充电时,电解质中的阴离子受到吸引向正极移动,阳离子向负极移动,并在每个电极和电解质之间的界面上形成双电层。也就是说,不同电层的电荷累积过程是各不相同的,正电荷与阴离子附着在正电极,负电荷与阳离子附着在负电极。和平行板电容器类似,这两个电层也满足按式(6-21)计算的容值:

$$C_{dc} = \varepsilon \frac{A}{d} \tag{6-21}$$

式中,$C_{dc}$ 是一个双电层（正极侧或者负极侧）的电容值；$\varepsilon$ 是介电常数；$A$ 是电极的有效表面积；$d$ 是类似于传统电容的两极板间的等效距离。

电极中使用的多孔活性炭材料是提高超级电容器储能技术电容值的重要因素,它使得电极的有效表面积大大增加,能够提供可观的电荷存储能力（$3000\,\mathrm{m^2/g}$）。等效距离 $d$ 是由附着在正极的阴离子尺寸以及附着在负极的阳离子尺寸决定的,由式(6-21)可知,双电层电容器的电容值是与 $d$ 成反比的,一般情况下 $d$ 很小,在 $2 \times 10^{-10} \sim 10 \times 10^{-10}\,\mathrm{m}$ 之间,这使得双电层电容器有很大的电容值。因此,我们可以把超级电容器看作两个串联的电容器,而这两个电容器分别代表了两个电极上的电层，其等效电容值与两个电极的有效表面积以及阴、阳离子的尺寸有关，可高达千法拉级。需要注意的是，超级电容器的最大允许电压是由所选用的电解质决定的，一般为 2～3V。

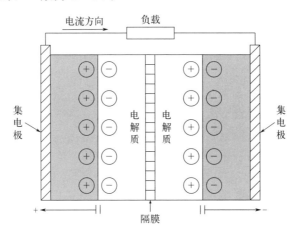

图 6-14　超级电容器的运行原理

### 6.4.2　超级电容器分类

根据储能的原理、结构和材料等的不同，超级电容器有多种不同的分类方式：

① 根据储能原理不同，可以将超级电容器分为双电层电容器和法拉第电容器两种。前者通过电极与电解液形成的双电层结构对电解液离子的吸附实现能量的存储，后者则通过氧化还原反应将正负离子分别聚集在电极周围实现储能。

② 从结构对称性角度，可以将超级电容器分为对称型和非对称型两种。对称型超级电容器的电极完全相同，且在电极上分别向同一个反应的两个不同方向进行，常见的对称型超级电容器包括碳电极双电层电容器以及贵金属氧化物型法拉第电容器等。当两个电极的材料不相同或者电极发生的反应不同时，这种超级电容器被称为非对称型超级电容器。非对称型超级电容器的能量密度和功率密度性能均更好。

③ 从溶液类型来看，可以将超级电容器分为水溶液和有机溶液两种。由于水溶液具有比其他溶液更低的电阻，因而用水溶液作为电解质时，其储存能量和功率密度更高；超级电容器的最大可用电压由电解质的分解电压决定，有机溶液的分解电压更高，因此电压高和比能量大的优势更为突出。

④ 从电极材料类型来看，可以将超级电容器分为碳电极材料电容器、贵金属氧化物电极电容器、导电聚合物电极电容器等。

### 6.4.3　双电层电容器

双电层电容器（EDLCs）的主要组成部分包括两个多孔电极、电解质和分离器，它们保证了正负电极间的绝缘。在 EDLCs 中，双电层电容源于电荷的分离，是由离子和电子在电极材料和电解质界面上的定向分布引起的。双层显示了两个区域的离子分布，即紧凑的斯特恩层或内亥姆霍兹平面，以及扩散层或外亥姆霍兹平面。电解液和晶格缺陷的表面解离和离子吸附促进了表面电极电荷的产生。在充电过程中，电解质中带正电的离子向负极迁移，带负电的离子向正极迁移，而电子则通过外部电流源从负极转移到正极；放电过程与此相反。

由于电极材料之间没有电化学反应，在充电/放电过程中，只有物理电荷在固体/电解质界面发生积累，所以 EDLCs 可以维持非常大的循环次数，高达数百万次，而且能量密度高。因此，可以认为双电层电荷的存储是一种表面现象，这些类型的电容器电容会受到电极材料表面特性的影响，电极材料在 EDLCs 的性能中起着重要作用。对于 EDLCs，选择适当的电极材料是非常重要的，碳材料容易获得，并以各种各向异性的形式存在，不同形式的碳材料，如粉末、纤维、多孔碳、碳纳米管（CNTs）、石墨烯等，被广泛用作 EDLCs 的电极材料。

## 6.4.4　赝电容电化学电容器

赝电容器或法拉第超级电容器中储存电荷的方式与 EDLCs 不同，其电容产生于快速和可逆的法拉第反应或电极表面及附近的氧化还原反应。在赝电容中通常发生着三种类型的电化学过程：①可逆的表面吸附/解吸质子或电解质中的任何金属离子；②涉及电解质电荷转移的氧化还原反应；③可逆的电极活性导电聚合物材料的掺杂。因为前两个过程主要是表面反应，故电极的表面积在其中起着重要作用。涉及导电聚合物的第三个过程是一个批量过程，不依赖于电极的表面积，但具有合适孔隙结构（最好是微孔结构）的材料对于离子在电池中的来回移动是有利的。

与电池相比，赝电容材料的充电-放电发生得很快，通常在几秒钟或几分钟内，而电池则需要更长的时间来完成充电和放电过程。因此，赝电容材料可以作为高能量和高功率密度材料使用。最初，该领域的研究重点是基于铂或金等贵金属上质子单层的电吸附，以及金属水合氧化物（如铱和钌的水合物）的电化学质子化。最近，重点转向了发生这种氧化还原反应的材料，主要是导电聚合物和几种过渡金属氧化物，包括 $RuO_2$、$MnO_2$、$V_2O_5$ 和 $Co_3O_4$，以及导电聚合物，例如聚苯胺、聚吡咯、聚乙烯醇等。理论上，具有多氧化态赝电容器的系统可以提供比 EDLCs 更高的能量密度，但是由于在充电/放电周期中发生的物理变化，赝电容器与 EDLCs 相比，耐久性相对较差。

## 6.4.5　混合电容器

赝电容可以适当地耦合到任何 EDLCs 上，这构成了第三种类型的超级电容器，即混合电容器。典型的混合电容器由采用不同活性材料的阴极和阳极、隔离两个电极的分离器和电解质组成。为了进一步提高能量密度，混合电容器采用了由氧化还原反应电极或电池型电极组成的混合型超级电容器，并在适当的电解质中采用双电层电极（通常是碳材料）。混合电容器的电荷储存机制涉及双层离子吸附/解吸和可逆的法拉第反应，这种不对称配置的氧化还原型电极具有较大的能量密度，而非法拉第式电容电极具有较高的功率密度和出色的循环稳定性。混合电容器通过其电极配置被分为三类，即不对称型、复合型和电池型。

1. 储能技术都有哪些？
2. 二次电池都有哪些类型？
3. 液流电池与锂离子电池相比，有什么优势？
4. 储热技术有哪些，各自有何优缺点？

思考题答案

5. 如何有效提高超级电容器的容量？

6. 超级电容器与二次电池有哪些区别？

## 参考文献

[1]　陈海生，俞振华，刘为．储能产业研究白皮书．北京：中国能源研究会储能专委会，2021.

[2]　梅生伟，李瑞，陈来军，等．先进绝热压缩空气储能技术研究进展及展望．中国电机工程学报，2018，38（10）：2893-2907.

[3]　詹弗兰科·皮斯托亚·锂离子电池技术——研究进展与应用．赵瑞瑞，余乐，常毅，等，译．北京：化学工业出版社，2017.

[4]　孙威，李建林，王明旺，等．能源互联网——储能系统商业运行模式及典型案例分析．北京：中国电力出版社，2017.

[5]　丁玉龙，来小康，陈海生，等．储能技术及应用．北京：化学工业出版社，2018.

[6]　缪平，姚祯，Lemmon John，等．电池储能技术研究进展及展望．储能科学与技术，2020，9（3）：670-678.

[7]　唐西胜，齐智平，孔力，等．电力储能技术及应用．北京：机械工业出版社，2019.

[8]　华志刚．储能关键技术及商业运营模式．北京：中国电力出版社，2019.

[9]　中国能源研究会储能专委会，中关村储能产业技术联盟．储能产业发展蓝皮书．北京：中国石化出版社，2019.

[10]　饶中浩，汪双凤．储能技术概论．徐州：中国矿业大学出版社，2017.

[11]　黄志高．储能原理与技术．北京：中国水利水电出版社，2018.

[12]　韩洁．碳达峰目标下新电力系统需要怎样的储能．https://news.bjx.com.cn/html/20210226/1138560.shtml.

[13]　贾志军，宋士强，王保国．液流电池储能技术研究现状与展望．储能科学与技术，2012，1（1）：50-57.

[14]　孙东，荆晓磊．相变储热研究进展及综述．节能，2019（4）：154-157.

[15]　鲍金成，赵子亮，马秋玉．氢能技术发展趋势综述．汽车文摘，2020（2）：6-11.

[16]　吴家貌．我国储能产业面临的问题及相关建议．http://www.chinasmartgid.com.c/news/20210113/637567.shtml.

[17]　陈丹之．氢，二十一世纪的一种清洁新能源．中国科技信息，1996（12）：20.

[18]　邹晗．超导悬浮储能飞轮电能转换系统研究．武汉：华中科技大学，2008.

[19]　汉京晓，杨勇平，侯宏娟．太阳能热发电的显热蓄热技术进展．可再生能源，2014，32（7）：901-905.

[20]　李秀明．液流电池膜内水相结构离子传输的数值模．长春：吉林大学，2011.

[21]　李华青．车载钒电池材料设计及电解液参数研究．齐齐哈尔：齐齐哈尔大学，2015.

[22]　赵嵩．电池能 AGC 控制性能评价标准的研究．大连：大连理工大学，2019.

[23]　李建华．R 储能技术公司发展战略研究．大连：大连理工大学，2017.

[24]　宋文臣．熔融态钒渣直接氧化提新工艺的基础研究．北京：北京科技大学，2015.

[25]　贺磊．锌液流电池中锌沉积问题的研究．长春：吉林大学，2009.

[26]　张莉莉．钠硫电池固体电解质 Na-$\beta''$-Al$_2$O$_3$ 的制备研究．武汉：华中科技大学，2007.

[27]　孙文，王培红．钠硫电池的应用现状与发展．上海节能，2015（2）：85-89.

[28]　贾蓝路，刘平，张文华．电化学储能技术的研究进展．电源技术，2014，38（10）：1972-1974.

[29]　李先锋，张洪章，郑琼，等．能源革命中的电化学储能技术．中国科学院院刊，2019，34（4）：443-449.

[30]　张文建，崔青汝，李志强，等．电化学储能在发电侧的应用．储能科学与技术，2020，9（1）：287-295.

能源化学工程概论

[31] 王鹏博, 郑俊超. 锂离子电池的发展现状及展望. 自然杂志, 2017, 39（4）: 283-289.

[32] 谢聪鑫, 郑琼, 李先锋, 等. 液流电池技术的最新进展. 储能科学与技术, 2017, 6（5）: 1050-1057.

[33] 蒋凯, 李浩秒, 李威, 等. 几类面向电网的储能电池介绍. 电力系统自动化, 2013, 37（1）: 47-53.

[34] 邵勤思, 颜蔚, 李爱军, 等. 铅酸蓄电池的发展、现状及其应用. 自然杂志, 2017, 39（4）: 258-264.

[35] 陶占良, 陈军. 铅碳电池储能技术. 储能科学与技术, 2015, 4（6）: 546-555.

[36] 缪平, 姚祯, Lemmon J, 等. 电池储能技术研究进展及展望. 储能科学与技术, 2020, 9（3）: 670-678.

[37] 丁明, 陈忠, 苏建徽, 等. 可再生能源发电中的电池储能系统综述. 电力系统自动化, 2013, 37（1）: 19-25.

[38] 王晓丽, 张宇, 李颖, 等. 全钒液流电池技术与产业发展状况. 储能科学与技术, 2015, 4（5）: 458-466.

[39] 杨林, 王含, 李晓蒙, 等. 铁-铬液流电池 250kW/1.5MW·h 示范电站建设案例分析. 储能科学与技术, 2020, 9（3）: 751-756.

[40] 李伟伟, 姚路, 陈改荣, 等. 离子电池正极材料研究进展. 电子元件与材料, 2012, 31（3）: 77-81.

[41] 常乐, 张敏吉, 梁嘉, 等. 储能在能源安全中的作用. 中外能源, 2012, 17（2）: 29-35.

[42] 杨霖霖, 王少鹏, 倪蕾蕾, 等. 新型液流电池研究进展. 上海电气技术, 2015, 8（1）: 46-49.

[43] 孟琳, 锌漠. 液流电池储能技术研究和应用进展. 储能科学与技术, 2013, 2（1）: 35-41.

[44] 李泓. 离子电池基础科学问题（XV）——总结和展望. 储能科学与技术, 2015, 4（3）: 306-318.

[45] Xu K. Nonaqueous liquid electrolytes for lithium-based rechargeable batteries. Chemical Reviews, 2004, 104（10）: 4303-4417.

[46] 吴娇杨, 刘品, 胡勇胜, 等. 离子电池和金属锂离子电池的能量密度计算. 储能科学与技术, 2016, 5（4）: 443-453.

[47] 郑浩, 高健, 王少飞, 等. 锂离子电池基础科学问题（Ⅵ）——离子在固体中的传输. 储能科学与技术, 2013, 2（6）: 620-635.

[48] Frackowiak E, Beguin F. Carbon materials for the electrochemical storage of energy in capacitors. Carbon, 2001, 39（6）: 937-950.

[49] Zhang L L, Zhao X S. Carbon based materials as supercapacitor electrodes. Chemical Society Reviews, 2009, 38（9）: 2520-2531.

[50] Wang G P, Zhang L, Zhang J J. A Review of electrode materials for electrochemical supercapacitors. Chemical Society Reviews, 2012, 41（2）: 797-828.

[51] Lee J, Sohn K, Hyeon T. Fabrication of novel mesocellular carbon foams with uniform ultralarge mesopores. Journal of the American Chemical Society, 2001, 123（21）: 5146-5147.

[52] Wang D W, Li F, Liu M, et al. 3D aperiodic hierarchical porous graphitic carbon material for high-rate electrochemical capacitive energy storage. Angewandte Chemie International Edition, 2008, 47（2）: 373-376.

[53] Futaba D N, Hata K, Yamada T, et al. Shape-engineerable and highly densely packed single-walled carbon nanotubes and their application as super-capacitor electrodes. Nature Materials, 2006, 5（12）: 987-994.

[54] Wang H L, Casalongue H S, Liang Y Y, et al. Ni（OH）$_2$ nanoplates grown on graphene as advanced electrochemical pseudocapacitor materials. Journal of the American Chemical Society, 2010, 132（21）: 7472-7477.

[55] Zhong C, Deng Y, Hu W, et al. A review of electrolyte materials and compositions for electrochemical supercapacitors. Chemical Society Reviews, 2015, 44（21）: 7484-7539.

[56] Hadzi-Jordanov S, Angerstein-Kozlowska H, Vukovič M, et al. Reversibility and growth behavior of surface oxide films at ruthenium electrodes. Journal of The Electrochemical Society,

1978, 125（9）: 1471.

[ 57 ]　Mozota J, Conway B E. Surface and bulk processes at oxidized iridium electrodes—I. Monolayer stage and transition to reversible multilayer oxide film behaviour. Electrochimica Acta, 1983, 28（1）: 1-8.

[ 58 ]　Sugimoto W, Iwata H, Murakami Y, et al. Electrochemical capacitor behavior of layered ruthenic acid hydrate. Journal of The Electrochemical Society, 2004, 151（8）: A1181-A1187.

[ 59 ]　Dong X P, Shen W H, Gu J L, et al. $MnO_2$ embedded in mesoporous carbon wall structure for use as electrochemical capacitors. Journal of Physical Chemistry B, 2006, 110（12）: 6015-6019.

[ 60 ]　Wang X, Kajiyama S, Iinuma H, et al. Pseudocapacitance of mxene nanosheets for high-power sodium-ion hybrid capacitors. Nature Communication, 2015,（6）: 6544.

[ 61 ]　Jiang H, Yang L, Li C, et al. High-rate electrochemical capacitors from highly graphitic carbon-tipped manganese oxide/mesoporous carbon/manganese oxide hybrid nanowires. Energy Environmental Science, 2011, 4（5）: 1813-1819.

[ 62 ]　Khomenko V, Raymundo-Piñero E, Béguin F. High-energy density graphite/ac capacitor in organic electrolyte. Journal of Power Sources, 2008, 177（2）: 643-651.

[ 63 ]　 Wang F, Xiao S, Hou Y, et al. Electrode materials for aqueous asymmetric supercapacitors. RSC Advances, 2013, 3（32）: 13059-13084.

[ 64 ]　Hong M S, Lee S H, Kim S W. Use of KCl aqueous electrolyte for 2 V manganese oxide/activated carbon hybrid capacitor. Electrochemical and Solid State Letters, 2002, 5（10）: A227-A230.

[ 65 ]　Wang F, Wang X, Chang Z, et al. A quasi-solid-state sodium-ion capacitor with high energy density. Advanced Materials, 2015, 27（43）: 6962-6968.

[ 66 ]　Aravindan V, Gnanaraj J, Lee Y S, et al. Insertion-type electrodes for nonaqueous Li-ion capacitors. Chemical Reviews, 2014, 114（23）: 11619-11635.

# 第7章

# 燃料电池与氢能

燃料电池（fuel cell，FC）是一种不经过燃烧而将燃料与氧化剂中的化学能直接以电化学反应的方式转变为电能的发电装置，具有无污染、高效率、低噪声及长寿命等诸多优势，是未来最具发展潜力的能量转换技术之一。同时，作为燃料电池的重要燃料形式，氢能的利用不仅可减少化石资源依赖，且有助于能源的可持续发展，对推进绿色化学与实现低碳经济具有重要意义。本章将基于燃料电池的起源、发展现状及未来前景，介绍燃料电池技术相关知识，主要包括燃料电池的构成、工作原理、分类及氢能的制取与贮存。

## 7.1 燃料电池概述

燃料电池是一种新型能量转换装置，可通过一对氧化还原半反应将燃料（通常为氢气）和氧化剂（通常为氧气）的化学能直接转化为电能。燃料电池按电化学原理工作，运行方式却与热机类似。理论上，只要源源不断地将燃料与氧化剂供给至燃料电池内部，便可持续输出电能，同时只生成副产物水并排出相应的废热。在合适的条件下，若能通过热电联产技术将废热加以利用，便可进一步提高燃料的利用效率。由于燃料的选择范围广，且燃料形式与可再生能源载体相互兼容，燃料电池将在未来的能源可持续发展及能源安全中发挥重要作用。

### 7.1.1 燃料电池的发展历史及现状

电解水可生成氢气和氧气，受此启发，英国科学家 Sir William Grove 于 1839 年制作了最早的燃料电池雏形并将其命名为气体伏打电池。基于水电解逆反应原理，该气体电池采用 Pt 为电极，硫酸为电解液，氢气和氧气为反应物从而直接产生电能，其结构如图 7-1 所示。1889 年，化学家 Ludwig Mond 和 Charles Langer 首次提出"燃料电池"概念，并发现 Pt 电极易被燃料气中存在的 CO 所毒化。1893 年，德国化学家 Wilhelm Ostwald 完善了燃料电池的工作原理，并进一步从热力学角度验证了电池的能量转化效率。然而，在此后的一段时间里，由于机械能转变为电能的发电机技术发展迅速，加之时代背景下对能源及环境危机认知限制，使得燃料电池的研发一度进展缓慢。1932 年，英国剑桥大学工程学教授 Francis Bacon 开发了一种 5kW 的固定式碱性燃料电池（亦被称为培根型燃料电池），对燃料电池的发展具有里程碑意义。经过不断改进，自 20 世纪 60 年代中期以来，碱性燃料电池成功应用于航空航天领域，成为阿波罗登月飞船的供能电源，这也标志着燃料电池由实验室研发阶段开始转入实际应用。随后，燃料电池技术进入高速发展期，随着相关理论的不断完善，多种燃料电池类型如熔融碳酸盐燃料电池、固体氧化物燃料电池及质子交换膜燃料电池相继被开发并应用。

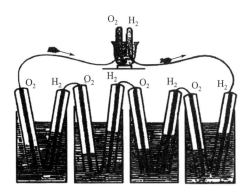

图 7-1　气体伏打电池结构示意图

目前，美国、日本及加拿大在燃料电池研发领域位于世界前列。燃料电池技术发展与氢能产业进步密不可分，美国通用公司在 1966 年即推出了全球首款燃料电池汽车 Electrovan，并于 1970 年开始布局氢能产业。2002 年，美国发布了《国家氢能路线图》并随之推出绿色氢燃料电池汽车计划，推动了其氢能相关技术及燃料电池总装机量的快速发展，拥有诸如 AirProducts、Praxair、PlugPower 等产业链内著名科技公司。日本由于资源相对匮乏，所以对氢能产业及燃料电池领域的研发极为重视，在相关技术储备和专利占有量上世界领先。2014 年，丰田公司量产了氢燃料电池车型 Mirai，开启了燃料电池汽车商业化元年。随后，日本发布《氢能源基本战略》并加速推进"氢能社会"进程，已部分实现家庭终端燃料电池热电联产系统的供应。加拿大拥有世界级氢能赋能，在燃料电池相关技术尤其是质子交换膜燃料电池领域具有较大优势。1993 年，加拿大 Ballard Power Systems 公司便研制了全球首辆质子交换膜燃料电池巴士，截至 2021 年，该公司已累计设计并交付了超过 250MW 的燃料电池产品。此外，加拿大太平洋铁路所属氢动力列车已完成首次测试，预计于 2023 年底正式运营。

我国的燃料电池研究始于 20 世纪 50 年代，并在航空航天用碱性燃料电池热潮的影响下，于 70 年代达到了第一个高峰。随后，由于能源危机与环境问题的日益紧迫，燃料电池相关研发工作自 90 年代起又进入了一个新的快速发展时期，并取得了长足的进展。目前，越来越多的研究机构已加入到燃料电池的技术攻关中，主要科研院所包括中国科学院大连化学物理研究所、中国科学院长春应用化学研究所、清华大学及哈尔滨工业大学等。2008 年，由清华大学研发的燃料电池客车作为"奥运节能与新能源示范车"，接载了来自全世界的运动员。2022 年，北京冬奥会开启了我国燃料电池产业发展的新篇章，比赛期间示范运行了超 1000 辆燃料电池汽车。此外，基于经济发展对新能源的迫切需求，2021 年国家能源局、科技部印发了《"十四五"能源领域科技创新规划》，明确列入了多项氢能及燃料电池关键技术，为我国燃料电池的发展指明了方向。

## 7.1.2　燃料电池的结构及工作原理

如图 7-2 所示，燃料电池主要由阴极、阳极、电解液及外部电路组成。其中，氧化剂发生还原反应的电极称为阴极，对外电路按原电池定义为正极；燃料发生氧化反应的电极称为阳极，对外电路按原电池定义为负极，而两极由离子导电电解液分隔。以最简单的氢氧燃料电池为例，在阳极侧，$H_2$ 在电催化剂（如 Pt）的作用下发生氧化反应生成 $H^+$ 和 $e^-$，$H^+$ 通过电解液迁移至阴极，同时 $e^-$ 经外部电路移动至阴极。在阴极侧，$O_2$ 与 $H^+$ 和 $e^-$ 发生还原反应，从而生成水。阳极半反应、阴极半反应及总反应见式(7-1)～式(7-3)。

$$阳极半反应：\qquad\qquad H_2 \longrightarrow 2H^+ + 2e^- \qquad\qquad (7-1)$$

$$阴极半反应：\qquad 0.5O_2 + 2H^+ + 2e^- \longrightarrow H_2O \qquad\qquad (7-2)$$

$$总反应：\qquad\qquad 0.5O_2 + H_2 \longrightarrow H_2O \qquad\qquad (7-3)$$

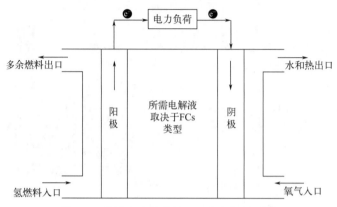

图 7-2　燃料电池的结构及工作原理示意图

电解液中离子电荷的流动必须与外部电路中电子电荷的流动相平衡，也正是这种平衡作用产生了电能。进一步而言，燃料电池在实际工作时，需连续不断地向电池内部输送燃料和氧化剂，所以燃料和氧化剂均以流体为主。其中，燃料类型主要为纯氢、各种富含氢的气体（如重整气）及特定液体（如甲醇水溶液），而氧化剂类型主要为纯氧、净化空气及特定液体（如过氧化氢）。此外，为了保持理想发电的连续等温运行，必须持续将副产物水和废热排出。所以，在燃料电池（或电池堆）结构基础上，还应包含水管理子系统、热管理子系统及电控管理子系统等。

### 7.1.3　燃料电池的特点

（1）能量转换效率高

燃料电池通过电化学反应将化学能直接转变为电能，不受卡诺循环的限制，因此其能量转换效率远高于传统热机和发电机，在实际应用中可达 60%～80%。

（2）环境友好

燃料电池电化学反应产物仅为水，不排放氮氧化物、硫氧化物和碳氧化物等大气污染物，无环境污染。此外，燃料电池按电化学原理工作，运行声音小，无噪声污染。

（3）使用寿命长

常规电池的活性材料一般存储于电池内部，由于老化原因容量与使用寿命易于受限。相较之下，燃料电池的燃料和氧化剂贮存于电池外部的储罐中，在使用寿命上具有常规电池无可比拟的优势。

（4）燃料多样

燃料电池的燃料可选择氢气、煤气、沼气及天然气等气体燃料，或甲醇、轻油及柴油等液体燃料，甚至包括洁净煤、碳材料等固体燃料，具有灵活多样性。

（5）使用便捷

燃料电池可在电力消费终端现场直接发电，无需输电线和变电站的参与。同时，根据单体电池或电池堆的不同组合，其功率可在瓦至兆瓦范围内调节，使用方式便捷。

## 7.2　燃料电池的分类

燃料电池按照电解质的不同可以分为六种类型：质子交换膜燃料电池（proton exchange membrane fuel cell，PEMFC）、碱性燃料电池（alkaline fuel cell，AFC）、磷酸燃料电池（phosphoric acid fuel cell，PAFC）、熔融碳酸盐燃料电池（molten carbonate fuel cell，MCFC）、固体氧化物燃料电池（solid oxide fuel cell，SOFC）以及直接甲醇燃料电池（direct methanol fuel cell，DMFC）。

若按工作温度来区分，亦可分为低温燃料电池、中温燃料电池及高温燃料电池三类。低温燃料电池的工作温度低于 100℃，主要包括质子交换膜燃料电池和碱性燃料电池。中温燃料电池的工作温度介于 100～300℃ 区间，主要包括培根型碱性燃料电池和磷酸燃料电池。高温燃料电池的工作温度在 600～1000℃ 之间，主要为熔融碳酸盐燃料电池和固体氧化物燃料电池。各类燃料电池的技术特点及对比见表 7-1。

表 7-1　各类燃料电池的技术特点及对比

| 参数 | 燃料电池类型 | | | | | |
| --- | --- | --- | --- | --- | --- | --- |
| | PEMFC | AFC | PAFC | MCFC | SOFC | DMFC |
| 电解质 | 固体聚合物膜（Nafion ®） | 液态 KOH 溶液 | 磷酸（$H_3PO_4$） | 碳酸锂、碳酸钾 | 稳定固体氧化物（$Y_2O_3/ZrO_2$） | 固体聚合物膜 |
| 工作温度/℃ | 50～100 | 50～200 | 约 200 | 约 650 | 800～1000 | 60～200 |
| 电荷载体 | $H^+$ | $OH^-$ | $H^+$ | $CO_3^{2-}$ | $O^{2-}$ | $H^+$ |
| 燃料 | 纯 $H_2$ | 纯 $H_2$ | 纯 $H_2$ | $H_2$、CO、$CH_4$ 等 | $H_2$、CO、$CH_4$ 等 | $CH_3OH$ |
| 氧化剂 | 空气中的 $O_2$ | 空气中的 $O_2$ | 空气中的 $O_2$ | 空气中的 $O_2$ | 空气中的 $O_2$ | 空气中的 $O_2$ |
| 效率/% | 40～50 | 约 50 | 40 | ＞50 | ＞50 | 40 |
| 电压 | 1.1 | 1.0 | 1.1 | 0.7～1.0 | 0.8～1.0 | 0.2～0.4 |
| 功率密度/(kW/m$^3$) | 3.8～6.5 | 约 1 | 0.8～1.9 | 1.5～2.6 | 0.1～1.5 | 约 0.6 |
| 成本/(美元/kW) | ＜1500 | 约 1800 | 2100 | 2000～3000 | 3000 | — |
| 应用 | 应急服务业、交通运输业 | 交通运输、航天飞机 | 交通运输、便携式电源 | 交通运输、公用电厂、工业领域 | 便携式电源 | 便携式电源 |
| 优势 | 功率密度高、快速启动 | 功率密度高、启动快 | 稳定的电解质特性 | 效率高、无需金属催化剂 | 固体电解质、效率高 | 没有燃料重整器、成本较低 |
| 缺点 | Pt 价格昂贵、对燃料杂质敏感（CO，$H_2S$ 等） | Pt 价格昂贵、对燃料杂质敏感（CO，$H_2S$ 等） | 液体电解质具有腐蚀性、对燃料杂质敏感 | 成本高、电解液易腐蚀、对硫不耐受 | 成本高、启动慢、对硫化物不耐受 | 工作效率低和输出功率密度较小 |

## 7.2.1　质子交换膜燃料电池

由于具有高转换效率、零排放、低工作温度等诸多优势，质子交换膜燃料电池被视为未来最有潜力的可再生和可持续能源转换装置之一。目前，质子交换膜燃料电池已成功应用于便携式设备、固定电站及交通运输等领域，且商业化进展迅速。现阶段，质子交换膜燃料电池技术发展与产业化进程中主要的制约因素为功率密度、成本和耐用性。日本新能源和工业技术开发组织于 2019 年推出了氢能源和燃料电池发展规划，提出在 2030 年前实现燃料电池体积堆叠功率密度 6kW/L 的目标，而欧洲燃料电池和氢能联合会则计划在 2024 年前突破功率密度 9.3kW/L 的电池技术。

然而，截至 2020 年，在已商业化燃料电池中实现的最高体积堆叠功率密度为 4.4kW/L（含端板）和 5.1kW/L（不含端板），与目标数值还有较大差距。当前质子交换膜燃料电池依然较为依赖贵金属（如 Pt）催化剂，使其成本居高不下。尽管 Pt 基催化剂具有优异的化学稳定性、交换电流密度和功函数，但降低 Pt 的用量甚至进行非贵金属替换势在必行。此外，根据质子交换膜燃料电池使用方式的差异，其耐久性也不尽相同。2015 年，美国能源部建议汽车能源系统的寿命目标为 5000h，固定式电力系统的寿命目标为 40000h，而实际应用的质子交换膜燃料电池技术分别只能实现 1700h 和 10000h 的耐久度。

鉴于电极、催化剂、电解质等组件性质与电池性能息息相关，将以质子交换膜燃料电池为例，详细介绍燃料电池技术相关理论知识。

(1) 结构及工作原理

如图 7-3 所示，一个典型的单体质子交换膜燃料电池由阴极和阳极双极板、气体扩散层、催化剂层以及质子交换膜构成。其中，气体扩散层、催化剂层以及质子交换膜的组合称为膜电极 (membrane electrode assembly, MEA)，是质子交换膜燃料电池最为核心的部件。在阳极催化剂层中，由外部注入并经阳极气体扩散层扩散而来的氢气发生氧化反应生成质子和电子。质子和电子分别通过质子交换膜及外部电路迁移至阴极催化剂层，与外部注入并经阴极气体扩散层扩散而来的氧气发生还原反应，最终生成水。在标准条件下，单体质子交换膜燃料电池的理论开路电压为 1.23V。然而，由于多种极化损耗，如激活损耗、欧姆损耗和浓度损耗等，电池的实际工作电压要低得多，通常为 0.5～0.8V。所以在实际应用中，通过将数个乃至数百个单体电池连接为电池堆，从而获得更高的电压以满足用电需求。此外，燃料电池在工作时，产生的副产物水和废热需通过水管理子系统及热管理子系统及时排出，以确保电池的高功率密度和耐久性。

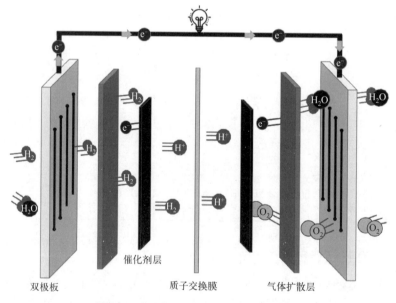

图 7-3 质子交换膜燃料电池结构示意图

(2) 双极板

作为质子交换膜燃料电池的关键部件之一，双极板约占电池（或电池堆）总重量的 40%～80%，总成本的 30%～40%。双极板的主要功能为：物理分隔燃料与氧化剂、提供反应气流动通道并使反应气均匀分布、收集并传导电流、支撑膜电极并保持电池堆结构稳定、排出系统热量、排出反应产生的水、串联单体电池。可以看出，双极板质量的优劣将直接影响电池输出功率的大小及使用寿命的长短。在电池堆中，燃料和氧化剂分别通过嵌入在双极板结构内的不同流场通道进入，并最终分布于所有单体电池内。所以，双极板结构与流场通道的构建对反应气进入和水的移除起着至关重要的作用。当前，流场结构的优化主要有两条技术路线：一种为基于传统"槽-脊"结构的 2D 变径流道及流道中含挡板的流场，另一种是无"槽-脊"结构的 3D 流道结构及基于金属或石墨烯多孔泡沫的一体化极板流场。此外，双极板的固态结构对于电子的迁移和电池堆的稳定性亦有较大影响。一方面，双极板与外部电路相连，可辅助阳极氢氧化反应产生的电子通过外部电路移动至阴极。另一方面，双极板为单体电池的膜电极组件提供了机械支撑作用。对于反应热量的传导，在标准作业条件下反应物气体流对热量移除无明显帮助，超过 95％的反应热通过双极板消散至冷却剂流中。

目前，常用的双极板基材主要为石墨材料、金属材料和复合材料。总体而言，这三种材料各有优劣，却都不能完全满足双极板性能发展的需求。金属或合金具有良好的机械性能和导电性，然而，在电池使用过程中金属表面易形成钝化膜。虽然所形成的钝化膜可减缓腐蚀速度，但其导电性较差，会影响燃料电池的输出功率和使用寿命。如何解决导电性与耐腐蚀性的合理匹配，是当前金属材料双极板的研究热点。相较于金属或合金双极板，石墨双极板具有密度低、耐腐蚀性强、与碳基气体扩散层亲和力好等诸多优点，可满足燃料电池长期稳定运行的要求。但是，由于石墨相对较脆且机械强度低，实际生产中通常通过增加极板厚度来提高其力学性能，最终导致石墨双极板体积与质量占比过大。复合材料双极板通常由高分子树脂基体和导电填料组成，兼具金属材料和石墨材料的优点，是未来最具潜力的双极板材料发展趋势之一。

（3）气体扩散层

通常而言，气体扩散层的主要成分为碳、水、聚四氟乙烯（或其他疏水物质）的混合物，而聚四氟乙烯的作用为促进气体传输并防止水淹。气体扩散层将双极板与催化剂层相连，建立了从气体流道毫米尺度到催化剂纳米尺度间的桥梁。如图 7-4 所示，在结构上，气体扩散层由大孔层（基层）和微孔层组成。其中，大孔层主要构成成分为碳纸或碳布，而微孔层主要构成成分为碳粉与疏水/亲水物质。碳粉是微孔层最重要的组分之一，对气体扩散层性能有较大影响。目前，微孔层中常用的碳材料为炭黑、Vulcan XC-72R 及乙炔黑等，而碳纳米管和碳纳米纤维等纳米碳源的研发亦取得了较大的进展。有研究表明，调节炭黑含量（0～10％）可显著影响碳纸密度，从而作用于质子交换膜燃料电池性能。进一步而言，鉴于在耐酸性、透气性、导电性、压缩弹性、孔隙度保持性上的优势，碳基材料被广泛用于基层的制作中。因此，基层必须满足几个要求：高电子导电性以便电子迁移，高疏水性以便排水，及促进气体转移至催化剂层以便电化学反应的发生。此外，基层应具有足够的强度来支撑整个电极层。典型的基层厚度范围为 $0.2 \sim 0.5 mm$，其内碳基质形成的大孔孔隙率为 $60\% \sim 90\%$，厚度为 $100 \sim 400 \mu m$，孔径为 $20 \sim 50 \mu m$，且疏水聚合物与碳基质的融合深度为 $5 \sim 40 \mu m$。

在功能性上，基层中的大孔基质是气体流动孔隙度的最大贡献者，而微孔层位于催化剂层和基层之间，可减小电阻、调节疏水层级及防止催化剂层渗入基层。微孔层对水管理具有较大作用，在催化剂层一侧，微孔层通过降低微孔层-催化剂层界面水饱和度而增强催化剂层催化活性。同时，在基层一侧，微孔层降低了气体扩散层饱和度，从而提升其性能。总体上说，气体扩散层具有多种功能，可视为膜电极中的气体扩散器、电流收集器、结构支撑器和导水器，并可将热量从催化剂层传递到集流体中，对反应气运送、水平衡及热传输皆有重要影响。

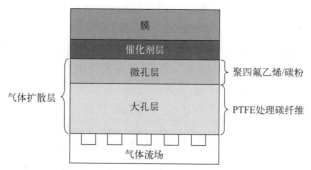

图 7-4　质子交换膜燃料电池气体扩散层结构示意图

（4）催化剂层

① 催化剂层的组成和功能　电化学反应发生于催化剂层中，将 $H_2$ 与 $O_2$ （或空气）直接转化为水和电力。一般而言，催化剂层由催化剂、碳基底、疏水物质和电解质（如 Nafion）中的离子交联聚合物组成。催化剂在加速氢氧化反应和氧还原反应中起着重要作用，而全氟磺酸离子交联聚合物（Nafion 离子聚合物）则为 $H^+$ 从阳极侧迁移至阴极侧提供了通道。催化剂层厚度通常为 $5\sim100\mu m$，孔隙率为 $40\%\sim70\%$，同时，催化剂须被较好地分散在基底上且催化剂粒径介于 $1\sim10nm$ 之间。由于具有高的导电性，当前催化剂基底依然以碳基材料为主，如碳粉、石墨及活性炭等。值得一提的是，新的研究显示当碳气凝胶作为基底时具有更大的孔隙率和表面积，且催化剂负载量可根据催化剂层厚度的不同在 $0.01\sim5mg\cdot cm^{-2}$ 之间调节。疏水物质不仅可作为催化剂黏结剂，亦可维持催化剂层的疏水性，通常以聚四氟乙烯为主。此外，催化剂的耐久性也是一个重要的考量因素。在特定情况下，为促进电化学反应中产生或吸附电子的有效迁移，并加速 $H^+$ 从阳极到膜的传导，通常将 Nafion 离子聚合物添加至催化剂层中。

② 催化剂　催化剂加速了 $H_2$ 燃料与氧化剂的电化学反应，使之以更高的效率转化为电能。一般而言，催化剂须具备高内部活性（尤其在阴极侧）、高导电性及环境友好等特性。常见的质子交换膜燃料电池催化剂可以分为三类：Pt 基催化剂、改性 Pt 基催化剂（如 Cr、Cu、Co 或 Ru 改性）及非 Pt 基催化剂（如非贵金属催化剂或金属有机催化剂）。目前，Pt 依然是质子交换膜燃料电池中最有效的催化剂，且有关 Pt 基催化剂性质的探究为该领域的主要研究方向，如 Pt 担载量、Pt 分散度及 Pt 颗粒大小等。此外，研究人员还重点关注了碳基底类型、催化剂层放置方法、溶剂、疏水物质、孔隙率、界面作用等方面对电池性能的影响。Pt 合金催化剂的使用可显著减少金属 Pt 的用量，且整体催化性能并无明显下降。Pt 合金催化剂典型的案例有 Pt-Ru、Pt-Co、Pt-Pd、Pt-Ru-Co、Pt-Co-Cr 及 Pt 与 Fe、Co、Cu、Ni 的组合合金。有报道称，合金之所以可以提高催化活性是因为异类金属的存在增加了 Pt 的活性位，然而，其耐久性却仍有待证实。当前，非 Pt 基催化剂的使用仍然是研究人员所面临的巨大挑战，亦是燃料电池催化剂发展的瓶颈。另外，Pt 不但昂贵，且容易被 CO 毒化从而引起催化剂中毒。已在研究阶段的非 Pt 基催化剂包含 5、10、15、20-四-(4-甲氧基苯基)-卟啉钴（Ⅱ）、Ir-V 合金、Co 基材料及金属碳化物等。

③ 离子交联聚合物　催化剂层中添加的导电离子交联聚合物（如 Nafion 离子聚合物）不仅有助于提高电极性能，且可促使 $H^+$ 自阳极经聚合物膜迁移至阴极。具体而言，离子交联聚合物的功能主要是作为质子传递器、作为催化剂层黏合剂和提供亲水基团维持水分和离子电导率。虽然增加催化剂层中离子交联聚合物的添加量可改善电化学活性表面并提高离子导电性，但添加量存在一个最佳阈值。含量过低会限制质子向膜的移动，而含量过高会对气

体的吸附和流动产生负面影响。已有研究表明，Nafion 离子聚合物在催化剂层中不同的添加位置会对性能产生影响，而离子聚合物分布在催化剂层表面比分布在催化剂层体相内活性更高。在相关离子交联聚合物含量对催化剂活性的影响表征中，基于 I-V 测试和电化学阻抗谱（EIS）测试结果，研究人员指出最佳的 Nafion 离子聚合物含量为 $1.0 \text{mg} \cdot \text{cm}^{-2}$，且界面电阻与三相区（反应物、电解质和催化剂）密切相关。

（5）质子交换膜

质子交换膜处于膜电极的中心位置，起到隔绝电子，分隔阴、阳两极并传导质子的功能，应具备质子导电性高、化学稳定性及热稳定性好、足够的机械强度、反应气的渗透性小等特性。当前，质子交换膜根据其含氟量的多少可分为全氟型质子交换膜、部分氟化型质子交换膜以及非氟型质子交换膜。全氟型质子交换膜主要包括美国 DuPont 公司的 Nafion® 膜，如 Nafion® 112、Nafion® 115、Nafion® 117，美国 Dow 公司的 Dow® 膜和 Xus-B204® 膜，日本 Asahi Chemical 公司的 Aciplex® 膜，日本 Asahi Glass 公司的 Flemion® 膜、比利时 Solvay 公司的 Aquivion® 膜等。全氟型质子交换膜的结构如图 7-5 所示，以疏水的聚四氟乙烯碳氟结构为主链。其中，C—F 键键能高、不容易断裂，且氟原子可通过分子链的旋转折叠等形式覆盖于 C—C 键周围，对 C—C 键起到了很好的保护作用，使整个分子具有较好的化学稳定性和热稳定性。同时，侧链上亲水性磺酸基团容易形成富离子区域，从而提升质子电导率。需要注意的是，$H_2$ 燃料气中存在的 CO 在低温下易毒化 Pt 催化剂，形成 Pt-CO 加合物，从而致使催化活性降低。提高电池的工作温度可以很好地解决催化剂毒化问题，但全氟磺酸膜的最佳工作温度为 70～90℃，温度过高会使得膜内水含量急速下降，继而降低导电性。所以，功能性复合膜成为现阶段的研发趋势。例如，美国 Gore 公司研制的 Gore-Select® 复合膜（聚四氟乙烯/全氟磺酸复合膜），因全氟磺酸树脂可填充于微孔中，使膜厚度可减小至 5μm，从而提升了质子电导率。

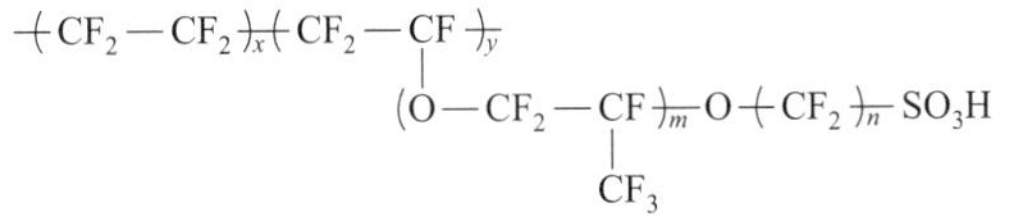

$$+CF_2-CF_2\frac{}{x}(CF_2-CF\frac{}{y}$$
$$(O-CF_2-CF\frac{}{m}O(CF_2\frac{}{n}SO_3H$$
$$CF_3$$

| | |
|---|---|
| Nafion® 膜 | $m \geqslant 1$, $n=2$, $x=5\sim13.5$, $y=1000$ |
| Flemion® 膜 | $m=0, 1$; $n=1\sim5$ |
| Aciplex® 膜 | $m=0, 3$; $n=2\sim5$, $x=1.5\sim14$ |
| Dow® 膜 | $m=0$, $n=2$, $x=3.6\sim10$ |

图 7-5 全氟型质子交换膜的结构

全氟磺酸型质子交换膜价格昂贵，是质子交换膜燃料电池加速产业化进程中的主要制约因素之一。因此，科技工作者对成本相对较低的部分氟化型质子交换膜甚至非氟型质子交换膜开展了大量的研究工作。典型的部分氟化型质子交换膜有聚三氟苯乙烯磺酸膜、加拿大 Ballard Power Systems 公司的 BAM 3G® 膜（磺化或磷化三氟苯乙烯膜）、聚四氟乙烯-六氟丙烯膜等。如图 7-6 所示，部分氟化型质子交换膜通常为主链全氟，用以保护碳骨架，有利于在氧化环境下保持膜的耐久性，而质子交换基团为引入的带有磺酸基的单体。该类非全氟质子交换膜不仅成本相对较低，且具有较好的热稳定性及化学稳定性，其部分性能甚至已超越了 Nafion 177® 膜和 Dow® 膜，但机械强度依然有待提高。

相较于全氟磺酸型质子交换膜，非氟型磺酸膜具有价格便宜、亲水能力强、保水性能好及环境污染小等诸多优势，已成为质子交换膜燃料电池领域研究热点。目前，大量的非氟型质子交换膜材料已被研发，包括聚苯基喹喔啉磺酸（BAM 1G）、聚联苯酚磺酸（BAM 2G）、聚醚醚酮（PEEK）、磺化聚醚醚酮（SPEEK）、聚苯并咪唑（PBI）、磺化聚芳醚砜

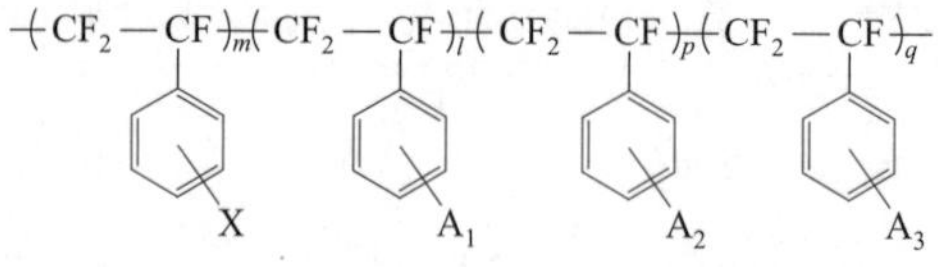

$$+CF_2-CF+_m+CF_2-CF+_n+CF_2-CF+_p+CF_2-CF+_q$$

X=磺酸基，$A_1$、$A_2$、$A_3$=烷烃、卤素，CF=碳氟基、氰基、羟基

图 7-6　BAM 3G® 膜结构示意图

（SPAES）、磺化聚酰亚胺（SPI）及磺化聚苯（SPP）等。如图 7-7 所示，这些聚合物材料一般表现为芳环聚合物特性，含有一个或多个连接在一起的苯环骨架，可通过结构改性修饰其质子导电性。然而，非氟型质子交换膜对工作环境的要求较为苛刻，易被降解破坏，且降解作用机制目前尚不明确。

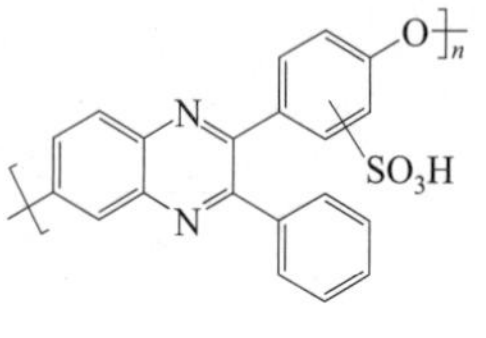

(a) BAM 1G 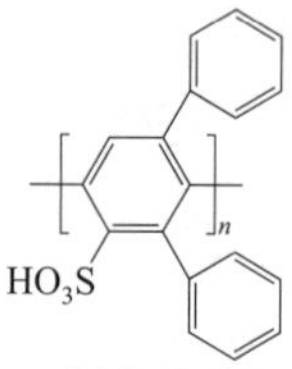　　　(b) BAM 2G 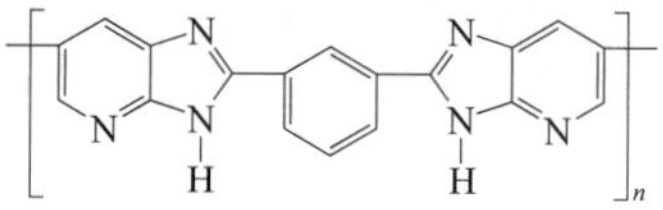　　　(c) PBI

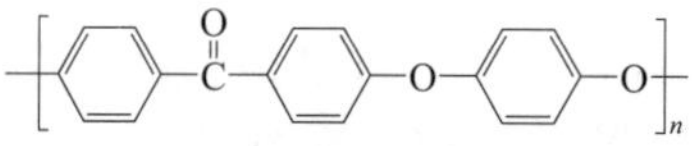

(d) PEEK 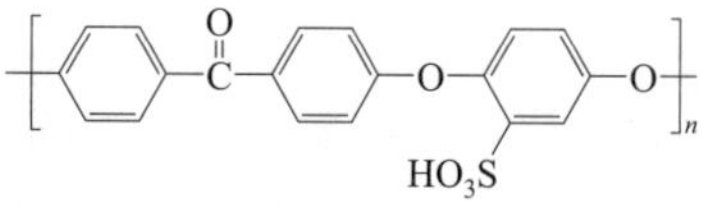　　　(e) SPEEK

图 7-7　非氟型质子交换膜材料结构示意图

（6）退化和耐久性

衰退现象是质子交换膜燃料电池在实际使用中需要重点关注的问题，过快的衰退（或降解）会严重影响电池的使用寿命。质子交换膜燃料电池的退化过程大致可分为三类：由于长期使用而发生的无法避免且不可逆的基线衰退，由于重复或操作条件而发生的衰退以及由于燃料电池经历不利工况（如燃料缺乏）而发生的衰退。科研工作者试图通过将各个组成部件的衰退机制进行拆分研究，从而了解燃料电池整体系统的退化影响因素。

研究结果显示，退化可以发生于气体扩散层、催化剂层（包含 Pt 催化剂和碳基载体）、质子交换膜以及双极板等组件。其中，气体扩散层的退化一般由碳材料的氧化、聚四氟乙烯的分解和机械降解所引发，而催化剂层的退化包含催化剂熟化、碳基底腐蚀、电解质界面降解以及催化剂团聚所致的催化活性表面积减少等多种类型。当燃料电池在恒定的电压和电流下工作时，催化剂降解过程中的粒径变化通常难以观测。然而，当燃料电池处于长时间运行状态时，电极侧粒径尺寸会随温度、测试时长、电势和水含量的增加而增大。此外，对于质子交换膜而言，电池运行过程中的湿度循环会引发膜的物理性退化，而过氧化氢自由基和羟基自由基的存在会引发其化学性退化。

除上述因素外，若水管理效率低下，水淹或脱水亦可能毒化燃料与氧化剂，从而引发衰退。

（7）质子交换膜燃料电池发动机

在能源与环境危机的时代背景下，氢燃料电池汽车（fuel cell vehicle，FCV）作为一种真正意义上的零排放、无污染载运工具，是未来新能源清洁动力汽车最具潜力的发展方向之一。目前，氢燃料电池汽车产业化进程不断加速推进，而燃料电池发动机作为其核心部件，受到了越来越多的关注。以 Mirai 氢燃料电池汽车的燃料电池发动机为例，其结构如图 7-8 所示。燃料电池发动机包含燃料电池电堆、空气子系统、氢气子系统、冷却子系统、电控子系统等部件，其整体性能的提升需集成多学科协同发展。

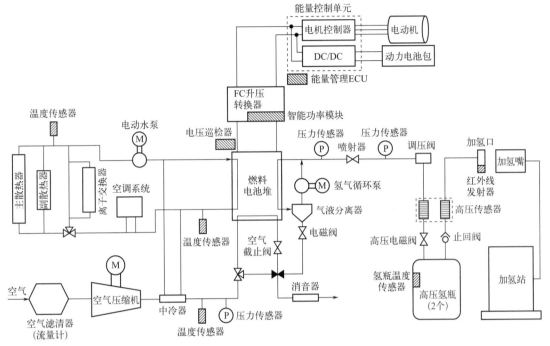

图 7-8　Mirai 氢燃料电池汽车的燃料电池发动机结构示意图

① 燃料电池电堆　对于质子交换膜燃料电池而言，由于其单体电池输出电压较低，通常将数个乃至数百个单体电池连接为电池堆使用，以满足不同场合用电需求。电池堆可视为双极板与膜电极的交替层叠，同时须在各单元之间嵌入密封件，以保持流体之间密封及对外密封。此外，电池堆端部设有集流板以便于电流输出，并经前后端板压紧后组装固定。燃料电池堆作为质子交换膜燃料电池发动机的核心部件，在正常工作时，氢气和氧气分别被输入至电池堆气体管道中，继而经过导流分配到各个双极板流道内并进一步传输至膜电极，最终在催化剂层上完成电化学反应。当前，有关电池堆的研发工作主要集中于提高输出性能、降低组件成本、提高耐久性指标及延长使用寿命等方面。电池堆整体性能的提升是一项复杂而系统化的工作，需分别提高电池堆的各组件性能并将其协同整合。例如，采用超薄质子交换膜可降低膜电极欧姆损失、采用新型 Pt 基催化剂可提高催化层活性、采用涂层改性超薄金属双极板可在维持结构稳定性的同时减缓腐蚀等，从而最终优化电池堆的输出功率及可靠性。

② 空气子系统　空气子系统主要由空气滤清器、空气压缩机、中冷器、增湿器、消声器、流量传感器、压力传感器、温度传感器等器件组成。自外部输入至电堆的空气应具有适宜的湿度，以避免阴极侧出现"干膜"现象。水含量的降低不仅会影响质子交换膜的质子导电性，且低湿度会促使过氧化氢自由基和羟基自由基的形成，从而破坏质子交换膜碳链骨架结构。针对这一问题，传统的解决方案为通过外部增湿器以维持空气湿度。然而，外部增湿器体积较大，增加了系统集成难度，且外部设置在冬季或高纬度地区有结冰的风险。新的研究显示，以内部自增湿方式替代外部增湿器是一个可行的策略。具体而言，可降低质子交换

膜厚度以提升水的渗透率、增加两极间水浓度梯度以促进水扩散、调节冷却液温度以抑制水分蒸发以及添加自由基捕获剂以维持质子交换膜结构。此外，空气压缩机亦是空气子系统中的核心部件，其作用为根据燃料电池堆的输出功率为电池提供所需压力和流量的空气，对于整个燃料电池系统的性能有着重要影响。鉴于燃料电池发动机对空气压缩机具有效率高、无油污、质量轻、体积小、动态响应快、喘振线在小流量区等性能要求，所以无法直接换装传统汽车空气压缩机，而通常以涡旋式、螺杆式(双螺杆或单螺杆)、离心式及罗茨式压缩机为主。其中，涡旋式空气压缩机容积效率高，压力和流量连续可调整，以丰田公司燃料电池系统为典型应用案例；而螺杆式空气压缩机结构紧凑、可靠性好、质量轻，以 PlugPower、Ballard Power Systems 等公司燃料电池系统为典型应用案例。

③ 氢气子系统　氢气子系统主要由高压氢瓶、氢气引射器、氢气循环泵、加氢接头、氢气喷嘴、氢气温度传感器、氢气压力传感器等部件组成。氢气子系统通过高压氢瓶提供电池堆所需的氢气，根据电池堆的工况，对氢气进行调压与增湿，并通过循环装置对电池堆出口处氢气进行循环再利用。根据对未反应氢气处理方式的差异，氢气子系统可分为直排模式、阳极死端模式、再循环模式三类。直排模式是指发动机将未反应的氢气直接排放至大气中，其氢气利用效率低且存在氢安全问题，目前已趋于淘汰。阳极死端模式通过将电池发动机阳极出口处封堵以提高氢气在电堆中的停留时间，可大幅提升氢气利用效率。但是，阳极出口被封易于造成积水及气压不稳，从而影响电池堆的稳定性。当前，主流燃料电池发动机以采用氢气再循环模式为主。通过氢气循环泵和引射器的协同作用，可以将电池堆阳极出口未参与反应的润湿氢气进行循环再利用，在最大限度提升氢气利用效率的同时避免了气压波动与积水现象，增加了燃料电池发动机可靠性。

④ 冷却子系统　由于质子交换膜燃料电池工作温度低，与环境温差相对较小，故存在散热困难的问题。当前，冷却子系统主要由冷却水泵、节温器、去离子器以及散热器等部件组成，通常采取与内燃机相似的大、小循环回路设计。根据实际工作时的不同工况，当燃料电池发动机需要快速暖机时，冷却液流经小循环回路，而当电池发动机需要大功率输出时，则进行大循环充分散热。具体而言，水泵通过改变冷却液流量来控制电池堆温度，使电堆在适宜的温度区间内工作。节温器通过调节阀门开合度与出口处液体流量配比，起到控制大、小循环回路流量的作用。去离子器可使冷却液的电导率处于较低水平，维持冷却液的绝缘性。需要注意的是，由于冷却液温度范围的特殊要求，燃料电池发动机冷却系统中的节温器不能直接换装传统内燃机节温器，而目前燃料电池发动机一般采用乙二醇和水的混合溶液作为冷却液。

## 7.2.2　碱性燃料电池

碱性燃料电池亦称为培根型燃料电池，由英国科学家 Francis Bacon 发明，是最成熟的燃料电池技术之一。如图 7-9 所示，该类燃料电池以氢气为阳极燃料，氧气为阴极氧化剂，KOH（或 NaOH）水溶液为电解质，将氢气的化学能直接转化为电能。目前，钛酸钾、二氧化铈、石棉和磷酸锆等材料已被应用于碱性燃料电池中的"微孔"分离器。根据电解质形态和位置的不同，碱性燃料电池可分为自由电解液型和担载型。自由电解液型碱性燃料电池需要在相对较高的温度下工作，通常为 60～120℃，而担载型碱性燃料电池可在较低的温度下工作，通常为 20～80℃。此外，自由电解液型碱性燃料电池使用高浓度 KOH（或 NaOH）水溶液作为电解质，而担载型碱性燃料电池使用固体聚合物膜作为电解质，且通常将电解质嵌入至电极中或通过多孔介质分布于电极内。在整个电化学反应过程中，阳极的加湿氢气在穿透气体扩散层到达催化剂层后，与电解质中的氢氧根离子反应生成水和电子。净化的氧气（或空气）则与水一起被输送至阴极，水中溶剂化的氧气在阴极催化剂层被还原生成氢氧根离子，继而氢氧根离子通过电解质扩散得以继续参与阳极氢氧化反应。碱性燃料电池阳极半反应、阴极半反应及总反应见式(7-4)～式(7-6)。

阳极反应 $\qquad H_2 + 2OH^- \longrightarrow 2H_2O + 2e^-$ （7-4）

阴极反应 $\qquad 0.5O_2 + H_2O + 2e^- \longrightarrow 2OH^-$ （7-5）

总反应 $\qquad 2H_2 + O_2 \longrightarrow 2H_2O$ （7-6）

与其他类型燃料电池相比，碱性燃料电池可在较低的温度区间工作，且具有使用寿命长、启动速度快等优势。由于碱性环境的存在增强了氧还原反应的电化学动力学，使得电池反应在非贵金属催化剂条件下的催化转化成为可能，使系统成本降低。但是，鉴于碱性电解质 KOH 对 $CO_2$ 的敏感性，自 20 世纪 80 年代以来，该类燃料电池产业化发展进程逐渐放缓。一方面，液体电解质中的氢氧根离子易于与 $CO_2$ 反应生成副产物碳酸盐，使得氢氧根浓度降低，且碳酸盐沉淀会进一步堵塞多孔电极。另一方面，若液体电解质过量（或缺乏），则会引发电极溢流及电极干燥等问题，同时高腐蚀性电解质致使电池密封较为困难。因此，碱性燃料电池操作过程中须对氧化剂进料中的 $CO_2$ 浓度进行限制。

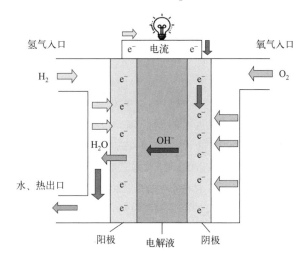

图 7-9 碱性燃料电池结构及工作原理示意图

## 7.2.3 磷酸燃料电池

磷酸燃料电池是一种中温型燃料电池，操作温度范围为 150～220℃，以碳化硅基质中的浓磷酸（$H_3PO_4$）为电解质，以贵金属（如 Pt 或 Pt 基合金）催化的气体扩散电极为正、负电极，具有电解质稳定、磷酸可浓缩、水蒸气压低和电极催化剂不易被 CO 毒化等优点。磷酸燃料电池在工作时，阳极侧的氢燃料在催化剂的作用下被氧化生成氢离子并释放出电子，继而氢离子通过高浓度的磷酸电解质迁移至阴极，在此与氧化剂和外部电路转移而来的电子反应生成水。该类电池的阳极半反应、阴极半反应及总反应见式(7-7)～式(7-9)。

阳极反应 $\qquad H_2 \longrightarrow 2H^+ + 2e^-$ （7-7）

阴极反应 $\qquad 0.5O_2 + 2H^+ + 2e^- \longrightarrow H_2O$ （7-8）

总反应 $\qquad 0.5O_2 + H_2 \longrightarrow H_2O$ （7-9）

磷酸燃料电池是最早实现商业化应用的燃料电池，技术相对成熟，被广泛用于 100～400kW 固定式发电站中，适合大容量发电公司和小容量电力支撑现场服务。磷酸燃料电池的优势如下：

① 耐受性强：由于电解质为酸性，不会被 $CO_2$ 毒化，所以磷酸燃料电池对杂质具有很强的耐受性，可直接使用化石燃料重整得到的含有 $CO_2$ 的气体为反应气。

② 结构简单：磷酸燃料电池的结构设计简单，稳定性强，不易发生 Pt 电极 CO 中毒及电解质挥发事故。

③ 综合效率高：磷酸燃料电池排出的热量可以用作空调的暖风及热水供应，当该技术用于热电联产时，效率可达 85%。

现阶段，磷酸燃料电池技术发展与产业化进程中存在两个主要制约因素：

① 功率密度低：磷酸燃料电池的发电效率为 35%～40%，反应装置启动速度慢，需要配备辅助系统。相较之下，该类燃料电池更适合于热电联产应用。

② 成本较高：磷酸燃料电池的电解质为浓 $H_3PO_4$，需集成耐腐蚀组件，而 Pt 催化电极亦造成了成本的进一步升高。

### 7.2.4 熔融碳酸盐燃料电池

熔融碳酸盐燃料电池是一种高温燃料电池，以悬浮在多孔 $\beta$-$Al_2O_3$ 陶瓷基质中的熔融碳酸盐混合物（如 $Li_2CO_3$、$K_2CO_3$）作为电解质，其结构及工作原理如图 7-10 所示。该类燃料电池阳极为含有分散的 Al 或 Cr 的多孔镍材料，以提供强度和抗烧结性，阴极则由多孔的掺锂氧化镍组成。电池的工作温度约为 $600\sim650℃$，压力为 $1\sim10$ 个大气压。在整个反应过程中，燃料（氢气、水、未消耗的甲烷、二氧化碳和一氧化碳）在阳极侧的入口处供应，氢气与碳酸根离子（$CO_3^{2-}$）反应，穿过膜，产生水、二氧化碳和电子。这些电子进一步在外部电路中流动，然后进入燃料电池的阴极侧。在阴极侧，阳极废气中的 $CO_2$ 和空气中的氧气以及从外部负载电路中获取的电子结合形成 $CO_3^{2-}$，以达到回收 $CO_2$ 的目的。电池阳极半反应、阴极半反应和总反应见式(7-10)～式(7-12)。

$$\text{阳极反应} \qquad H_2 + CO_3^{2-} \longrightarrow H_2O + CO_2 + 2e^- \qquad (7\text{-}10)$$

$$\text{阴极反应} \qquad O_2 + 2CO_2 + 4e^- \longrightarrow 2CO_3^{2-} \qquad (7\text{-}11)$$

$$\text{总反应} \qquad O_2 + 2H_2 \longrightarrow 2H_2O \qquad (7\text{-}12)$$

熔融碳酸盐燃料电池是燃料电池技术的进步，由于工作温度超过 $600℃$，该类燃料电池不需要外部重整，并具有内部重整以产生氢气的趋势。除此之外，熔融碳酸盐燃料电池还可以回收废热，用于热电联产配电系统的固定应用。将盐混合物的熔融碳酸盐电解质与陶瓷基固体电解质一起用于电池中，会促使熔融碳酸盐燃料电池的综合效率具有较大优势，在混合动力系统中效率可达 80%。但是，当前熔融碳酸盐燃料电池的发展仍面临一些技术挑战，如电解质腐蚀性强、电池寿命短、氧气还原率低和成本高昂等问题。

### 7.2.5 直接甲醇燃料电池

直接甲醇燃料电池由固体聚合物电解质膜两侧的两个多孔电催化电极组成，使用甲醇蒸气或液体作为燃料，在相对较低的温度下运行（$25\sim135℃$）。直接甲醇燃料电池是质子交换膜燃料电池的一种，其结构及工作原理如图 7-11 所示。整个反应过程中，阳极的甲醇被氧化为 $CO_2$，而阴极的氧气（通常是空气）则被还原为水或蒸汽。电池阳极半反应、阴极半反应和总反应见式(7-13)～式(7-15)。

$$\text{阳极反应} \qquad CH_3OH + H_2O \longrightarrow CO_2 + 6H^+ + 6e^- \qquad (7\text{-}13)$$

$$\text{阴极反应} \qquad 1.5O_2 + 6H^+ + 6e^- \longrightarrow 3H_2O \qquad (7\text{-}14)$$

$$\text{总反应} \qquad CH_3OH + 1.5O_2 \longrightarrow CO_2 + 2H_2O \qquad (7\text{-}15)$$

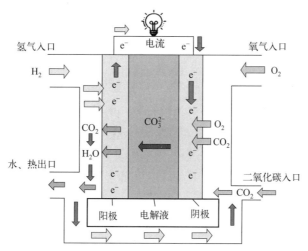

图 7-10　熔融碳酸盐燃料电池结构及工作原理示意图

整个电池反应的热力学可逆电势为 1.214V，与其他燃料电池相比，直接甲醇燃料电池具有系统简单、工作温度低、能量转换效率高、污染物排放低等优点。一方面，直接甲醇燃料电池可在较低的工作温度下运行，不需要电力充电，具备更长的电池寿命。另一方面，甲醇是一种可再生能源，对环境友好。许多研究人员已证明直接甲醇燃料电池是便携式能源应用的合适电源。然而，当前该类燃料电池的发展仍受到甲醇氧化反应（MOR）的限制。甲醇氧化反应作为直接甲醇燃料电池的半反应，是制约其整体性能的瓶颈反应。一旦甲醇分子通过膜扩散并在正极上被氧气直接氧化，就会发生甲醇渗透现象。该反应会导致直接甲醇燃料电池的阳极 CO 中毒，电池的电压、电流密度、燃料利用率及氧的电还原动力学降低，使得电池的性能和输出功率降低，从而影响长期运行的稳定性。

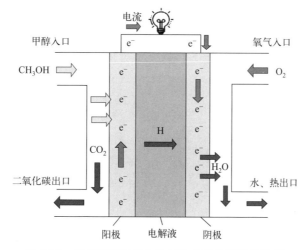

图 7-11　直接甲醇燃料电池结构及工作原理示意图

## 7.2.6　固体氧化物燃料电池

固体氧化物燃料电池作为一种高温燃料电池，利用固态氧化物电解质在高温下媒介离子传导的特性，将化学能直接转化为电能。如图 7-12 所示，典型的固体氧化物燃料电池主要部件为无孔固体陶瓷，采用氧化钇-稳定的氧化锆（YSZ）或氧化钇-稳定的氧化钇（YSY）

作为电解质将阳极和阴极相互分离。镧锶锰酸盐（LSM）及氧化钙-稳定的氧化钇（CSY）作为常见的阴极材料，在高温条件下具有良好的氧还原反应活性。镍-钇稳定氧化锆（Ni-YSZ）作为常见的阳极材料，其中镍为活性组分，有助于氢气的吸附和解离。此外，离子传导层（ion conducting layer，ICL）紧贴电极的薄膜，用于增强氧离子的传输和降低电阻，从而提高电池的效率。目前，常用的离子传导层材料有钇掺杂钙钛矿（YDC）和钇掺杂铈钛矿（YDCZ）等。在固体氧化物燃料电池运行时，阴极充当还原位点，发生氧还原反应生成氧离子。氧离子通过固体电解质迁移至阳极侧与 $H_2$ 发生氢氧化反应生成水，同时电子经外部电路转移。电池阳极半反应、阴极半反应及总反应见式(7-16)～式(7-18)。

$$阳极反应 \qquad H_2+O^{2-} \longrightarrow H_2O+2e^- \tag{7-16}$$

$$阴极反应 \qquad 0.5O_2+2e^- \longrightarrow O^{2-} \tag{7-17}$$

$$总反应 \qquad H_2+0.5O_2 \longrightarrow H_2O \tag{7-18}$$

作为一种全固态燃料电池，固体氧化物燃料电池的工作温度范围为 $800\sim1000℃$，可以承受高压以获得高化学反应速率。该类燃料电池具有约 $60\%$ 的燃料-电力转化效率，若将反应过程中产生的多余热量用于热电联产时，效率可高达 $80\%$。与熔融碳酸盐燃料电池情况相类似，固体氧化物燃料电池能直接发生内部重整，可采用氢气、甲烷和其他碳氢化合物等燃料作为能量来源。这种多燃料适应性使得该类燃料电池能够根据不同地区的能源资源情况进行灵活应用，为可持续的清洁能源利用提供了解决方案。此外，在固体氧化物燃料电池的电化学反应过程中几乎不会产生大气污染物和温室气体，且无噪声污染，在长期运行和产业化应用方面优势显著。然而，固体氧化物燃料电池较高的操作温度具有一定的风险和挑战。一方面，高操作温度导致电池需要消耗一定的能量来加热，增加了材料的热稳定性要求，限制了固体氧化物燃料电池在汽车动力系统等领域的应用。另一方面，高操作温度使得该类燃料电池需配置有效的热管理系统，以避免过热及热失控。同时，固体氧化物燃料电池使用氧化锆-稳定的氧化物作为电解质、稀有金属作为催化剂，致使电池系统成本相对较高，阻碍了其进一步大规模商业化应用。当前，固体氧化物燃料电池的性能优化主要集中在以下几个方面：

① 提高材料的导电性能：通过掺杂、复合等方法改善电解质和电极材料的导电性能，降低电阻，提高电池的输出功率密度。

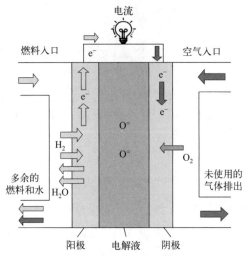

图 7-12　固体氧化物燃料电池结构及工作原理示意图

② 降低电解质/电极界面阻抗：通过优化材料的制备工艺、改进电极结构和增强界面反应等方法，减小界面阻抗，从而提高电池的效率。

③ 提高燃料利用率：通过优化燃料输送和分布方式、减少燃料中杂质含量等方法，提高燃料利用率和电池稳定性。

④ 降低材料的退化和寿命衰减：高温工况更易发生材料的退化和寿命衰减，通过合理的材料选择、界面工程以及添加稳定剂等方法，延长电池的使用寿命。

# 7.3　燃料电池的应用

## 7.3.1　便携式设备

燃料电池可以作为小型的便携式电源，为手机、笔记本电脑、相机、手电筒等电子设备提供电能。甲醇等液体作为燃料电池的燃料时，无需预先重整，且比普通电池具有更高的比能量和更长的续航时间，更加适用于各类便携式设备。

## 7.3.2　固定电站

燃料电池可以作为中小型的民用或商用分布式发电系统，为家庭、办公楼、商场、医院等场所提供稳定的电力和热能供应。燃烧电池具有发电效率高、噪声低、排放少等优势，当前已有多个国家正在或拟推广燃料电池的分布式发电应用。2021 年，一款 25kW 级固体氧化物燃料电池发电系统在宁波稳定运行了 860h，该装置是国内首次实现的 20kW 级以上固体氧化物燃料电池集成式系统，可实现高效率、低成本、低排放的分布式发电，并可回收高温余热进行热能再利用。

## 7.3.3　交通运输

燃料电池可以作为汽车、火车、船舶等交通工具的能量供应系统，以清洁高效的方式为它们提供电力。由于电力生产过程中只产生副产物水，且燃料来源广泛，越来越多的国家以布局氢能产业为基础大力推进氢燃料电池汽车等交通运输工具的应用。例如，北京 384 路公交已成功投入运营了 5 辆氢燃料电池客车，以 50kW 质子交换膜燃料电池系统供能，续航里程可达 300km。

## 7.3.4　航天探索

早在 20 世纪 60 年代，碱性燃料电池就已成功应用于航天探索。燃料电池可与太阳能光伏系统集成，从而应对长时间无光照的情况，并进一步与热控、推进、环控等系统进行一体化设计，继而提高资源整体利用效率。2022 年，我国成功发射的天舟五号货运飞船上搭载了由中国航天科技集团自主研发的燃料电池发电系统载荷。在轨期间，空间燃料电池顺利完成了在轨试验，验证了燃料电池能源系统在轨舱外真空、低温及微重力条件下发电特性、变功率响应规律及电化学反应的界面特性。

## 7.3.5　军事领域

燃料电池不仅可以作为海面舰艇的辅助动力源，也能为无人潜航器和潜艇提供驱动动力，解决常规电池无法满足的水下长时间作业要求。目前，美国海军已进行了船用电网和推进系统的燃料电池装置研发工作，并逐步尝试将燃料电池作为辅助电源用于如驱逐舰等大型舰艇领域。2005 年，德国试航了第一艘现代化的燃料电池潜艇。2016 年获得澳大利亚海军潜艇项目大单的"梭鱼"级潜艇，亦装备了由法国研制的燃料电池系统。此外，燃料电池在飞行器领域的可靠性已得到了验证。加拿大 Ballard Power Systems 公司研发的氢燃料电池战术无人机具有适应能力强、安全可靠、重量轻等特点，已得到实际应用。

# 7.4　氢能源

氢是一种清洁、储量丰富且无毒的可再生燃料，主要以化合物的形态贮存于水中。氢的质量能量密度为 142MJ/kg，高于其他碳氢化合物燃料，但其体积能量密度却很低。所以，氢更像是一种能源载体，将能量以可用的形式运输并存储。氢具有燃烧快、效率高、无污染等特性，且与燃料电池燃料形式天然兼容，故其可持续利用与发展已成为现阶段绿色能源领域的研究热点，愈发受到科研工作者的关注。

## 7.4.1　氢经济

"氢经济（hydrogen economy）"概念由 John Bockris 于 1970 年提出，描绘氢气取代石油成为支撑全球经济的主要能源形式后整个市场的运作体系，是一种未来的、理想的经济结构形式。氢经济基础设施包含五个关键要素：氢的生产、氢的运输、氢的储存、氢的转换和氢的应用。随着氢经济基础设施技术与应用研发的进展，将产生诸如化学品合成工艺、新材料工业建设、车用动力源更迭等相关产业的变革，并最终降低对化石能源的依赖及减少污染排放水平。

目前，越来越多的国家正在大力推进氢燃料经济替代化石燃料经济的进程。日本在2017 年即制定了《氢基本战略》，确立了直至 2030 年氢能源普及的详细行动计划。2023 年，美国发布了《国家清洁氢能战略和路线图》，制定了向氢经济过渡的具体措施和目标。基于我国能源消费现状，2021 年工信部印发的《"十四五"工业绿色发展规划》提出，要加快氢能技术创新和基础设施建设，推动氢能多元利用。2022 年由国家发改委、国家能源局联合印发的《氢能产业发展中长期规划（2021—2035 年）》亦明确了氢能成为我国战略性新兴产业的重点方向。可以预见，氢能正逐步成为全球能源转型发展的重要载体，氢经济未来可期。

## 7.4.2　氢的制取

氢在自然界中不以单质形式存在，必须从碳氢化合物或其他含氢分子中提取，继而用于燃烧过程或燃料电池中。目前，可通过多种技术手段从各类含氢资源中制氢，而含氢原料可分为可再生能源（如生物质、水等）和非可再生能源（如煤、石油、天然气等）。在氢能产业结构中，当前国际上以天然气制氢为主，而我国则以煤制氢为主。

（1）化石燃料制氢

化石燃料制氢是目前最主要的制氢方式，具有能量转化效率高、技术成熟等优势，其主要包括天然气制氢和煤制氢等。

① 天然气制氢　碳氢化合物（主要为天然气）制氢可通过三种反应区分：蒸汽甲烷重

整（steam methane reforming，SMR）、部分氧化（partial oxidation，POX）以及自热重整（auto thermal reforming，ATR）。蒸汽甲烷重整过程包含去除杂质、催化重整或合成气产生、水煤气变换（water-gas shift，WGS）、甲烷化或气体净化等步骤，制氢效率约为 70%，是目前工业上应用最为广泛的制氢方法。为获得所需的纯化氢气并防止催化剂表面结焦，重整反应温度一般为 700～850℃，压力为 0.3～2.5MPa，蒸汽与碳的比例为 3.5。非贵金属（镍）催化剂和贵金属（铂或铑）催化剂均可用于重整反应，但由于质量和传热的严格限制，催化效率普遍较低。蒸汽甲烷重整的主要化学反应见式(7-19)～式(7-22)，其中 $n$ 和 $m$ 分别表示碳氢化合物分子中碳原子和氢原子的数目。

重整 $\qquad C_nH_m + nH_2O \longrightarrow nCO + (n+0.5m)H_2$ (7-19)

水煤气变换反应器 $\qquad CO + H_2O \longrightarrow CO_2 + H_2$ (7-20)

CO 优先氧化反应器 $\qquad CO + 0.5O_2 \longrightarrow CO_2$ (7-21)

CO 选择性甲烷化反应器 $\qquad CO + 3H_2 \longrightarrow CH_4 + H_2O$ (7-22)

天然气部分氧化法是指天然气与氧气发生部分氧化反应，可在非催化或催化条件下完成。该反应一般为放热反应，可使氢气的生产规模缩小，其主要化学反应见式(7-23)。自 20 世纪 90 年代以来，部分氧化法受到了国内外的广泛关注，但当前在催化科学、反应工程及技术安全等方面还有一些问题尚待解决。自热重整可以视为将蒸汽重整和部分氧化的优势相结合，其主要化学反应见式(7-24)。其中，部分氧化用来产生热量，而蒸汽重整可提高氢气产量。对于自热重整反应而言，反应器出口温度在 950℃ 至 1100℃ 之间，气体压力可达 10MPa，重整和氧化反应同时发生。

部分氧化 $\qquad C_nH_m + 0.5nO_2 \longrightarrow nCO + 0.5mH_2$ (7-23)

自热重整 $\qquad C_nH_m + 0.25nO_2 + 0.5nH_2O \longrightarrow nCO + (0.5m+0.5n)H_2$ (7-24)

② 煤制氢 煤炭行业凭借原料富集、成本低廉及工艺成熟等特点在制氢方面独具优势，而目前最具有发展意义的是煤气化制氢技术。煤气化的中间产物是人造煤气，可以继续转化为氢气和其他煤气。现阶段，煤气化制氢工艺主要包括煤的气化、煤气净化、CO 变换及 $H_2$ 纯化等流程。煤的主要成分为固体碳，可与水蒸气反应生成 CO 和 $H_2$，而所产生的 CO 可接着与水蒸气发生水煤气反应从而生成 $CO_2$ 和 $H_2$。简化的制氢过程反应见式(7-25) 和式(7-26)，气化所需的热量不仅可通过煤与氧气的燃烧反应热来供给，也可以利用固体、液体或气体等载热体直接或间接加热的方式供给。

$$C + H_2O \longrightarrow CO + H_2 \qquad (7-25)$$

$$CO + H_2O \longrightarrow CO_2 + H_2 \qquad (7-26)$$

（2）电解水制氢

电解水制氢即通过电能将水分解为纯氢与纯氧，是一种非常成熟的制氢方式，具有制氢纯度高和操作简单等特点。在充满电解液的电解槽中通入直流电，水分子便可在电极上发生电化学反应，分解成氢气和氧气，反应过程见式(7-27)～式(7-29)。理论上，电解水制氢反应可以在任意地点进行，极具便利性。然而，该反应效率较低，制氢过程中消耗的电力成本高于产生的氢气价值。此外，若使用的电力来自化石燃料，则对能源替代与降低碳排放更为不利。所以，理想的方式是通过风力发电、水力发电或太阳能发电等可再生能源所产生的电力来电解水。目前，可再生能源发电依然存在着成本高、电能输出不稳定、发电量不易调整等问题。随着技术的进步，采用偏远地区的可再生能源低成本电力进行电解水制氢，继而将能量以氢能的方式进行存储与利用，或成为未来该领域的发展方向。

阴极反应（还原） $\qquad 2H_2O(l) + 2e^- \longrightarrow H_2(g) + 2OH^-(aq)$ (7-27)

阳极反应（氧化） $\qquad 2H_2O(l) \longrightarrow O_2(g) + 4H^+(aq) + 4e^-$ (7-28)

总反应 $$2H_2O(l)\longrightarrow 2H_2(g)+O_2(g) \qquad (7\text{-}29)$$

（3）生物质制氢

生物质指通过光合作用而形成的各种有机体，包括所有的动植物和微生物，是最可观的可持续资源之一。多种生物质资源可用于能源转化，如农作物、农业废弃物、林业废弃物以及工业和社区废弃物等。这些基于生物质的能源生产技术通常分为两类：热化学制氢和生物制氢。

① 热化学制氢　生物质热化学制氢主要包含燃烧、热解、气化和液化等类型，是一种利用生物质转化获得氢或富氢气体的技术。具体而言，燃烧是指直接在空气中或设备（熔炉、锅炉等）中燃烧生物质原料，以从生物质化学能、机械能或电能中获得热量。生物质热解是在还原气氛（隔绝氧气）中，$650\sim800K$ 温度区间、$0.1\sim0.5MPa$ 压力区间条件下获得液态油、固体木炭和气态化合物的过程。该反应受到原料种类、催化剂类型、反应温度以及停留时间等因素影响，可分为慢速热解技术和快速（闪蒸）热解技术。热解产物中固相成分主要为碳、生物质焦、灰分等，液相成分主要为焦油、丙醇及丙酮等，而气相产物主要由 $H_2$、$CO$、$CO_2$ 及 $CH_4$ 等组成。通常，根据所选择的反应器类型和传热方式差异，生物质热解制氢可归纳为三大类。第一类是基于分析催化剂重量，采用连续进料和流化床反应器进行的催化热解，可获得占总气体组成摩尔比 $50\%$ 以上的 $H_2$ 产物。第二类是对热解液（生物油）进行催化蒸汽重整，并对热解生物油的 $N_2$ 和 $O_2$ 气体含量进行优化，其转化率和 $H_2$ 产率随反应的进行而降低，同时 $850\,^\circ\!C$ 重整后氢气含量可达 $80\%$ 以上。第三类是基于对重整参数（温度、时空和蒸汽/生物质比）影响的研究，采用连续两步热解-重整技术，解决了生物油处理过程中存在的操作问题。此外，生物质气化是指以生物质为原料，利用空气中的氧气或含氧化合物作为气化剂，在高温条件下（一般高于 $1000K$），通过热化学反应将生物质燃料中的可燃部分转化为可燃气（主要是 $H_2$、$CO$ 和 $CH_4$）的过程。虽然气化进程中会产生焦炭，但焦炭在反应过程中亦会逐渐转化为 $H_2$、$CO$、$CO_2$ 和 $CH_4$。生物质衍生物合成燃料在未来的制氢产业中具有巨大的应用潜力，生物质热解和气化所涉及的主要反应见式（7-30）和式（7-31）。

热解反应 $$\text{生物质}\longrightarrow \text{可压缩挥发物}+CO+H_2+CO_2+\text{碳氢化合物} \qquad (7\text{-}30)$$
气化反应 $$\text{生物质}+\text{热}+\text{蒸汽}\longrightarrow H_2+CO+CO_2+CH_4+(\text{轻/重})\text{碳氢化合物}+\text{焦炭} \qquad (7\text{-}31)$$

② 生物制氢　近年来，生物制氢技术因其可在常温常压条件下操作且能耗低的特性，备受科研工作者的关注。生物制氢的主要类型为直接生物光解、间接生物光解、生物水汽转换以及光发酵等。直接生物光解是通过微藻的光合系统将太阳能转化为化学能从而产生氢气的一种生物过程，其中，光合作用过程由两个系统组成，光系统Ⅰ（PSⅠ）用于 $CO_2$ 还原，而光系统Ⅱ（PSⅡ）用于水分解。对于直接生物光解，由于氢化酶的存在，绿藻或蓝藻（蓝绿藻）等微藻可以利用太阳能将水分解为氢气和氧气，故具有制氢纯度高的特点。

相较于直接生物光解，间接生物光解通常包含几个主要步骤：光合作用生产生物质、生物质浓缩、有氧暗发酵（1mol 葡萄糖产出 4mol $H_2$，伴随生成 2mol 醋酸盐）以及醋酸盐单独转化为 $H_2$。对于生物水汽转换反应，在以一氧化碳作为唯一碳源时，一些光能异养菌（如深红红螺菌）可以在黑暗中生存，并通过偶联 CO 氧化与 $H^+$ 还原反应生产 ATP。此外，另一种新型生物制氢方法即为光发酵技术，在氮酶的作用下，光合细菌通过利用太阳能和有机酸（或生物质）发酵从而产氢。总体而言，当前生物制氢技术发展迅速，但其成本依然显著高于化石燃料制氢，相关领域内大规模工业应用仍有诸多技术难题需要解决。

（4）太阳能制氢

太阳能制氢是一种绿色制氢技术，主要包括太阳能热解、光伏电池、光催化及光-电催化等类型。其中，太阳能热分解水（STWS）是将太阳能收集并聚光以获得高温热源（超过

2500K），从而在一步反应中将水分解为氢气和氧气。太阳能热解反应过程简单，但由于需在高温条件下进行，且氢气和氧气难以分离，故大规模工业化应用受限。光伏水电解制氢技术可视为太阳能发电和电解水制氢的集成，利用光伏电池（photovoltaic cell，PV）将太阳能转化为电能从而用于电解水，光转换器效率约为 20%，电解槽效率约为 80%，太阳能转换效率约为 16%。

光催化水分解制氢是在固体催化剂（如半导体）催化条件下，利用光能将水分解为氢气和氧气的过程。在该反应中，若入射光光子能量大于催化剂禁带宽度，则催化剂将被激发产生"电子-空穴"对，水在光生"电子-空穴"对的作用下分解为氢气和氧气。此外，基于光催化原理，光-电催化制氢技术则是将半导体催化剂集成于光电化学（photo electrochemical，PEC）电池中，在外加偏压的辅助下实现水的分解。由于具有能量来源可持续、制氢过程无污染等特点，太阳能制氢技术的发展与应用将在未来氢经济进程中发挥重要作用。

### 7.4.3 氢的存储

将氢气从能源生产地运送至能源消费地需要经过包装、运输及储存等过程，高效的储运技术对能源系统正常运行及氢经济结构发展至关重要。氢存储应用可分为两种策略：固定式和移动式。固定系统主要用于制氢现场能源直接利用或固定发电，而移动系统主要用于氢的转运或氢燃料电池汽车领域。与化石燃料相比，氢具有较低的体积能量密度（低热值为 $9.9MJ/m^3$），导致其存储需占用大量的空间或使用笨重的储罐。为了克服上述问题，氢的储运应在高压、低温或体相转换的条件下进行。目前，常见的储氢方法包含压缩气态储氢、液态储氢、低温压缩储氢及基于材料科学的载体储氢。各类储氢技术所涉及的氢存储材料及其相应的氢存储能力见表 7-2。

表 7-2 储氢材料与其相应的储氢容量

| 储氢类型 | 材料/载体 | 储氢容量/% | 储氢类型 | 材料/载体 | 储氢容量/% |
|---|---|---|---|---|---|
| 压缩气态储氢 | 碳纤维强化氢罐 | 16.00 | 金属氢化物 | $MgH_2$ | 7.70 |
| 液态储氢 | 双壁真空绝热储罐 | — | | $AB_5(LaNi_5H_6)$ | 1.40 |
| 载体储氢 / 多孔材料 | 多孔硅 | 2.25 | | $AB_2(ZrV_2H_{5.5})$ | — |
| | 多孔碳 | 6.90 | | $A_2B(Li_2NH)$ | 6.50 |
| | 活性炭 | 1.28 | | $BCC(TiV_2H_4)$ | 4.00 |
| | 多孔稻壳二氧化硅纳米颗粒 | 0.87 | 络合氢化物 | $Zr(AlH_4)_4$ | 5.50 |
| | 纳米多孔碳 | 5.70 | | $NaBH_4$ | 18.40 |
| | 氧化石墨烯(GO) | 1.90 | | $NaAlH_4$ | 7.40 |
| | 还原氧化石墨烯(RGO) | 1.34 | | $LiAlH_4$ | 10.50 |
| | 碳纳米管(CNT) | 3.80 | | $Li_3AlH_6$ | 11.20 |
| | 沸石 | 2.20 | | $LiBH_4$ | 18.30 |
| | 金属有机框架(MOFs) | 8.00 | 氨基化合物 | $LiNH_2$ | — |
| | 纳米多孔聚吡咯 | 2.20 | | $NaNH_2$ | — |
| | 自具微孔聚合物(PIMs) | 2.70 | | $Mg(NH_2)_2$ | — |
| | 多孔超交联聚合物(HCPs) | 3.70 | | $Ca(NH_2)_2$ | — |
| | 笼形水合物 | 4.00 | | | |

（1）压缩气态储氢

将加压的气态氢存储于高压氢罐中即为压缩气态储氢（压力可达 68.9MPa），是目前发展最成熟、应用最广泛的物理储氢技术。压缩气态储氢通过增加气体的压力来提高体积能量密度，该过程较为简单，但能量密度提升效率却依然低下。通常，氢气储存密度受储存压力的限制，在 10MPa 和 20℃条件下约为 7.8kg/m³。由于氢密度低，比体积大，能量密度的提升需依附于高设计标准与高质量标准的储氢罐，致使材料成本升高。此外，鉴于储氢罐持续保持高压状态，在特殊条件下的安全隐患问题亦值得关注。当前，主要存在四种不同类型的压力容器：全金属压力容器（Ⅰ型）、金属内胆纤维环向缠绕压力容器（Ⅱ型）、金属内胆纤维全缠绕压力容器（Ⅲ型）以及非金属内胆纤维全缠绕压力容器（Ⅳ型）。其中，Ⅰ型与Ⅱ型氢瓶重容比较大，难以满足氢燃料电池汽车的储氢密度要求。Ⅲ型与Ⅳ型氢瓶均采用了纤维全缠绕结构，分别使用金属和聚合物作为衬垫，具有重容比小、单位质量储氢密度高等优点。此外，高压容器的理想材料特性还应满足高拉伸强度、低密度、不与氢反应及不允许氢扩散等，从而进一步提高储氢罐的安全性和储能效率。

（2）液态储氢

除去压缩技术外，液化也是增加氢密度的有效途径。从某种意义上说，液化最具优势的地方在于可以实现常规大气压力下的超高存储密度（饱和液氢在 0.1MPa 下的密度为 70kg/m³），被视为氢储运的优良介质。将氢气深冷至−253℃便可得到液氢，但此过程需耗费能源和时间，且能量损失约为 40%。由于液化技术的复杂性及成本问题，研究人员正试图使用液态有机氢载体（liquid organic hydrogen carriers，LOHCs）或氨进行液体载体替代，从而降低氢储运的预期成本。所以，液态有机氢载体技术通常用于卡车氢运输或洲际氢航运等中大型储存和配送过程。此外，为了适应液氢行业的快速发展，对储运容器的商业需求与质量要求正在上涨，而低温材料及其性能的研发至关重要。通常采用的不锈钢或铝质材料具有耐腐蚀性、可焊接性和较好的低温性能。目前，对液态储氢材料的研究主要集中在以下几个方面：建立传统低温材料（如不锈钢、钛合金、铝合金等）在液氢温度范围内的力学性能数据库，开发新型高性能且廉价的低温材料，以及基础纤维强化复合材料的理论与技术研究。

（3）低温压缩储氢

低温压缩储氢是一种具有超临界温度的低温气体，由于气态氢在约−233℃被压缩，不会发生液化现象，故该技术在储存和运输安全方面具有较大的发展潜力。低温压缩储氢可视为气态压缩氢与低温氢两者性质的系统结合，旨在保持高能量密度的同时最大限度地降低氢的蒸发率，具有高存储密度、可快速有效再填充、真空外壳安全性保护等优势。然而，相关基础设施的可用性和成本仍将是低温压缩储氢技术面临的主要问题。

（4）载体储氢

① 氨（$NH_3$）　氨是一种潜在的氢储运载体，具有 17.6% 的氢含量（质量分数）和高能量密度，可通过脱氢反应转化为 $N_2$ 和 $H_2$。氨脱氢反应不会产生有害物质，可在诸如钌、碱金属盐等过渡金属催化条件下完成。反应通常需要高温和高压，而最佳条件取决于催化剂类型和反应器的设计。氨作为氢储运载体不仅具有氢含量高、毒性低、易于处理等特点，还拥有完善的生产和运输基础设施，是大规模储氢和运输的合适介质。然而，该技术在实际应用中仍然有较多难题尚待解决，如何克服氨分解反应的高能垒和降低催化剂失活的速率则为主要挑战。此外，氨作为易燃物存在隐患，在氢储运过程中需进行安全防护及应急措施管理。

② 金属氢化物　在金属氢化物中，主金属可以是元素、合金或金属配合物，通常以形成的金属-氢键将氢储存，具有单位体积氢密度高的特点。1866 年，Thomas Graham 首次

发现贵金属 Pd 可以吸收大量的氢。金属 Pd 的吸氢/解吸是通过两相循环进行的，其中，$\alpha$-Pd 相在低 $H_2$ 浓度下较为稳定，而 $\beta$-Pd 相在高 $H_2$ 浓度下相对占优。此外，Pd 颗粒大小对氢存储有较大影响，Pd 基氢化物形成所需的平衡压力条件下氢环境循环会随着颗粒大小的变化而改变。如图 7-13 所示，金属氢化物储氢是一个可逆反应，吸氢时放热，而放氢时吸热。现阶段，考虑到成本、重量存储容量和可逆性等问题，越来越多的金属氢化物如 $MgH_2$（$\alpha$-和 $\beta$-相）、$NaAlH_4$（AB）、$ZrV_2H_{5.5}$（$AB_2$）、$Li_2NH$（$A_2B$）、$LaNi_5H_6$（$AB_5$）等已被研发并尝试应用于氢储运领域，在未来氢燃料电池及氢经济结构中具有较大的发展潜力。

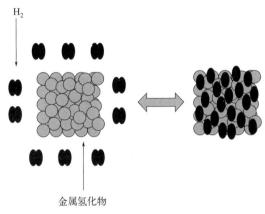

图 7-13　金属氢化物储氢原理示意图

③ 络合金属氢化物　若氢原子与配位络合物（如 $AlH_4^-$、$AlH_6^{3-}$ 等）的中心原子以共价键相连接，且同时存在异类碱金属或碱土金属阳离子（如 Mg、Zn、Li 或 Na 等阳离子）以稳定结构，便可形成络合金属氢化物。络合金属氢化物可分为三类：以 $AlH_4^-$ 等为配位络合物的铝氢化物、以 $BH_4^-$ 等为配位络合物的硼氢化物和以 $NH_2^-$ 等为配位络合物的氮氢化物。铝氢化物的通式为 $M(AlH_4)_n$，其中 M 代表碱金属（$n=1$）、碱土金属（$n=2$）或 Ⅲ 族及 Ⅳ 族元素。通常，络合阴离子如 $AlH_4^-$、$AlH_6^{3-}$ 与它们各自的盐状绝缘阳离子组合即可得到铝氢化物，而具有强离子特性的共价键则用于连接铝原子和氢原子。

值得注意的是，带有轻阳离子的铝氢化物非常适合用于氢存储领域，如钠铝氢化物（$NaAlH_4$），一种含氢量为 7.4% 的模型络合金属氢化物。$NaAlH_4$ 析氢的三步反应见式(7-32)～式(7-34)，第一步反应通常发生在 180～190℃，$NaAlH_4$ 脱氢生成 $Na_3AlH_6$、铝和氢气分子。随着反应温度持续升高，在 190～225℃ 发生第二步不稳定反应，$Na_3AlH_6$ 继而生成 NaH、铝和氢气分子。第三步反应需在 400℃ 以上的高温条件下进行，NaH 最终分解为 Na 和氢气分子。以 $NaAlH_4$ 为代表的轻阳离子铝氢化物具有较高的理论储氢量，是当前高容量储氢载体研发的热点之一，但存在吸/放氢动力学缓慢及吸/放氢操作温度高等缺陷。

脱氢反应 　　　　　　　$3NaAlH_4 \longrightarrow Na_3AlH_6 + 2Al + 3H_2$ 　　　　　　　(7-32)

不稳定反应 　　　　　　$2Na_3AlH_6 \longrightarrow 6NaH + 2Al + 3H_2$ 　　　　　　　(7-33)

分解反应 　　　　　　　$2NaH \longrightarrow 2Na + H_2$ 　　　　　　　(7-34)

硼氢化钠（$NaBH_4$）是一种典型的硼氢化物储氢载体，其理论储氢容量为 10.6%，且具有低毒性的特点。$NaBH_4$ 可以通过水解反应释放氢，同时生成水溶性偏硼酸钠（$NaBO_2$），反应过程见式(7-35)。虽然种类繁多的催化剂（如过渡金属、金属氧化物等）可促进氢释放与氢吸收反应进程，但该反应动力学依然缓慢，需要在高温或高压的条件下进行。因此，新型高效催化剂的研发对于硼氢化物储氢实际应用至关重要。此外，科研工作者提出了几种提升硼氢化物储氢能力的方法，包括添加金属卤化物形成固溶体，或通过纳米限域策略来增加材料的表面积并减少氢的扩散路径。

$$NaBH_4 + 2H_2O \longrightarrow NaBO_2 + 4H_2 \tag{7-35}$$

④ 液态有机氢载体  1975 年，O. Sultan 和 M. Shaw 首次提出利用甲苯、苯等液态芳香族化合物作为可循环储氢载体的构想，从而开辟了一类新型储氢技术研发领域。液态有机氢载体亦称为液态有机氢化物，氢通过与某些不饱和液体有机分子发生可逆化学反应而得到存储。在反应器中，液态有机氢化物脱氢，释放出的氢气用于固定电站或燃料电池汽车。脱氢后的产物被转移至场外设施进行重新加氢。在整个过程中，碳元素不会离开反应循环，亦不会进入大气中。

在室温下，液态有机氢化物的可逆储氢容量介于 1.7%～7.3%之间，其循环过程如图 7-14 所示。具体而言，液态有机氢载体技术的工作过程可分为三个环节：加氢、运输及脱氢。其中，加氢环节是指氢气通过催化加氢反应存储于液态氢载体中，形成可在常温常压条件下稳定保存的含氢液体。运输环节则为通过普通的槽罐车将加氢后的含氢液体运送至能源消费终端，并采取类似汽/柴油加注的泵送形式将其快速地加注于储罐中。脱氢环节主要进行含氢液体化合物的催化脱氢反应，继而将脱氢后的液态氢载体以热量交换的方式回收。由此可见，采用液态有机氢载体技术的最大优势便是可直接利用已有的基础设施进行氢的散装储存和输送，故极具推广与应用前景。

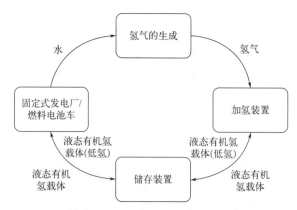

图 7-14  液态有机氢循环概念示意图

⑤ 多孔材料  多孔材料储氢技术的工作原理是利用范德华力在比表面积较大的多孔材料内进行氢分子的吸附，氢吸附量仅受材料物理结构的影响，具有吸氢/放氢速率快、物理吸附活化能小等优点。多孔储氢材料主要包括碳基多孔材料、无机多孔材料、框架多孔材料等。

碳基多孔材料种类繁多、结构多变且来源广泛，已较早地开发并应用于氢存储领域。碳基多孔材料与氢分子间的相互作用较弱，储氢性能主要依赖于适宜的微观形貌和孔道结构。因此，可通过调节材料的比表面积、孔隙率及孔体积等方式来提升储氢效率。碳基多孔储氢材料主要包含活性炭（activated carbon）、碳纳米管（carbon nanotube，CNTs）和石墨烯（graphene，G）等。

活性炭又称碳分子筛，是一种由石墨微晶堆积而成的无定形碳材料，具有比表面积大、孔道结构多样以及孔径尺寸可调节等特性。活性炭可通过不同种类原材料制备而成，包括高分子聚合物、生物质（木材、农作物、果壳）及矿物质（煤、焦油）等。若比表面积相近，则不同来源的活性炭材料在相同温度、压力条件下储氢性能差异较小。

碳纳米管亦称巴基管，是一种具有特殊结构（径向尺寸为纳米级，轴向尺寸为微米级，两端封口）的一维量子材料。碳纳米管主要由六边形排列的碳原子构成，且根据碳六边形沿轴向的不同取向可分为锯齿形、扶手椅形和螺旋形。若将碳纳米管视为石墨烯片层的卷曲产物，则按片层数目差异可形成单壁碳纳米管（single-walled CNTs）和多壁碳纳米管（multi-walled CNTs）。一般而言，单壁碳纳米管具有较高的化学惰性，表面官能团较少，而多壁碳纳米管则较为活泼，结合有大量的表面基团。由于碳纳米管具有中空的孔道结构，且表面官能团丰富，因而表现出了良好的储氢性能。此外，通过控制碳纳米管的生长方式可在一定程度上提高其储氢性能。

石墨烯是一种二维纳米碳材料，具有比表面积高、热稳定性好、活性位点多、导电性能优等特点，可吸附大量氢分子。同时，石墨烯的高导电性和热稳定性保证了储氢过程的高效性和安全性。碳纳米管和石墨烯的储氢原理如图 7-15 所示。

无机多孔材料主要为具有微孔或介孔孔道结构的无机材料，包括有序多孔材料（沸石分子筛或介孔分子筛）和无序多孔天然矿石。沸石分子筛和介孔分子筛具有独特的孔径和孔道结构，这些特性有助于提升氢存储过程中的选择性和吸附容量。例如，沸石分子筛可通过空隙扭曲来提高氢气吸附量，而介孔分子筛则可利用调整孔径和孔道结构的方式来提高分子吸附能力和选择性，从而实现高效的氢存储。天然矿石虽然孔结构无序，但亦拥有一定的储氢能力。例如，金红石是一种云母矿物，具有较高的比表面积和孔效应，已得到了广泛的关注。此外，白云石、方解石、菱镁矿等也具有一定的储氢能力，在储氢材料领域有潜在的应用价值。

框架多孔材料主要包含金属有机框架（metal-organic framework，MOF）材料和共价有机框架（covalent organic framework，COF）材料。MOF 是一类具有拓扑结构的多孔材料，由金属节点及有机配体通过自组装的方式形成。相较于传统的固态材料，MOF 具有结构多样性、高比表面积、超高孔隙率以及丰富的活性中心等特点，在吸附、气体分离/储存、催化、药物输送等领域有着广泛的应用前景。COF 材料是在 MOF 材料的基础上开发出来的一种新型多孔材料，为高结晶度和高孔隙率的周期排列框架。COF 材料骨架结构全部由轻元素（B、C、N、O、H 等）通过强共价键连接而成，有利于气体的吸附/脱附，因此该类材料的储氢性能引起了科研工作者的极大关注。COF 材料的氢存储效率与其物理结构（包括孔体积、孔结构和晶体密度等）关联紧密，但由于缺乏金属活性位，相关性能有待进一步提高。目前，一个新的研究方向是研发 MOF-COF 复合材料，使新材料兼具 MOF 不饱和配位金属中心的催化性以及 COF 共价键的化学稳定性优势，从而实现稳定高容量氢存储。

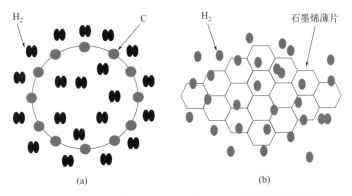

图 7-15　碳纳米管（a）和石墨烯（b）储氢原理示意图

 思 考 题

思考题答案

1. 燃料电池与传统二次电池在工作原理上的主要区别是什么？
2. 燃料电池按电解质的不同可分为几类？每类燃料电池的导电离子是什么？
3. 膜电极的组成及主要功能是什么？
4. 目前常见的质子交换膜包含哪几种类型？
5. 在碱性燃料电池工作时，为何要限制进料气中的 $CO_2$ 浓度？
6. 相较于其他类型燃料电池，固体氧化物燃料电池的优缺点是什么？
7. 当前常用的制氢技术有哪些？它们各自的优缺点是什么？
8. 通过哪些技术手段可以提高氢存储的体积能量密度？
9. MOF 与 COF 材料的异同点及其储氢原理是什么？

### 参考文献

[1] Majlan E, Rohendi D, Daud W, et al. Electrode for proton exchange membrane fuel cells: A review. Renewable and Sustainable Energy Reviews, 2018, 89: 117-134.

[2] Hasegawa T, Imanishi H, Nada M, et al. Development of the fuel cell system in the Mirai FCV. 2016, 2016-01-1185.

[3] Aminudin M, Kamarudin S, Lim B, et al. An overview: Current progress on hydrogen fuel cell vehicles. International Journal of Hydrogen Energy, 2023, 48 (11): 4371-4388.

[4] Abdalla A, Hossain S, Nisfindy O, et al. Hydrogen production, storage, transportation and key challenges with applications: A review. Energy Conversion and Management, 2018, 165: 602-627.

[5] 胡信国. 动力电池技术与应用. 化学工业出版社, 2013.

[6] Kirubakaran A, Jain S, Nema R. A review on fuel cell technologies and power electronic interface. Renewable and Sustainable Energy Reviews, 2009, 13 (9): 2430-2440.

[7] 高帷韬, 雷一杰, 张勋, 等. 质子交换膜燃料电池研究进展. 化工进展, 2022, 41 (3): 1539-1555.

[8] Sharaf O, Orhan M. An overview of fuel cell technology: Fundamentals and applications. Renewable and Sustainable Energy Reviews, 2014, 32: 810-853.

[9] Liu Q, Lan F, Zeng C, et al. A review of proton exchange membrane fuel cell's bipolar plate design and fabrication process. Journal of Power Sources, 2022, 538: 231543.

[10] Zhang G, Qu Z, Tao W Q, et al. Porous flow field for next generation proton exchange membrane fuel cells: Materials, characterization, design, and challenges. Chemical Reviews, 2023, 123 (3): 989-1039.

[11] Niaz S, Manzoor T, Pandith A H. Hydrogen storage: Materials, methods and perspectives. Renewable and Sustainable Energy Reviews, 2015, 50: 457-469.

[12] 李文翠, 胡浩权, 郝广平. 能源化学工程概论 (第二版). 化学工业出版社, 2021.

[13] Rahim Malik F, Yuan H B, Moran J, et al. Overview of hydrogen production technologies for fuel cell utilization. Engineering Science and Technology, 2023, 43: 101452.

[14] Raduwan N, Shaari N, Kamarudin S, et al. An overview of nanomaterials in fuel cells: Synthesis method and application. International Journal of Hydrogen Energy, 2022, 47 (42): 18468-18495.

［15］ Meda U, Bhat N, Pandey A, et al. Challenges associated with hydrogen storage systems due to the hydrogen embrittlement of high strength steels. International Journal of Hydrogen Energy, 2023, 48（47）: 17894-17913.

［16］ Chandra Muduli R, Kale P. Silicon nanostructures for solid-state hydrogen storage: A review. International Journal of Hydrogen Energy, 2023, 48（4）: 1401-1439.

［17］ Rasul M, Hazrat M, Sattar M, et al. The future of hydrogen: Challenges on production, storage and applications. Energy Conversion and Management, 2022, 272: 116326.

［18］ Hwang J, Maharjan K, Cho H. A review of hydrogen utilization in power generation and transportation sectors: Achievements and future challenges. International Journal of Hydrogen Energy, 2023.

［19］ Tang D, Tan G, Li G, et al. State-of-the-art hydrogen generation techniques and storage methods: A critical review. Journal of Energy Storage, 2023, 64: 107196.

# 第 8 章

# 太阳能转化技术

能源和环境问题仍是人类所面临的最大挑战，发展清洁的可再生能源是必然选择。太阳能丰富且不易枯竭，但具有即时性，必须经转换才能利用和储存。通过集热器可将太阳能转化成热能；利用光伏效应可将太阳能转化成电能；在太阳光照射下半导体材料可分解水制氢或光合成燃料，将太阳能转化为化学能储存起来。上述三个过程对应着太阳能转化与利用的三种途径，即光热转化、光电转化和光化学转化，本章介绍上述转化过程所涉及的化学化工过程。

## 8.1 光热转化技术

### 8.1.1 太阳辐射能

太阳质量在太阳系中占 99.86%，其体积相当于 130 万个地球，组成太阳的物质中氢和氦分别约占 78.4% 和 19.8%，氧、碳、氖、铁等重元素总计只有 1.8%。太阳内部通过核聚变每秒把 $6.57 \times 10^8$ t 的氢转变为 $6.53 \times 10^8$ t 的氦，进而产生的功率为 $3.9 \times 10^{23}$ kW，虽然这些能量到达地球大气层上边界时只剩二十亿分之一，但也相当于全世界发电量的几十万倍。此外，太阳的寿命远大于地球，可认为太阳能是取之不尽的可再生能源。太空中太阳辐射能的能量主要分布在可见光（$0.4 \sim 0.78 \mu m$）和红外区（$> 0.78 \mu m$），分别占 46.43% 和 45.54%，紫外区（$< 0.4 \mu m$）只占 8.02%。太阳辐射量的大小以辐射照度来表示，即 $1 m^2$ 黑体表面在太阳辐射下所获得的辐射能通量，单位为 $W/m^2$。由于太阳与地球之间的距离在逐日变化，地球大气层上边界处的太阳辐射照度也会随之变化，1 月 1 日最大，为 $1405 W/m^2$，7 月 1 日最小，为 $1308 W/m^2$，为了精确计算太阳辐射，应按月份取不同的值。

太阳辐射量与大气气候条件及环境紧密相关。太阳辐射进入地球大气层之后，会被空气中的臭氧、二氧化碳、水蒸气、灰尘等吸收、反射和散射，因此到达地球表面的太阳总辐射由直射辐射和散射辐射构成，如图 8-1 所示。一般采用大气透明度来表示气候条件对太阳辐射的影响，大气透明度是太阳光沿铅直方向由大气外界传播至某一高度的过程中透过的发光强度占入射发光强度的比例，用 $P_m$ 表示。通常冬季的 $P_m$ 大于夏季，上午的 $P_m$ 高于下午，$P_m$ 随纬度的降低而降低，随海拔的增高而增大。除了大气透明度外，太阳辐射到地球的衰减程度还与大气质量 $m$ 有关。大气质量是太阳光线穿过地球大气的路径与太阳光线在天顶角方向时穿过大气路径之比，是无量纲的量。当太阳与天顶轴重合时，大气层上界的大

气质量 $m=0$，太阳光线垂直穿过一个地球大气层的厚度，路程最短，此时 $m=1$。当太阳在其他位置时，大气质量都大于 1，地面光伏应用中统一规定大气质量为 1.5，通常写成 AM1.5。

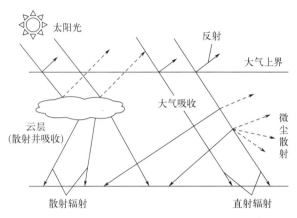

图 8-1　大气层对太阳辐射的影响

总之，一年中大气透明度在夏季最小，冬季最大，臭氧、水蒸气和灰尘颗粒的散射也会使到达地球表面的直射辐射减少，同时，太阳辐射中的某些波长会被大气所吸收。因此，太阳到达地面的辐射必定小于大气层上界的太阳辐射。

## 8.1.2　太阳热辐射传热过程

太阳辐射是以电磁波的形式传递能量的，由于热运动的原因而产生的电磁波辐射称为热辐射。只要物体温度高于 0K，就会不断地把热能变为辐射能，向外发出热辐射。自然界中的物体每时每刻都在向空间发出热辐射，同时也不断地吸收其他物体发出的热辐射。当物体与周围环境处于热平衡时，其净辐射传热量虽然为零，但辐射与吸收的过程仍在不停地进行。热辐射区别于导热、对流的两个特点是：①热辐射可以在真空中传递，且在真空中传递效率最高；②在辐射与吸收过程中伴随着能量形式的转变，即热能与辐射能的相互转换。辐射的能量中含有各种波长的电磁波，热辐射的波长范围近似地认为在 $0.7 \sim 50 \mu m$ 之间，属于红外区。温度越高的物体单位时间从其单位表面上辐射的能量越大。在一定温度下单位表面积、单位时间内物体所发射的全部辐射能称为在该温度下的辐射能力，以 $E$ 表示，单位为 $W/m^2$。物体辐射能力的计算公式为：

$$E = \varepsilon C_0 (T/100)^4 \tag{8-1}$$

式中，$\varepsilon$ 为物体的发射率；$C_0$ 为辐射常数，$C_0 = 5.77 W/(m^2 \cdot K^4)$；$T$ 为物体的绝对温度，K。

当太阳能量辐射到地球表面并通过介质吸收太阳辐射的能量时都会涉及对流传热和热传导。对流传热是由于流体的流动所引起的热量传递现象，一般发生在流体与其相接触的固体表面之间，流体相对运动速度越快，换热效果越好。对流传热用换热量 $Q$ 表示，单位为 W。对流换热量计算公式如下：

$$Q = \alpha \Delta T A \tag{8-2}$$

式中，$\alpha$ 为换热系数，指单位面积、单位温差的换热量，$W/(m^2 \cdot \text{℃})$；$\Delta T$ 为固体表面和流体的温差，℃；$A$ 为换热表面的面积，$m^2$。

固体或静止不动的液体和气体，热量从高温端向低温端传递的过程称为热传导。单位时间内通过传热面 A 的热量，称为传热量，用 $Q$ 表示，单位为 W，传热量计算公式如下：

$$Q = \lambda \Delta T A / L \qquad (8-3)$$

式中，$\lambda$ 为导热系数，指单位时间内单位面积、单位温差在单位长度上传递热量的多少，单位为 $W/(m \cdot ℃)$，导热系数是物质的固有性质，不同的材料在不同温度下具有不同的导热系数；$\Delta T$ 为高温端和低温端的温差，℃；$A$ 为传热体的截面积，$m^2$；$L$ 为高温端到低温端的传热长度，m。常见材料的密度和导热系数见表 8-1。

表 8-1 常用材料的密度和导热系数

| 材料名称 | 密度/$(kg/m^3)$ | $\lambda/[W/(m \cdot ℃)]$ |
| --- | --- | --- |
| 纯铜 | 8930 | 389 |
| 铝合金 | 2610~2790 | 107~169 |
| 钢 | 7570~7840 | 36.7~49.8 |
| 矿棉 | — | 0.0415 |
| 聚苯乙烯 | 35~56 | 0.0288 |
| 聚氨酯 | 25~40 | 0.0231 |

太阳能通过辐射、对流和热传导等方式将热量传递给介质时需要特殊装置，该装置称为太阳能集热器，它能够将能流密度低的太阳辐射能转移到介质中，并提高其温度。按传热工质类型，集热器可分为液体集热器和空气集热器。按进入采光口的太阳辐射是否改变方向，集热器可分为聚光型集热器和非聚光型集热器；聚光型集热器是指利用反射镜、透镜或其他光学器件将进入采光口的太阳辐射改变方向并聚集到吸热体上的太阳集热器；非聚光型集热器是指进入采光口的太阳辐射直接投射到吸热体上的太阳集热器。按集热器是否跟踪太阳分为跟踪集热器和非跟踪集热器；跟踪集热器可以绕单轴或双轴旋转的方式全天跟踪太阳运动；非跟踪集热器无法跟踪太阳运动。按集热器内是否有真空空间可分为平板型集热器和真空管集热器。按集热器的工作温度范围，可分为低温集热器（100℃ 以下）、中温集热器（100~200℃）和高温集热器（200℃ 以上）。

目前，已开发出的太阳能集热器主要分为平板集热器、真空管集热器、U 形管集热器和热管集热器。

（1）平板集热器

平板集热器由吸热体、透明盖板、隔热体和壳体等组成，如图 8-2 所示。它是利用太阳能来加热水的设备，但不能独立工作，必须与其他专用热水系统设备结合使用，将热量传输到系统的储热箱，从而得到热水。

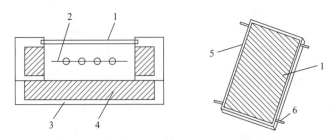

图 8-2 平板集热器的基本结构

1—玻璃盖板；2—吸热体；3—壳体；4—保温材料；5—铝合金框架；6—连接管

（2）真空管集热器

真空集热管于 20 世纪 70 年代开发成功，克服了平板集热器热损大、集热温度低的缺点，其吸热体被封闭在高真空的玻璃真空管内，将若干支真空集热管组装在一起，即构成真空管集热器，为了增加太阳光的采集量，还可在真空集热管的背部布置反光板，其基本结构如图 8-3 所示。真空集热管大体可分为全玻璃、玻璃-U 形管、玻璃-金属热管、直通式和储热式等类型。我国自 1978 年从国外引进全玻璃真空集热管的样管以来，经 20 多年的努力，已经建立了拥有自主知识产权的现代化全玻璃真空集热管产业，目前产品质量达世界先进水平，产量居世界前列。20 世纪 80 年代中期又成功研制和开发了热管真空集热管，攻克了热压封等许多技术难关，建立了拥有全部知识产权的热管真空管生产基地。

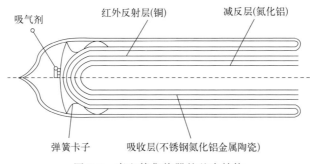

图 8-3　真空管集热器的基本结构

（3）U 形管集热器

U 形管集热器的结构如图 8-4 所示，当太阳光照射到真空管上时，真空管吸收阳光产生热能，并通过传热翅片将热能传递到 U 形管以加热其内部的导热介质，导热介质在 U 形管与水箱之间不断地循环最终将冷水逐渐加热为热水。

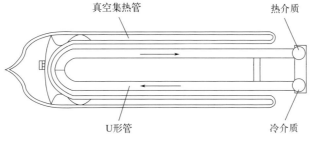

图 8-4　U 形管集热器结构图

（4）热管集热器

热管集热器是太阳光照射到真空管上，光能被真空管上的选择型吸收涂层吸收转化为热能，并通过传热翅片将转化的热量传递给热管，使热管蒸发管段内的工质迅速汽化，工质蒸汽上升到热管冷凝端后凝结，释放出蒸发潜热，凝结后液态工质依靠自身重力流回蒸发段，反复此过程，将热量传递给集热器内的水，从而将水加热。其原理如图 8-5 所示。

## 8.1.3　显热储存

显热储能技术是利用材料的温升和温降来储存热量的。每一种物质都有热容，物质的储热量与其质量、比热容和温度变化量成正比，但一般情况下可利用的温差与所使用的储热材料无关，通常由系统确定。因此，显热储热体的储热量主要取决于材料的比热容和密度两者

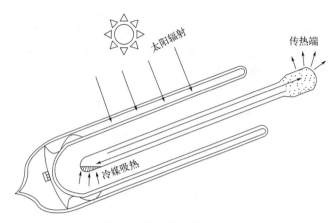

图 8-5　热管集热器原理图

的乘积。在实际应用中水的比热容最大为 4.2kJ/(kg·K)，而常用的固体比热容仅为 0.4～0.8kJ/(kg·K)，无机材料为 0.8kJ/(kg·K)，有机建筑材料为 1.3～1.7kJ/(kg·K)。对于材料的体积，不仅与材料的实体部分有关，还受孔隙率影响，不同材料的孔隙率差异很大。表 8-2 列出了常用显热储存材料的物性参数。

表 8-2　常用显热储存材料的物性参数

| 储热材料 | 密度/(kg/m³) | 比热容/[kJ/(kg·K)] | 定容比热容/[kJ/(m³·K)] | 热导率/[W·(m·℃)] |
|---|---|---|---|---|
| 水 | 1000 | 4.18 | 4180 | 2.1 |
| 防冻液 | 1058 | 3.60 | 3810 | 0.18 |
| 砾石 | 1850 | 0.92 | 1700 | 1.2～1.3 |
| 沙子 | 1500 | 0.92 | 1380 | 1.1～1.2 |
| 土 | 1300 | 0.92 | 1200 | 1.9 |
| 混凝土块 | 2200 | 0.84 | 1840 | 5.9 |
| 砖 | 1800 | 0.84 | 1340 | 2.0 |
| 陶器 | 2300 | 0.84 | 1920 | 3.2 |
| 玻璃 | 2500 | 0.75 | 1880 | 2.8 |
| 铁 | 7800 | 0.46 | 3590 | 170 |
| 铝 | 2700 | 0.90 | 2420 | 810 |
| 塑料 | 1200 | 1.26 | 1510 | 0.84 |
| 纸 | 1000 | 0.84 | 837 | 0.42 |

　　由于气体的比热容太小，因此显热储存通常采用液体和固体材料。事实上，能够同时满足太阳能热储存的一般要求和显热储存特殊要求的材料并不多。通常，在中低温（特别是热水、采暖和空调系统所适用的温度）范围内，液体材料中以水为最佳，而固体材料中以砾石等最为适合。因为这些材料不仅比热容较大，来源丰富，价格低廉，而且都无毒性。

　　（1）液体显热储存

　　液体显热储存是各种显热储存方式中最成熟和应用较广的一种，除要求储存介质具有较大的比热容外，还需有较高的沸点和较低的蒸气压，前者是为了避免发生相变，后者则是为了降低储热容器的压力。在低温液态显热储存中水是最常用的一种介质，物理、化学和热力学性质很稳定，传热及流动性能好，可同时作为传热介质，来源丰富、价格低廉、无毒、使用安全。但水作为液体储热介质时也存在腐蚀管道设备、凝固体积膨胀大、中高温储热成本高等问题。利用水作为显热储热介质时，可以选用不锈钢、铝合金、钢筋水泥、铜、铁、木材以及塑料等各种材料作为储热水箱，其形状也可多样化，但应注意所用材料的防腐性和耐久性。例如选用水泥和木材作为储热容器材料时，就必须考虑其热膨胀性以防止因久用产生裂缝而漏水。

如上所述，水是中、低温太阳能系统中最常用的液体显热储热介质，但温度在沸点以上时，水就需要加压。有些液体可用于 100℃ 以上作为储热介质而不需要加压，例如某些有机化合物的密度和比热容虽比水小且易燃，但部分液体的储热温度不需要加压就可以超过 100℃。一些比热容较大的普通有机液体的物理性质见表 8-3。由于这些液体都是易燃的，使用时必须有专门的防火措施。此外，有些液体黏度较大，需要加大循环泵和管道的尺寸。

表 8-3　液体显热储存材料的物理性质

| 液体储热材料 | 密度/(kg/m³) | 比热容/[kJ/(kg·℃)] | 常压沸点/℃ |
|---|---|---|---|
| 乙醇 | 790 | 2.4 | 78 |
| 丙醇 | 800 | 2.5 | 97 |
| 丁醇 | 809 | 2.4 | 118 |
| 异丙醇 | 831 | 2.2 | 148 |
| 异丁醇 | 808 | 3.0 | 100 |
| 辛烷 | 704 | 2.4 | 126 |
| 水 | 1000 | 4.2 | 100 |

（2）固体显热储存

由于固体材料的热容量小，加之颗粒之间存在空隙，其蓄能密度只有水的 1/10～1/4。尽管如此，在岩石、砾石等固体材料比较丰富而水资源又很匮乏的地区，利用固体材料进行显热储热不仅成本低廉，也很方便。由于岩石、砾石等颗粒之间导热性能不良而容易温度不均，通常与太阳能空气集热器配合使用，用于空气供暖系统。固体显热储存的主要优点是可低压操作、无腐蚀以及系统简单，但也存在输送困难和蓄能密度小等缺点。

岩石是除水以外应用最广的储热介质，利用松散堆积的岩石或卵石的热容量进行储热的系统叫岩石堆积床，其特点是传热介质和储热介质直接接触换热，因此岩石堆积床自身既是储热器又是换热器。岩石的颗粒越小，则传热面积越大，传热速率越高，这样既有利于储热，也有利于床体内部形成温度分层；但也有压降大、空气流量低和风机消耗动力多的不利影响。因而，一方面要求岩石不应过小，以减小压降和增加空气流量；另一方面，也要求岩石不能过大，否则会导致内部加热不透，影响储热性能。一般情况下，岩石堆积床所用的岩石大多是直径为 1～4cm 的卵石，且大小均匀，空隙率在 30% 左右为宜。典型的堆积床传热表面积为 80～200m²，而空气流动的通道长度为 1.25～2.5m。

除岩石外，大多数固体储能材料（如金属氧化物）的熔点都很高，能经受冷热的反复作用而不会碎裂，可作为中高温储热介质。但金属氧化物的比热容及热导率都比较低，储热和换热设备的体积很大。可作为中高温储热介质的有花岗岩、氧化镁、氧化铝、氧化硅及铸铁等。这些材料的容积储热密度虽不如液体，但价格低廉，特别是氧化硅和花岗岩最便宜。

为克服固体储热材料蓄能密度小的缺点，可将液体储热和固体储热结合，例如将岩石堆积床中的岩石改为由大量灌满了水的玻璃瓶罐堆积而成，这种储热方式兼备了水和岩石的储热优点，相比于单纯的岩石堆积床，可提高容积储热密度。

### 8.1.4 潜热储存

潜热储存也称相变储能，是利用物质材料在固-固、固-液、固-气或液-气等相变过程中释放和吸收潜热的原理进行能量的储存。发生相变时吸收/释放的热量一般会远大于温度变化时显热所吸收/释放的热量，故其能量储存密度较高。此外，材料相变时温度是恒定的，因而相变储能、释能过程也近似等温，易于进行系统匹配，该技术已经在建筑节能、温室、人体保护、空间站和工业余热利用等方面有一定的应用。

根据物质相态变化不同，潜热有熔解潜热、凝固潜热、蒸发潜热（气化潜热）、冷凝潜热和升华潜热。一般情况下熔解潜热与气化潜热之和等于升华潜热，升华潜热最大，而熔解潜热最小。由于物质气化或升华时体积变化过大，对容器的要求过高，所以实际使用较多的是熔解（或凝固）潜热。此外，某些固体（例如冰或其他晶体）的分子结构形态发生变化时也会有吸放热现象，也属于潜热储能。在低温范围内，目前常用相变材料的熔解潜热量级为几百千焦/千克，如果储存相同的热量，所需相变材料的质量往往仅为水的 1/4～1/3 或岩石的 1/20～1/5，而所需相变材料的体积仅为水的 1/5～1/4 或岩石的 1/10～1/5。常见相变储热材料在不同温度段的相变潜热如表 8-4 所示。

表 8-4    常见相变储热材料的相变温度和相变潜热

| 温度范围/℃ | 相变材料 | 相变温度/℃ | 相变潜热/(kJ/kg) |
| --- | --- | --- | --- |
| 0～100 | 水 | 0 | 335 |
| | 石蜡 | 20～60 | 140～280 |
| | 水合盐 | 30～50 | 170～270 |
| 100～400 | $AlCl_3$ | 192 | 280 |
| | $LiNO_3$ | 250 | 370 |
| | $Na_2O_2$ | 360 | 314 |
| 400～800 | LiOH(50%)/LiF(50%) | 427 | 512 |
| | $KClO_4$ | 527 | 1253 |
| | LiH | 699 | 2678 |
| 800～1500 | LiF | 868 | 932 |
| | NaF | 993 | 750 |
| | $MgF_2$ | 1271 | 936 |
| | Si | 1415 | 1654 |

相变储能材料的分类如图 8-6 所示。根据温度不同，可分为低温相变材料和中高温相变材料，其中低温相变材料主要有石蜡、水合盐以及低熔点金属等，多用于建筑节能，而中高温相变材料主要有熔盐、金属以及碱等，多用于太阳能应用、工业余热利用和航空航天等场合。太阳能应用领域主要利用中高温相变材料中的室温相变材料和 50～60℃ 的相变材料。太阳能集热系统需要具备收集太阳能、储存热量、在需要时释放热量这三个功能，而相变材料由于具有储能密度高的特点，被广泛应用于各类主动式和被动式太阳能集热系统。工业余热利用、太阳能发电主要利用高温相变材料，如以硝酸盐为主的各类高温盐类和以 Al-Si 为主的各类高温金属等，目前高温相变储能技术存在的难点主要是储能材料与储能器的相容性、储能器的优化传热等。

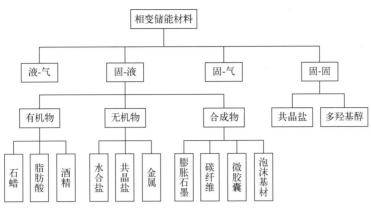

图 8-6 相变储能材料的分类

无机类相变储能材料主要有结晶水合盐、低熔点熔融盐、金属及其合金和其他无机相变材料。其中应用最为广泛的是结晶水合盐，它的熔点从几摄氏度一直到一百多摄氏度，范围较宽。这类材料具有使用范围广、价格便宜、密度大、熔解热大的特点，热导率比有机类相变材料大，一般呈中性。常用的结晶水盐相变储热材料有十水硫酸钠、六水氯化钙、三水醋酸钠、十二水磷酸氢二钠等。有机类相变储能材料主要有石蜡、烷烃、脂肪酸和盐类、醇类等。石蜡是目前使用最广泛的有机类相变储能材料，石蜡由直链烷烃混合而成，碳链的增长可以使相变温度和相变潜热增大，由此可以得到一系列不同相变温度的储能材料。有机类的相变材料固态时成型性好，一般不会出现过冷和相分离现象，材料的腐蚀性也较小，性能稳定，毒性小，成本较低。但是有机类储能材料也存在热导率小、储能密度小、相变时体积变化大、熔点低、易挥发、易燃、易爆、易氧化等缺点。

单种相变储能材料都具有一定的缺点，为了同时兼备两种或两种以上材料的优点，可以将几种材料组合成共熔物或复合材料，成为混合类相变储能材料。共熔物是指由两种或多种物质组成的二元或多元共熔体系混合物，混合物具有最低熔点。共熔物可以降低材料的熔点，以适应低温储能系统的需求。复合储能材料是指为了实现某种特定功能，将相变材料与其他功能材料通过物理或化学的方式复合在一起的相变储能材料，复合储能材料可以弥补相变储能材料在实际应用中的一些缺点，使相变储能材料的应用范围得到拓展。例如，可将 $LiCl-KCl$、$Li_2CO_3 \cdot Na_2CO_3-K_2CO_3$、$Li_2CO_3$、$LiF-NaF-MgF$、$LiF-NaF$ 等熔融盐复合到 $Al_2O_3$、$MgO$、$SiC$ 等多孔质陶瓷基体材料中形成的复合储热材料，既可兼备固相显热储存材料和相变潜热储存材料的长处，又可克服两者的不足，使之具备快速放热、快速储热及储热密度高的特有性能。

相变储能材料在储放热过程中会存在状态变化，会有流动性的液体出现，为了保证相变材料不泄漏，相变材料必须通过容器加以封装，以便和换热流体分隔开来，目前主要有整体封装、分散封装以及微胶囊封装三种形式。此外，相变材料热导率较低，导致相变储能系统的换热效率低，限制了相变储能技术的实际应用。因此，提高相变材料的热导率以强化材料的传热能力是关键。目前，相变储能材料的强化换热主要有增加传热面积、组合材料寻求均匀相变、强化材料热导率和采用微胶囊技术等手段。如图 8-7 所示，相变材料研究中的强化换热方法多种多样，但每种方法都有各自的优缺点。所以，要根据具体应用场合，考虑强化换热效果、相变特征、材料储能密度、复合材料的兼容性和稳定性等多方面的因素，选择整体最合适的强化换热方法。

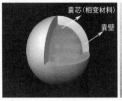    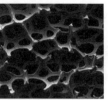

| 微胶囊 | 钢球金属胶囊 | 聚烯烃球 | 泡沫金属 | 泡沫石墨 |

图 8-7　相变储热材料的强化传热方式

## 8.1.5　化学储热

（1）储热原理

太阳能显热储存和潜热储存都属于利用物理方法进行储存。化学储热是利用化学反应吸放热进行热能储存，在储能密度和工作温度范围上都比显热和潜热储能有优势。化学储热方法有浓度差热储存、化学吸附热储存以及化学反应热储存三类。浓度差热储存是当酸碱盐类水溶液的浓度变化时，利用物理化学势的差别对余热/废热进行回收、储存和利用。化学吸附热储存是吸附剂吸附和脱附气体时放出和吸收热能的过程，其实质是吸附剂分子与被吸附分子之间接触并形成强大的聚合力，如范德华力、静电力、氢键等，并释放能量。化学反应热储存是利用可逆化学反应中分子键的破坏与重组实现热能的存储与释放，其储热量由化学反应的程度、储热材料的质量和化学反应热所决定。以异丙醇分解的化学储热为例，在催化剂存在的条件下，异丙醇吸热分解的液气反应发生温度为 $80 \sim 90 ℃$，放热的合成反应发生温度为 $150 \sim 210 ℃$，反应方程式如式(8-3)、式(8-4) 所示。

$$(CH_3)_2CHOH(l) \longrightarrow (CH_3)_2CO(g) + H_2(g) \qquad (8-4)$$

$$(CH_3)_2CO(g) + H_2(g) \longrightarrow (CH_3)_2CHOH(g) \qquad (8-5)$$

当吸热反应和放热反应的转化率分别为 8.5% 和 11.6% 时，热传递流体温度可从 $80 ℃$ 升高至 $136 ℃$，系统的热效率为 38%。该系统的性能随回流比和放热反应温度的升高会下降，随氢与丙酮摩尔比的增加和反应器传热性能的增强会改善。

（2）可逆化学反应储热的主要特点

通常化学反应过程的能量密度很高，因此，少量的材料就可以储存大量的热。可逆化学反应热储存的另一优点是反应物可在常温下保存，无需保温处理。当然，在将产物冷却到环境温度的过程中，不可避免地要损失一部分显热。但是，由于其储能密度高以及在化学循环中还可把这部分能量回收，这部分热损失完全可抵消。化学反应储热系统的总费用一部分与功率相关，主要指与反应器、热交换器及泵等有关的费用；另一部分与能量相关，主要指与原材料、储热容器以及保温措施等有关的费用。热化学储热系统具有功率与能量两部分组件能够在位置上分开的特点，故两部分组件的大小可以独立地变更，并且与能量相关的费用一般很低。由于化学储热在完成一个完整的循环过程中，存在着若干个能量损失的环节，如热交换与气体压缩等，故循环效率较低。另外，热化学储热系统本身的复杂性使其运转和维修的要求较高，费用也较高。

（3）典型的化学热储存系统

图 8-8 所示为一种氨分解/合成的化学储热系统，是利用可逆的化学反应 $2NH_3 \rightleftharpoons N_2 + 3H_2$ 实现太阳热能的储存并将其与蒸汽动力循环相结合予以发电。腔体吸收器由 20 根装有铁基催化剂的管道所组成，工作时反应器内压力为 20MPa，管壁表面温度为 $750 ℃$，反应平衡时氨容器内压力为 15MPa，温度为 $593 ℃$。此系统的主要优点是反应的可逆性好、无

副反应、反应物为流体便于输送，加之合成氨工业已经相当完善，因而此热化学储热系统的操作过程及很多部件的设计准则都可借鉴合成氨工业的现有规范。同时，催化剂便宜易得，系统相对简单，便于小型化，而且储热密度高。由于此反应体系会生成气体，因此必须考虑气体的储存和系统的严密性以及材料的腐蚀等问题。此系统效率高、供热连续性强、结构紧凑，在太阳能的中高温热利用中具有广阔的应用前景。

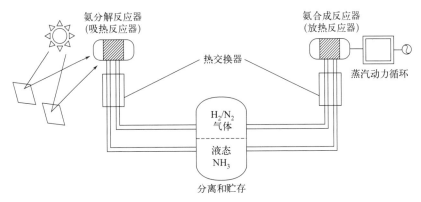

图 8-8　氨分解/合成的化学储热系统

# 8.2　太阳能电池

利用太阳电池可将太阳光能直接转化成电能，在光照条件下，太阳电池组件产生一定的电动势，通过充放电控制器对蓄电池进行充电，便能将光能转换成电能存储起来，以便夜晚和阴雨天使用；或者通过逆变器将直流电转换成交流电后与电网相连，向电网供电。太阳能发电系统的应用十分广泛，可应用于任何需要电源的场合，例如太空、通信、交通、空间应用等场所，是绝对的绿色能源。

## 8.2.1　太阳能电池概述

（1）太阳发电系统

太阳能发电系统主要由太阳能电池板（又称光伏组件）、充放电控制器、逆变器、测试仪表和计算机监控等电力电子设备、蓄电池或其他蓄能和辅助发电设备构成。尽管太阳能发电系统的规模和应用形式各异，但其组成结构与工作原理基本类似，直流负载的太阳能发电系统包括太阳能电池板、控制器和蓄电池三个部件，如图 8-9 所示。太阳能电池板的作用是将太阳的光能转换为电能，是整个系统的核心部分；控制器由专用处理器 CPU、电子元器件、显示器、开关功率管等组成，对蓄电池的充放电条件加以规定和控制，并按照负载的电源需求控制太阳能电池组件和蓄电池的电能输出，是整个系统的核心控制部分。蓄电池的作用是在有光照时将太阳能电池板所发出的电能储存起来，到需要的时候再释放出来。铅酸免维护蓄电池和胶体蓄电池因其固有的"免维护"特性及对环境污染较少的特点被广泛用于太阳能电源系统中。

（2）太阳能电池原理

光伏效应是指材料在吸收光能后内部载流子分布状态和浓度发生变化，产生出电流和电动势的效应。气体、液体和固体中都能产生这种效应，但在硅等半导体中效率最高，原理如

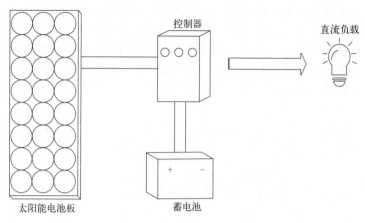

图 8-9 直流负载的太阳能发电系统

图 8-10 所示。正电荷代表硅原子，负电荷表示围绕在硅原子周围的 4 个电子，当硅晶体中渗入其他三价或五价杂质原子（如硼、磷等）并与相邻硅原子结合时，就会在杂质周围形成空穴或多余电子，从而成为 P 型或 N 型半导体硅材料。当半导体材料中渗入硼时，因为硼原子周围只有 3 个电子，所以硅原子就会产生多余的空穴，这些空穴因为没有电子而变得很不稳定，容易吸收邻近电子产生中和作用，并形成与电子移动方向相反的电流，称这种硅为 P 型半导体。同样，在渗入磷原子时，因为磷原子周围有 5 个电子，所以就会有一个多余的电子变得非常活跃，该电子移动形成电流，由于电子是负载流子，所以称这种硅为 N 型半导体。当把 P 型半导体和 N 型半导体结合在一起时就形成了 PN 结。

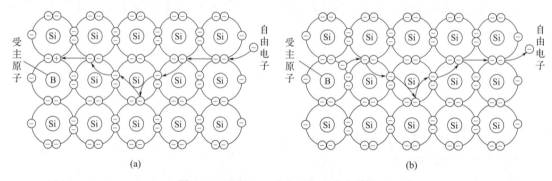

图 8-10 P 型（a）与 N 型（b）半导体

一般而言，光电转化过程中电子吸收太阳光光子能量激发形成电子-空穴对，且这些非平衡载流子有足够长的寿命，在分离前不会复合消失。这些非平衡载流子在内建电场作用下完成电子-空穴对分离，电子集中在一侧，空穴集中在另一侧，在 PN 结两侧产生异性电荷积累，从而产生光生电动势，当通过端电极接通负载，即可获得功率输出。

（3）太阳能电池发展历程

1839 年，E. Becquerel 等发现将氧化铜或卤化银涂在金属电极上即能够产生光电压。1873 年，德国化学家 W. H. Vogel 发现了一种具有红外吸收特性的染料，这是"全色"胶片以及彩色胶片的重要实践基础。1887 年，Vienna 大学的 Moster 等在卤化银电极上涂敷染料赤藓红发现光电现象。20 世纪 60 年代德国科学家 Tributsch 等揭示了染料吸附在半导体上并在一定条件下产生电流的机理后，才引起广泛的关注。在这段时间里，光电现象只是作为一种现象，并没有实用化器件的产生。1954 年，Paul，D. Chapin 和 G. Peanon 把 PN 结引入单晶硅中，得到转换效率为 6％的实用化光电器件，即硅半导体太阳能电池。20 世纪 80 年代以来，瑞士联邦理工学院的 M. Gratzel 教授一直致力于开发一种价格低廉的染料敏化太阳能电池。1991 年，他们以多孔膜 $TiO_2$ 作为光阳极材料，联吡啶钌配合物作为光敏剂，$I^-/I^{3-}$ 为氧化还原电对，在 AM1.5 模拟太阳光照射下，得到大约 7％的光电转换效率，实现了突破性进展。2009 年，Miyasaka 课题组将 $CH_3NH_3Pb_3$ 和 $CH_3NH_3PbBr_3$ 代替染料敏化剂运用到染料敏化太阳能电池中，由此产生了进化版的钙钛矿太阳能电池。

### 8.2.2　硅基太阳能电池

（1）晶体硅类型与性能

硅基太阳能电池包括多晶硅、单晶硅和非晶硅电池三种。当熔融的单质硅凝固时，硅原子以金刚石晶格排列成许多晶核，若这些晶核长成晶面取向相同的晶粒，则形成单晶硅；若这些晶核长成晶面取向不同的晶粒，则形成多晶硅。多晶硅在力学性质、电学性质等方面的性能均不如单晶硅。多晶硅可作为拉制单晶硅的原料，也是太阳能电池片以及光伏发电的基础材料。一般半导体器件要求硅的纯度 6 个 9（6N）以上，大规模集成电路的要求更高，硅的纯度必须达到 9N，目前人们已经能制造出纯度为 12N 的单晶硅。单晶硅是电子计算机、自动控制系统及信息产业等现代科学技术中不可缺少的基本材料。单晶、非晶及多晶硅结构示意如图 8-11 所示。

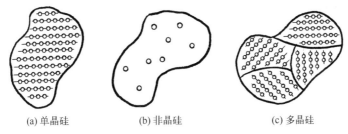

(a) 单晶硅　　　　　　　(b) 非晶硅　　　　　　　(c) 多晶硅

图 8-11　单晶、非晶及多晶硅结构示意图

目前产业化太阳能电池中，多晶硅和单晶硅太阳能电池所占比例近 90％。硅基电池广泛应用于并网发电、离网发电、商业应用等领域。硅基太阳能电池中，单晶硅太阳能电池转换效率最高，其实验室效率可达 26.1％，技术也最为成熟，开发的电池主要有平面单晶硅电池和刻槽埋栅电极单晶硅电池。多晶硅太阳能电池成本较低、生产工艺成熟，占据主要光伏市场，是现在太阳能电池的主导产品。虽然多晶硅太阳能电池效率（23.3％）低于单晶硅电池，但两者的单位成本发电效率接近。非晶硅太阳能电池对可见光有很高的吸收效率，因而只要薄薄的一层就可以把光子的能量有效捕获；且非晶硅薄膜生产技术非常成熟，可大面积制备，生产材料成本也较低。其主要缺点是效率低（5％～7％），且存在光致衰退（S-W 效应），因此在太阳能发电市场上基本无竞争力，只能用于功率小的电子产品，如电子计算器、玩具等。

（2）硅基太阳能电池制备方法

单晶硅的制备通常是先制得多晶硅或无定形硅，然后用直拉法或悬浮区熔法从熔体中生长出单晶硅棒状，因此多晶硅的生产是制备单晶硅的关键。仅依靠冶炼一般无法得到高纯多晶硅，通常高纯多晶硅的生产与提纯一般先通过将硅烷（$SiH_4$）、氯硅烷（$SiH_xCl_y$）等提纯，再将高纯的硅烷或卤化硅还原成高纯的硅。在这种化学提纯的方法中，会产生许多中间产物和副产物，因而副产物的循环利用也是规模化多晶硅生产的重要环节。

多晶硅的生产技术一般是按照所选用的被还原气体及还原方法来区分的。硅烷和氯硅烷是最常用的被还原气体，氯硅烷中三氯氢硅（$SiHCl_3$）应用最广。还原方法有西门子还原炉法和流化床反应器法。两种被还原气体和两种反应器相互搭配形成了四种商业化多晶硅生产技术，如表 8-5 所示。

表 8-5　目前工业化应用的四种多晶硅生产技术

| 反应器 | 硅烷($SiH_4$) | 三氯氢硅($SiHCl_3$) |
|---|---|---|
| 西门子反应器<br>硅芯沉积 | Union Carbide-Komatsu 法，<br>REC 公司使用 | 改良西门子法，<br>大多数厂商采用 |
| 流化床反应器<br>硅珠沉积 | Ethyl 法，MEMC 使用<br>Union Carbide 法，REC 使用 | Wacker 公司使用 |

在这四种方法中，应用最广的是用三氯氢硅在西门子还原炉生产多晶硅的技术，被业界称作西门子工艺，占多晶硅生产的 80%，是目前多晶生产的主要技术。西门子工艺以 SiHCl_3 为主要被还原气体，在如图 8-12 的西门子钟罩式反应器中进行还原反应，多晶硅沉积在被加热到 1100℃ 左右的倒 U 形硅芯上。

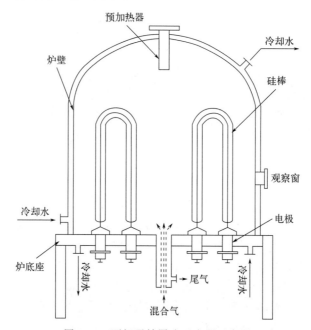

图 8-12　西门子钟罩式反应器示意图

现代化多晶硅生产是一个庞大的化工系统，涉及许多化工原料、中间产物和最终产物。一个完整的多晶硅生产系统包括原料三氯氢硅（TCS）的合成、TCS 的精馏提纯、TCS 的还原、反应尾气的干法回收与分离以及四氯化硅（STC）的氢化等过程，其工艺流程如图 8-13 所示。

三氯氢硅由金属硅粉和氯化氢反应生成，反应方程式如下：

$$Si + 3HCl \longrightarrow SiHCl_3 + H_2 \tag{8-6}$$

该反应在沸腾炉中进行，反应温度为 $280 \sim 320℃$，放热量约为 50kcal/mol（1kcal = 4.185kJ）。反应温度的控制很重要，当温度升高时四氯化硅的生成量不断变大，超过 350℃ 后将按照反应式(8-7)生成大量的四氯化硅：

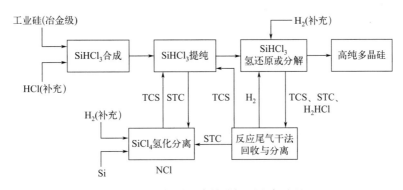

图 8-13　西门子法多晶硅闭环生产过程

$$Si + 4HCl \longrightarrow SiCl_4 + 2H_2 \tag{8-7}$$

若反应温度过低，会生成较多 $SiH_2Cl_2$：

$$Si + 2HCl \longrightarrow SiH_2Cl_2 \tag{8-8}$$

合成后的三氯氢硅含有 Fe、Cu、Ni、Cr、Al、As 和 Sb 等元素的氯化物，它们的蒸气压比 $SiHCl_3$ 小得多，属于高沸点组分，精馏过程中会留在塔釜，很容易分离。精馏所得的高纯三氯氢硅和四氯化硅与氢气混合稀释后进入如图 8-12 所示的西门子反应炉中，炉内压力约 $0.4 \sim 0.6MPa$。三氯氢硅经过热解，硅沉积在被加热的硅芯表面，逐渐形成直径越来越大的硅棒。在西门子反应炉中的反应可用以下反应方程式表示：

$$2SiHCl_3 \longrightarrow SiH_2Cl_2 + SiCl_4 \tag{8-9}$$

$$SiH_2Cl_2 \longrightarrow Si + 2HCl \tag{8-10}$$

$$SiHCl_3 + H_2 \longrightarrow Si + 3HCl \tag{8-11}$$

$$SiHCl_3 + HCl \longrightarrow SiCl_4 + H_2 \tag{8-12}$$

反应中作为沉积面的硅芯可以用区熔法拉制成为直径 $7 \sim 10mm$ 的硅棒，也可以先用直拉法拉制多晶硅棒，然后用金刚线切机将硅棒切成近边长 $7 \sim 10mm$ 正方形截面的长硅棒。进入还原炉的 $SiHCl_3$ 最多只有 15% 左右转化成多晶硅，剩余未反应部分需回收再循环再利用。还原尾气中的 $H_2$、HCl、$SiHCl_3$、$SiCl_4$ 等成分经鼓泡氯硅烷喷淋洗涤、加压并冷却到一定的温度可使 $SiHCl_3$ 和 $SiCl_4$ 全部冷凝下来，再经分离塔分离后分别得到 $SiHCl_3$ 和 $SiCl_4$，其中 $SiHCl_3$ 直接返回还原工序生产多晶硅，$SiCl_4$ 经氢化部分转化为 $SiHCl_3$，再经分离提纯后返回还原工序生产多晶硅。

到目前为止硅基太阳能电池仍然是市面上应用最广、最具有商业价值的光伏发电产品，且在未来一段时间仍然是最具有性价比的光伏产品。根据国际能源署的预测，全球光伏发电的累计装机量到 2030 能够有望达到 1721GW，到 2050 年这个数据能够进一步上升到 4670GW，硅基太阳能电池仍然具有很大的发展潜力。

## 8.2.3　化合物半导体电池

硅基太阳能电池虽然具有技术成熟、可靠性高、寿命长等优点，但也存在转换效率低、材料消耗大、成本高、应用场景窄等问题。20 世纪 70 年代以来，化合物半导体薄膜太阳能电池作为一种新型结构得到了迅速发展并广泛应用于航空航天领域。与单元素硅相比，由两种及以上元素以确定的原子数配比形成的化合物半导体，种类丰富且光电性能优异，是制备光伏器件的理想材料。化合物半导体具有明确的禁带宽度和能带结构，不同元素组成的化合物半导体具有不同的带隙，容易找到对太阳光有较大吸收的化合物半导体材料。总体上说，化合物半导体材料具有光吸收系数高、光电转换效率高、抗辐射能力强、空间应用寿命长和性能稳定等优点。化合物半导体薄膜太阳能电池主要有 GaAs、CdTe、CdS、InP、CuInS、CuInSe$_2$ 和 GeSe 等。

GaAs 和 InP 都为Ⅲ-Ⅴ族化合物半导体材料，GaAs 的带隙为 1.43eV，为直接跃迁型材料，在 GaAs 单晶衬底上生长的单结电池效率已超过 25%。GaAs 还可与其他Ⅲ、Ⅴ族元素形成三元或四元固溶体半导体，其带隙和晶格参数能够连续改变，易于制备效率更高的多结电池，如 GaInP 和 GaInAs 等，其理论效率是硅基电池的 2 倍。GaAs 材料的光吸收系数远高于硅材料，同样吸收 95% 的太阳光，GaAs 材料只需要 5～10μm 的厚度，因此 GaAs 材料可制成超薄型太阳能电池，大大减轻质量。此外，GaAs 材料还具有耐温性能和抗辐射性能好等特点，制备的薄膜太阳能电池常应用于航天领域。为"神舟十号"提供电能的太阳帆板就是我国自主研发生产的 GaAs 薄膜太阳能电池，其转化效率为 27.5%。目前 GaAs 薄膜太阳能电池的制备方法主要有晶体生长法、直接拉制法、气相生长法和液相外延法等。

CdTe 是具有闪锌矿结构的Ⅱ-Ⅵ族化合物半导体材料，具有与太阳能光谱相匹配的禁带宽度（约 1.45eV），可以 99% 以上的高效率吸收阳光中大于禁带宽度的辐射能，其吸收系数比硅材料高一百倍。CdTe 属于直接跃迁型材料，成本低、易制备，化学稳定性好，其理论转化效率高达 28%，是薄膜太阳能电池材料的最优选择之一。CdTe 薄膜太阳能电池可采用升华法、气相输运沉积（VTD）、喷涂、电沉积、丝网印刷、溅射、真空蒸发、物理气相沉积（PVD）、化学气相沉积（CVD）、化学沉积法（CBD）、原子层外延等多种方法来生产。CdTe 薄膜太阳能电池通常以 CdS/CdTe 为异质结，其典型结构自上到下为 MgF$_2$ 光减反射膜、玻璃衬底、透明电极、窗口层（CdS）、吸收层（CdTe）、欧姆接触过渡层和金属背电极。

CuInGaSe（CIGS）属于Ⅰ-Ⅲ-Ⅵ族化合物，由Ⅱ-Ⅵ族化合物衍化而来，其中的第Ⅱ族元素被第Ⅲ族（Ga、In）和第Ⅰ族（Cu）取代而形成三元化合物，CIGS 薄膜太阳能电池光吸收系数较大，禁带宽度为 1.02eV，理论转换效率可达 25%～30%。CIGS 薄膜太阳能电池能吸收可见光至红外光区域的光谱，且具有带隙可调、温度系数较低、光谱响应良好、弱光性能较好、晶粒尺寸大、能量偿还时间短、原材料消耗少、输出电流大、抗干扰和耐辐射能力强、工作寿命长等特性。CIGS 薄膜太阳能电池目前最常用的制备方法为多元共蒸发法、溅射硒化法以及电沉积法。如图 8-14 所示，CIGS 薄膜太阳能电池的结构包括金属栅电极 Al/窗口层 n-ZnO/异质结 n 型层 i-ZnO/缓冲层或过渡层 CdS/光吸收层 CIGS/背电极 Mo/玻璃衬底等。目前 CIGS 薄膜太阳能电池需要进一步提高光电转换效率、降低电池成本以及寻求 ZnS、ZnSe、ZnO 等环保材料来替代 CdS。

## 8.2.4 有机太阳能电池

有机太阳能电池是一种新型薄膜太阳能电池，具有成本低、质量轻、环境友好、可实现半透明、可采用卷对卷印刷制备大面积柔性器件等突出优点，在分布式光伏领域应用前景广阔。有机太阳能电池原理与硅基电池类似，其活性层是由 P 型给体材料和 N 型受体材料组成，与无机半导体吸收光子直接产生电子和空穴不同，有机半导体材料由于介电常数小以及电荷的局域性，在吸收光子后产生的是激子，即具有束缚能的电子-空穴对。目前有机太阳能电池的结构由双层异质结构发展到了界面面积更大的本体异质结构（图 8-15），其工作原理是活性层吸收光子后产生激子，激子扩散到给/受体界面，由于激子的结合能小于给体和受体材料的能极差，激子在界面处解离成电子和空穴，然后分别沿着受体相和给体相传输至相应的电极，最后分别被阴极和阳极收集，产生光电流和光电压。有机太阳能电池中活

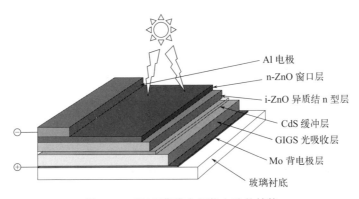

图 8-14　CIGS 薄膜太阳能电池的结构

性层的微观结构决定着光电转换过程，例如通过调控活性层的相区尺寸、相区纯度、结晶度和结晶取向可有效提升有机太阳能电池的光电性能。

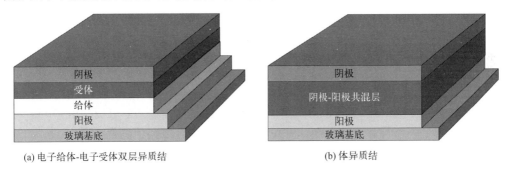

(a) 电子给体-电子受体双层异质结　　　　　(b) 体异质结

图 8-15　有机太阳能电池结构图

　　1958 年美国加州大学伯克利分校的 Kearns 和 Calvin 将镁酞菁夹在两个功函不同的电极之间，检测到了 200mV 的开路电压，成功制备出了第一个有机太阳能电池，但能量转换效率非常低。1986 年柯达公司邓青云博士以四羧基苝的一种衍生物（PV）作为受体，铜酞菁（CuPc）作为给体，创造性地制备出了双层活性异质结有机太阳能电池，能量转换效率超过 1%，为有机太阳能电池的发展迈出了里程碑式的一步。1995 年，诺贝尔奖得主 Heeger 将聚苯乙炔（MEH-PPV）与富勒烯衍生物（$PC_{61}BM$）共混，设计了一种具有三维互传网络结构的活性层，并提出了本体异质结的概念，能量转换效率高达 2.9%，之后，聚合物-富勒烯体系被广泛地应用于有机太阳能电池中。2003 年起，聚 3-己基噻吩（P3HT）：PCBM 体系开始被广泛研究，通过溶剂退火和热退火可使效率达到 4% 以上，推动了有机太阳能电池的发展。为了克服 P3HT 吸收范围较窄的缺陷，研究人员设计与开发了电子给体-电子受体（D-A）结构的聚合物，使有机太阳能电池的效率获得了显著的提升。2015 年，中国科学院化学所侯剑辉团队报道了一种具有 D-A 结构的聚合物给体 PBDTTT-EFT，获得了 9.0% 的能量转换效率。但是，由于富勒烯类衍生物上修饰位点较少，受体材料的能级和带隙调控受到制约，严重限制了有机太阳能电池电流和效率的提高。因此，研究人员逐渐将重心转移到开发能级和带隙可调的新型非富勒烯受体材料上。2019 年，中南大学邹应萍团队报道了非富勒烯小分子受体 Y6，与经典聚合物给体 PBDB-TF 搭配，获得了 15.7% 的效率，将有机太阳能电池的效率带入了 15% 以上的时代。

　　有机太阳能电池未来的发展方向必然是满足日常化应用场景需求。因此，有机太阳能电池必须在保障高效率的前提下，扩大有效工作面积、提高使用寿命，并能够使用大规模工业化流程制备。

## 8.2.5　染料敏化太阳能电池

染料敏化太阳能电池（DSSC）是继多晶硅及薄膜太阳能电池之后的第三代太阳能电池技术，DSSC 是以低成本的纳米二氧化钛和光敏染料为主要原料，模拟自然界中植物吸收太阳能进行光合作用，将太阳能转化为电能的装置。DSSC 的工作原理如图 8-16 所示，其核心思想是将光的吸收过程和电子收集过程分开，上述两个过程分别由敏化剂和介孔氧化物半导体基底来完成。电池基底通常是由 $TiO_2$ 纳米晶烧结在一起形成的介孔氧化物半导体层；敏化剂是吸附在纳米晶薄膜表面上的单层染料分子。当染料分子（D）吸收太阳光后从基态跃迁到激发态（$D^*$），被激发后的染料分子位于最高占据分子轨道（HOMO）的电子被激发到能量较高的最低粘分子轨道（LUMO）中，接着染料分子很快失去能量较高的 LUMO 电子形成染料阳离子（$D^+$），电子再以非常快的速率注入较低能级的 $TiO_2$ 导带中，并经外电路产生工作电流，然后流回到对电极中。电解液中的氧化还原电对则将留在染料分子中的空穴还原，这时氧化态染料分子还原至基态，就可再次吸收光子；产生的氧化态电解质通过扩散，在对电极接受电子被还原，这样整个电路经过氧化和还原完成一个光电化学反应的循环。

DSSC 主要由透明导电光学玻璃、透明纳米孔半导体电极（光阳极）、染料、电解液、对电极（光阴极）等构成。染料是 DSSC 的核心材料之一，主要作用是吸收太阳光，并把光电子传输到 $TiO_2$ 的导带上，其性能的优劣对 DSSC 光电转化效率起着决定性的作用。电解液的作用是将电子传输给被光氧化了的染料分子，并将空穴传输到对电极。由于电解液是透明的液体，不会阻碍染料对光的吸收，而且能完全覆盖涂有染料的纳米多孔 $TiO_2$ 膜，充分利用了纳米膜的高比表面从而有利于电荷的传输。目前电解液多采用 $I^-/I^{3-}$ 体系，金属离子常选 $Li^+$ 等活泼金属。该体系性能稳定，再生性好，且具有良好的透光性能和高扩散系数。$I^{3-}$ 在光阴极上得到电子生成 $I^-$，该反应越快 DSSC 的光响应就越好，但由于 $I^{3-}$ 在光阴极上还原时的过电压较大，导致该反应较慢。为了解决上述问题，可以在导电玻璃镀上一层 Pt，这既可降低 $I^{3-}$ 还原的过电压，又可充当反光膜将染料未能吸收的光反射回染料再次吸收。此外，碳材料以及其他廉价金属也可以作为光阴极材料来代替 Pt，但综合性能稍差。

DSSC 与传统的太阳能电池相比结构简单、易于制造、生产工艺简单，生产过程中无毒无污染，易于大规模工业化生产，制备电池的能耗较低，能源回收周期短。DSSC 最引人瞩目的特点是生产成本较低，仅为硅太阳能电池的 1/10～1/5，目前水平下每峰瓦的电池成本在 10 元以内，使用寿命可达 15～20 年。一旦光电转化效率有大的突破，封装问题、使用寿命问题得到很好的解决，DSSC 很有可能在不远的将来成为一种具有竞争力的商业化产品。

## 8.2.6　钙钛矿太阳能电池

钙钛矿是以俄罗斯矿物学家 Perovski 的名字命名的，最初是指 1839 年首次被发现的钛酸钙（$CaTiO_3$）这种矿物。此后，钙钛矿指代一大类具有与此类矿物相同晶体结构的化合物，把结构与之类似的晶体统称为钙钛矿物质。如图 8-17 所示，其化学成分简写为 $AMX_3$，其中 A 通常代表有机分子，M 代表金属（如铅或锡），X 代表卤素（如碘或氯）。在该结构中，金属 M 原子位于立方晶胞体心处，卤素 X 原子位于立方体面心，有机阳离子 A 位于立方体顶点位置。与共棱、共面形式连接的结构相比，钙钛矿的结构更加稳定，且有利于缺陷的扩散迁移。此外，由于钙钛矿材料一般具有比较低的载流子复合概率和比较高的载流子迁移率，使其能够获得较长的载流子扩散距离和寿命，因而钙钛矿太阳能电池光电转换效率提升潜力巨大。自从 2009 年，Kojima 等首次采用钙钛矿型有机/无机杂化材料制备薄膜太阳

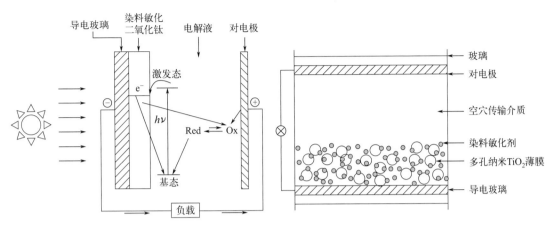

图 8-16 染料敏化太阳能电池的原理及构造

能电池获得 3.8% 的效率后，钙钛矿太阳能电池凭借其巨大的发展潜力备受科学家们关注，被誉为"光伏领域的新希望"，截至 2022 年其效率已突破 25.7%。

典型的钙钛矿太阳能电池通常由衬底材料、导电玻璃（镀有氧化物层的基片玻璃）、电子传输层（$TiO_2$）、钙钛矿吸收层、空穴传输层和金属电极等组成，如图 8-17 所示。根据钙钛矿吸收层中材料薄膜的形貌，钙钛矿电池一般分为多孔型钙钛矿太阳能电池和平面异质结型太阳能电池。在介孔结构中的钙钛矿材料作为光敏化剂覆盖在多孔 $TiO_2$ 上，采用正置异质结结构；平面异质型结构中，钙钛矿既是光吸收层，又是电子和空穴的传输层；与多孔型太阳能电池相比，这一结构不需多孔金属氧化物骨架，因此简化了电池的制备工艺。这两种类型的电池工作机理基本相似，在太阳光照下，钙钛矿材料受到激发，产生成对的光生电子和空穴，并在室温下解离，这两种载流子分别被 n 型电子传输层和 p 型空穴传输层收集，电子和空穴分别被电池两侧的透明导电电极和金属电极收集，并产生电势差。电势差的大小取决于电子传输层与空穴传输层的准费米能级之差。而电子和空穴的分离则可能是由于光照导致结构对称性的破坏，产生了很强的内建电场，从而使二者分离，产生电压。在钙钛矿太阳能电池的多层结构中，最为核心的是光吸收层，其主要的活性材料是甲氨铅碘（$CH_3NH_3PbI_3$），而电子传输层通常由致密的 $TiO_2$ 层构成，空穴传输层一般采用 Spiro-OMeTAD，即 $2,2',7,7'$-四 [$N,N$-二 （4-甲氧基苯基）氨基]-$9,9'$-螺二芴。

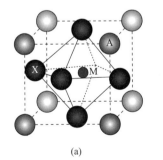

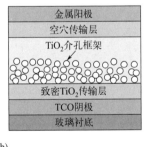

(a)                                    (b)

图 8-17 钙钛矿结构 （a） 及钙钛矿电池 （b） 示意图

钙钛矿太阳能电池具有光电转换效率高、弱光性能好、光伏特性可调和制备工艺简单等优点，有望成为独立的清洁能源和可穿戴等柔性器件。但是，钙钛矿太阳能电池要真正进入商业化应用阶段面临的问题主要是稳定性、Pb 渗漏污染、大面积制备、空穴传输层昂贵、电池材料和器件制备的成本。

# 8.3 光催化制氢技术

太阳能无法直接利用，上节介绍了将太阳能转化为电能的方法与技术，本节介绍太阳能的化学利用途径之一，即以半导体材料作为催化剂在光照下分解水产氢的技术原理与方法。

## 8.3.1 光催化制氢原理

光催化制氢是光催化材料在光照下产生的光生载流子促使水分解或还原生成氢气的过程。如图 8-18 所示，光催化分解水产氢过程首先是半导体受到光的激发产生电子和空穴，当入射光的能量大于或等于半导体带隙能量时处于价带（VB）上的电子便会被激发到导带（CB）上，从而在导带和价带上分别产生自由电子和空穴。半导体价带的电子能被光激发是分解水必要条件之一，除了其禁带宽度要大于水的电解电压（1.23eV）外，还要求半导体价带的位置应比 $O_2/H_2O$ 的电位更正（即在它的下部），而导带的位置应比 $H_2/H_2O$ 更负（即在它的上部）。在第一步中，最大限度地利用和吸收太阳光是产生更多电子和空穴的关键。第二步为体相光生电子和空穴的分离、传输和复合。光分解水作为一种异相催化，光生电子和空穴迁移至表面这一步至关重要，光生电子-空穴对复合时间大约为 $10^{-15} \sim 10^{-9}$ s，大多数的电子会在发生反应前与空穴复合而被消耗，从而导致光催化效率变低，这一步的速度是整个光催化反应的速控步骤，决定着整个光催化反应的效率。第三个步骤为迁移至光催化剂表面的光生电子和空穴发生氧化还原反应，这个过程的难点是如何使表面活性位点更丰富，从而能促进定向反应且抑制可逆反应以及如何提高光生电荷利用率。

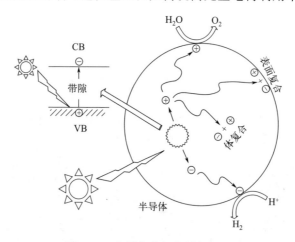

图 8-18 光催化分解水制氢原理

光催化分解水的体系主要有非均相光催化制氢和光电催化制氢两种，前者将光催化剂直接分散到水溶液中使催化剂与水充分接触，虽然装置结构较简单，但生成的氢气和氧气会混合到一起不易分离，且激发的电子和空穴也容易复合。光电催化制氢体系是将光催化剂制成电极浸入水溶液中，这样氢气和氧气分别在两个电极上生成而易于分离，且激发的电子和空穴在偏压作用下能够快速分离，减少复合，但该体系的装置较复杂，光照面积小。

光催化分解水的化学反应机理因不同的光催化反应体系而异，对于完全分解水，最典型的是四电子转移过程：

$$2H_2O \longrightarrow 2H_2(g) + O_2 \tag{8-13}$$

氢气生成反应 $\qquad\qquad 4e^- + 4H^+ \longrightarrow 2H_2 \tag{8-14}$

氧气生成反应 $\qquad\qquad 2H_2O \longrightarrow O_2 + 4e^- + 4H^+ \tag{8-15}$

首先是 2 个水分子在导带位置失去 4 个电子被氧化为 $O_2$,同时 $H^+$ 在价带位置得到 4 个电子被还原成 $H_2$。这一过程需要 4 个电子同时参与,因而反应发生概率较低。另一种是两电子转移的过程:

$$2H_2O \longrightarrow 2H_2O_2 + H_2 \tag{8-16}$$

氢气生成反应 $\qquad\qquad 2e^- + 2H^+ \longrightarrow H_2 \tag{8-17}$

过氧化氢生成反应 $\qquad\qquad 2H_2O \longrightarrow H_2O_2 + 2e^- + 2H^+ \tag{8-18}$

过氧化氢分解 $\qquad\qquad H_2O_2 \longrightarrow H_2O + 1/2 O_2 \tag{8-19}$

当有牺牲剂存在时,如图 8-19 所示,对于制氢半反应,一般需要具有还原性牺牲剂(如乙醇,亚硫酸钠等)消耗空穴,催化剂表面的电子还原出水中的氢;对于产氧半反应,一般需要具有氧化性牺牲剂(如 $Ag^+$,$Fe^{3+}$ 等)消耗电子催化剂表面的空穴氧化水中的氧。

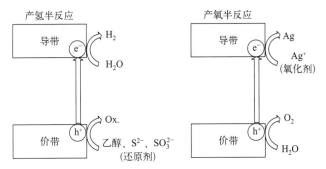

图 8-19　牺牲剂存在时光催化产氢和产氧半反应

### 8.3.2　光催化制氢评价指标与装置

光催化分解水制氢的反应体系和类型很多。反应溶液有水溶液和非水溶液,水溶液又可分为纯水和含牺牲剂的水。按反应体系可分为悬浮光催化制氢系统和固定光催化制氢系统。按反应器类别可分为内置式光催化制氢系统和外置式光催化制氢系统。按光源种类可分为汞灯、氙灯和 LED 灯。按反应系统可分为间歇式光催化制氢系统和连续式光催化制氢系统。因此,不同的光催化分解水制氢系统之间需要有个统一的评价指标。目前,光催化分解水制氢评价指标主要有光催化的产氢速率、光催化的表观量子效率和光催化的能源转化率。

光催化产氢速率指在某一波长光照射下,单位时间内单位催化剂质量生成氢气的物质的量,单位为 $\mu mol/(h \cdot g)$。实际上光催化产氢速率与催化剂质量不是线性增长的关系,因此实际评价中往往采用的单位是 $\mu mol/h$。

光催化分解水产氢的表观量子效率为:

$$AQY = \frac{参加反应电子数}{入射光子数} \times 100\% = \frac{生成氢气的分子数 \times 2}{入射光子数} \times 100\% \tag{8-20}$$

光催化分解水产氢的能源转化率为:

$$\eta = \frac{每秒内产生的氢气的热值}{平均辐射能通量} \tag{8-21}$$

光催化制氢反应装置如图 8-20 所示。实验室反应测试装置中,一般汞灯产生紫外光采用内照式,氙灯产生紫外可见光采用顶照式,而光电催化一般用点光源直接照射在电极材料上。在光源处可以放置各种滤光片滤掉一些波段的光或者用 $NaNO_2$ 溶液滤过 400nm 以下的光。产生的气体经过冷凝管后在气体循环泵的作用下混合均匀，然后由氩气带入气相色谱（GC）中检测生成的氢气和氧气含量。在反应前需要用真空泵将反应器和装置中的空气排出。

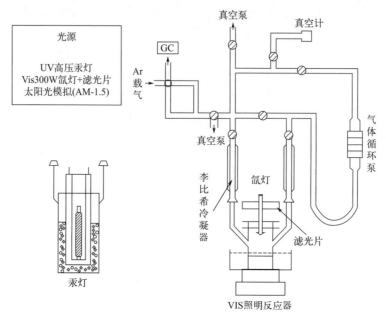

图 8-20　光催化制氢反应装置

### 8.3.3　光催化制氢反应体系

光催化制氢反应主要有产氢半反应、完全分解水和光电分解水三种体系。光催化制氢半反应是指在反应体系中加入牺牲剂消耗光生空穴，而光生电子还原水产生氢气。牺牲剂的主要作用首先是通过消耗空穴来抑制光生电子与空穴的复合，促进氢气产生；其次是通过消耗空穴来防止光催化剂的光腐蚀。常见的有机物牺牲剂有醇类、EDTA、乳酸、化石碳氢燃料、有机废物、蛋白质、藻类和糖类等。除了有机物外，一些无机离子也可以作为有效的牺牲剂，例如 $SO_3^{2-}/S^{2-}$、$IO_3^-/I^-$、$Ce^{4+}/Ce^{3+}$、$Fe^{2+}/Fe^{3+}$、$Br^-$、$CN^-$ 等。在光催化分解水制氢体系中加入牺牲剂，可使光生空穴优先与这些容易氧化的电子给体反应，从而不可逆地大量消耗光生空穴，最终可使光生电子在光催化剂表面富集以提高光催化分解水制氢的活性。光催化分解水制氢体系牺牲剂的选择必须满足经济性和高效性两个特征，要求其来源广泛、成本低廉、效果显著、环境友好。

仅能进行产氢或产氧半反应的催化材料在研究光催化机理方面虽具有重要作用和指导意义，但牺牲试剂的消耗大大增加了产氢的成本。因此，光催化完全分解水作为光催化制氢的另一重要体系一直备受追逐，寻找完全分解水的高效催化剂至关重要。完全分解水反应需要满足三个条件：①氢气和氧气的产量必须为 2∶1；②气体生成量与反应时间成正比；③气体产量应足够大。由于完全分解水要求在光催化剂表面同时产氢气和氧气，无论从热力学（能带位置）还是动力学（分离载流子手段）方面都有很高要求。目前，单一体系在紫外光下完全分解水的光催化材料主要有包含 $d^0$（如 $Ti^{4+}$、$Zr^{4+}$、$Ta^{5+}$、$Nb^{5+}$）和 $d^{10}$（如 $In^{3+}$、$Ga^{3+}$、$Ge^{4+}$）结构的金属氧化物及其含氧酸盐，而单一体系可见光下完全分解水还在探索阶段。另一种光催化完全分解水的体系是通过模拟自然界中光合作用而构建的两步 Z 型反应法。Z 型反应法可以采用不同的光催化剂，借助两次光激发过程，分别完成光解水产氢和产氧,如图 8-21 所示。通过两种材料导带和价带的电位匹配,以氧化还原中间体实现体系的电荷平衡,可使光解水过程连续进行。由于反应体系中的催化材料只需分别满足各自的光激发过程,材料的设计空间得到很大提升。此外,产氢和产氧过程的分离有效抑制了可逆反应,其反应过程如下:

$$H_2O + 2H^+ + Red \longrightarrow 2H_2 + Ox \tag{8-22}$$

$$H_2O + Ox \longrightarrow O_2 + 2H^+ + Red \tag{8-23}$$

其中,Red/Ox 最常用的是 $IO^{3-}/I^-$ 和 $Fe^{2+}/Fe^{3+}$。除了利用 Red/Ox 来实现 Z 型反应外,还可以利用贵金属来连接两个半导体催化剂,从而实现电子空穴的分离和转移,如图 8-21 所示。相对于单一体系,Z 型体系具有催化剂易于选择组合、反应能垒低以及 $H_2/O_2$ 容易分离等优势,当然其反应系统要更复杂,所需光子数更多。

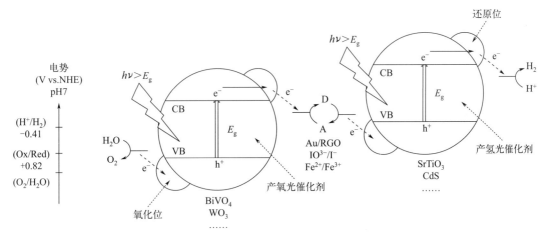

图 8-21 模拟自然界光合作用的 Z 型反应分解水

$h\nu$—光子能量;$E_g$—半导体带隙

光电催化分解水体系将产氢和产氧材料分别制备在两个电极上,并将电极、化学池、导线构成一个回路,通过光照电极将太阳能转化为电能,然后电解水。光电化学池的优点是放氢、放氧可以在不同的电极上进行,减少了电荷在空间的复合概率。其缺点是必须外加电压,从而需要提供额外的能量。

## 8.3.4 光催化制氢材料

自 1972 年 Fujishima 和 Honda 发现 $TiO_2$ 电极在光照射下可以分解水以来,科学研究者一直努力开发具有高能量转换效率和可见光响应的光解水催化材料,目前已报道的相关材料已超过 150 种。这些光解水材料可细分为具有 $d^0$ 和 $d^{10}$ 结构的金属氧化物或其含氧酸盐、金属硫(硒)化物、金属氮化物、金属氮氧化物、金属卤氧化物、无金属元素材料、MOF 结构材料等。如果按照对光的响应范围分类,光解水制氢材料可分为紫外光响应催化剂以及可见光响应催化剂。不同种类的催化材料各有其特点,例如金属氧化物稳定性好,但大多数带隙较宽,只能吸收偏紫外的光,太阳能利用率低;而金属硫化物带隙一般较窄,能吸收可见光,但稳定较差,容易发生光解。

$TiO_2$ 是最早被报道的在紫外光照射下能光催化分解水的氧化物半导体,钙钛矿型氧化物半导体是继 $TiO_2$ 之后被发现的具有紫外光响应的半导体光催化剂,这类催化材料具有高导带位置和带隙可调特点,使其具有较高的产氢活性。其中,以 $SrTiO_3$ 为代表的钛酸盐系列最具代表性，掺杂 Al 的 SrTiO$_3$ 在 360nm 处的表观量子效率高达 30%，目前活性最高的 La 掺杂 NiO/NaTaO$_3$ 光催化剂的表观量子效率已突破 56%。

虽然紫外光催化分解水制氢催化材料已经取得了较大的进展，但紫外光仅占太阳光谱的 5% 左右，约 47% 的可见光范围无法有效利用。为了更多更有效地利用太阳能，开发稳定、高活性、廉价的具有可见光响应的光催化剂是关键。调变宽禁带氧化物半导体的带隙是制备可见光响应催化剂的有效方法之一。稳定半导体氧化物的导带能级主要由过渡金属离子的空轨道构成，价带能级则主要由 O 的 2p 轨道构成，通过掺杂过渡金属阳离子在宽带隙半导体的禁带中形成新的给体或供体能级可以使其导带底部下移来缩减带隙；通过掺杂电负性比 O 低的元素如 C、N、S、P 等与 O$_{2p}$ 轨道形成新的杂化轨道以提高价带电位也可以缩减其带隙；此外，利用宽带隙半导体与窄带隙半导体形成固溶体也可以减少其禁带宽度。

## 8.4  光催化 CO$_2$ 还原技术

人工光合作用（即光催化 CO$_2$ 还原）是在光催化剂的作用下，通过太阳光的照射，将 CO$_2$ 和 H$_2$O 转化为碳氢化合物，以实现二氧化碳的再循环利用，在"双碳"背景下具有重要的意义。

### 8.4.1  光催化 CO$_2$ 还原原理

光催化 CO$_2$ 还原与光催化制氢的物理过程是一致的，即利用光激发半导体产生电子和空穴，然后迁移至催化剂表面。但化学反应部分截然不同，如图 8-22 所示，水在催化剂表面消耗空穴被氧化为 O$_2$，CO$_2$ 得到电子被还原为有机物。

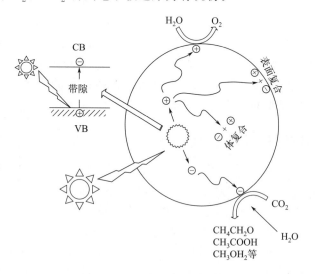

图 8-22  光催化 CO$_2$ 还原

相比于光解水制氢，光催化 CO$_2$ 还原的化学反应过程更为复杂，首先是 CO$_2$ 和 H$_2$O 吸附在催化材料表面的活性位，接着 H$_2$O 和 CO$_2$ 分别与光生空穴和电子发生氧化还原反应。从热动力学分析，CO$_2$ 化学势能为 −394kJ/mol，甲烷化学势能为 −51kJ/mol，甲醇化学势能为 −159kJ/mol，还原 CO$_2$ 要发生爬坡吸热反应，对比水的分解化学势（−286kJ/

mol)，其反应更难发生。因此，光催化 $CO_2$ 还原过程要求：①催化剂具有很好的 $CO_2$ 或 $CO_3^{2-}$ 吸附能力；②催化材料的导带位置要比 $CO_2$ 的还原电势更负，即光生电子能成功注入吸附在催化剂表面的 $CO_2$；③催化材料的价带位置要比氧化水电位更正才能氧化水为 $O_2$，即消耗空穴，促进反应；④催化剂本身不参与反应，能够保持稳定状态。从电子转移吸收的机理来看，最直接的过程是 $CO_2$ 吸收一个电子形成 $CO_2^-$，但该过程需要 $-2.14eV$ 能量的电子，发生的概率很低，而涉及多电子转移的多步反应过程更可能发生：

$$2H^+ + 2e^- \longrightarrow H_2(-0.41eV) \tag{8-24}$$

$$H_2O \longrightarrow 1/2O_2 + 2H^+ + 2e^-(0.82eV) \tag{8-25}$$

$$CO_2 + e^- \longrightarrow CO_2^-(-1.90eV) \tag{8-26}$$

$$CO_2 + H^+ + 2e^- \longrightarrow HCO_2^-(-0.49eV) \tag{8-27}$$

$$CO_2 + 2H^+ + 2e^- \longrightarrow HCOOH(-0.53eV) \tag{8-28}$$

$$CO_2 + 4H^+ + 4e^- \longrightarrow HCHO + H_2O(-0.48eV) \tag{8-29}$$

$$CO_2 + 6H^+ + 6e^- \longrightarrow CH_3OH + H_2O(-0.38eV) \tag{8-30}$$

$$CO_2 + 8H^+ + 8e^- \longrightarrow CH_4 + 2H_2O(-0.24eV) \tag{8-31}$$

$$CO_2 + 2H^+ + 2e^- \longrightarrow HCOOH \tag{8-32}$$

$$HCOOH + 2H^+ + 2e^- \longrightarrow HCHO + H_2O \tag{8-33}$$

$$HCHO + 2H^+ + 2e^- \longrightarrow CH_3OH \tag{8-34}$$

$$CH_3OH + 2H^+ + 2e^- \longrightarrow CH_4 + H_2O \tag{8-35}$$

可见，光催化还原 $CO_2$ 的化学反应过程很复杂，要求不同催化活性位点间的协同，因此寻找更合适的催化剂和助催化剂是提高光催化还原 $CO_2$ 效率的关键。与光分解水制氢不同，由于光催化过程被激发的初始状态能垒很高，导致光催化还原 $CO_2$ 的反应产物很多，如一氧化碳、甲烷、甲醇、甲醛、甲酸、草酸、碳等，这降低了光催化还原 $CO_2$ 的效率和经济性。此外，部分还原产物还可使光催化剂中毒以及电子和空穴猝灭，甚至会使光催化还原产物重新降解生成 $CO_2$。科学家们正通过理论及实验分析各种不同产物的反应途径以及在催化剂上的反应活性位，以便更好地理解光催化还原 $CO_2$ 生成目标产物的机理，从而可以更有效地设计光催化剂。

### 8.4.2 光催化 $CO_2$ 还原反应体系

光催化 $CO_2$ 还原也可分为直接光催化 $CO_2$ 还原和光电催化 $CO_2$ 还原反应体系；反应体系同样可加入牺牲剂消耗空穴而只发生 $CO_2$ 还原半反应，也可以通过构建 Z 型反应扩展催化剂的选择范围，实现对可见光的利用。目前主要依据反应介质对光催化 $CO_2$ 还原反应体系进行分类，可分为光催化 $CO_2$ 还原悬浮体系和光催化 $CO_2$ 还原气相反应体系，前者是指将催化剂分散在水溶液中，再向溶液中通入 $CO_2$ 进行还原反应；后者是指将水蒸气和 $CO_2$ 气体流过固体催化剂表面的同时用光照射催化剂，混合气体在催化剂表面发生光催化反应。光催化 $CO_2$ 还原悬浮体系存在着溶液酸碱度要求苛刻、竞争反应以及产物难以分离和检测等一些缺陷。

目前光催化还原 $CO_2$ 反应气相体系被广泛应用，可进一步分为连续流动床型和密闭循环型两种反应体系。图 8-23 为光催化 $CO_2$ 还原连续流动床型反应装置示意图。首先将高纯 $CO_2$ 经质子流量计定量通入装有蒸馏水的瓶子，使一部分水蒸气随流动的气体一起进入连续流动型反应器，最后在光照条件下进行气相光催化反应。光催化反应器是由大量的玻璃纤维丝和负载了一层光催化剂膜的玻璃纤维过滤器构成，玻璃纤维丝的主要作用是维持反应器内水蒸气的饱和蒸汽压。该气相反应系统的主要优点是能实现还原产物的在线检测、能调节反应物的比例以及光催化剂薄膜能充分与反应物接触等，这都有利于提高光催化还原气相体系的光催化效率。但是该系统也存在相对较复杂、光催化反应器清洗不便和产物收集困难等问题，需要进一步优化与改善。

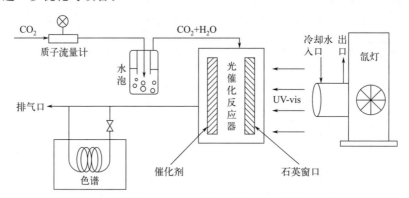

图 8-23　光催化 $CO_2$ 还原连续流动床型反应装置示意图

半导体光催化 $CO_2$ 还原密闭循环型气相反应体系要求先将催化剂均匀分散在玻璃皿表面，然后将玻璃皿置于反应器后抽真空数次，再通入气体至 $101.325kPa$，并滴入一定量的蒸馏水与气体达到吸附与解析平衡，最后经一定时间光照后取气体产物进行气相色谱检测。该体系较简便，但吸附到达平衡需很长时间，生成物不能在线检测，取样过程也容易造成实验结果误差。

### 8.4.3　光催化 $CO_2$ 还原材料

光催化 $CO_2$ 还原材料除了需要满足使反应进行的条件，还要求对产物具有选择性，这增加了催化材料的开发难度。另外，在构建高效光还原 $CO_2$ 反应体系时，除考虑光催化材料的光吸收范围外，还要考虑光催化材料对 $CO_2$ 的吸附性能、光生电子-空穴分离效率以及 $CO_2$ 活化等其他影响因素的综合效应。$TiO_2$ 是最早被研究的光催化 $CO_2$ 还原材料，目前已有多种形式和结构的 $TiO_2$ 被应用，如从常规的单一 $TiO_2$ 材料到金属负载半导体复合 $TiO_2$ 材料，从块体颗粒 $TiO_2$ 材料到介孔、纳米 $TiO_2$ 材料等。不同的 $TiO_2$ 晶型和晶面都表现出不同的光催化 $CO_2$ 还原活性，由于晶面的几何结构及其所导致的 Ti/O 原子比不同，$TiO_2$（100）具有比 $TiO_2$（110）更强的光还原性。除此之外，一些三元金属氧化物纳米材料也常被用于在紫外光下催化还原 $CO_2$，其中锗酸盐是一类结构非常独特的化合物，其骨架结构中锗可分别与 4、5、6 个氧原子结合，构成 $GeO_4$ 四面体、$GeO_5$ 三角双锥、$GeO_6$ 八面体。通过在同一结晶框架内结合不同的多面体单位，可以得到大量的具有多维通道和大孔特征的新结构。锗酸盐化合物这种开放的骨架结构、丰富的结构化学及其特殊的孔道特征（如超大孔、低骨架密度、手性结构等）有利于载流子分离和电子传递，故在光催化还原 $CO_2$ 领域备受关注。

新型可见光响应的半导体材料也取得了良好的进展，尤其是将以前认为是氧化型半导体的多元氧化物通过调控形貌结构、改变电子和原子结构来应用在光催化还原 $CO_2$ 领域。理论上，用于分解水的材料均可用于光催化还原 $CO_2$。单斜相和四方相 $BiVO_4$ 已被用在水中光催化选择性还原 $CO_2$ 为 $C_2H_5OH$，单斜相 $BiVO_4$ 作为光催化材料时，在持续通 $CO_2$ 的水溶液中 $C_2H_5OH$ 的产量高达 $21.6\mu mol/h$。另外，$g\text{-}C_3N_4$ 也被证明可以在可见光下光催

化还原 $CO_2$ 为 CO。

## 思考题

1. 太阳辐射传热过程有哪些影响因素？
2. 热的储存方式有哪些，具有什么特点？
3. 光生伏打机理是什么，对材料有何要求？
4. 太阳能电池有哪些类型，各自的工作原理是什么？
5. 钙钛矿太阳能电池的关键材料有哪些？
6. 光催化分解水制氢的体系有哪些，各有什么优缺点？
7. 光催化分解水制氢材料需具备哪些指标？
8. 光催化二氧化碳还原机制是什么，影响因素有哪些？

思考题答案

## 参考文献

[1]　翁史烈，代彦军，葛天舒．太阳能热利用原理与技术．上海：上海交通大学出版社，2018.

[2]　席珍珍，王瑞齐，宋志成，等．钙钛矿太阳能电池研究进展．现代化工，2019，39（05）：66-70.

[3]　孙如军，卫江红．太阳能热利用技术．北京：冶金工业出版社，2019.

[4]　田蒙奎，上官文峰，欧阳自远，等．光解水制氢半导体光催化材料的研究进展．功能材料，2005（10）：15-18.

[5]　张华作．太阳能利用科学．北京：机械工业出版社，2021.

[6]　谢欣荣，李京振，李嘉兆．化合物半导体薄膜太阳能电池研究进展．广东化工，2017，44（22）：103-105.

[7]　黄悦华，马辉编．光伏发电技术．北京：机械工业出版社，2021.

[8]　陈炜，孙晓丹，李恒德，等．染料敏化太阳能电池的研究进展．世界科技研究与发展，2004，（05）：27-35.

[9]　朴政国，周京华．光伏发电原理、技术及其应用．北京：机械工业出版社，2020.

[10]　周毅，周艳霞，赵地．染料敏化太阳能电池研究进展．能源研究与信息，2018，34（01）：1-4.

[11]　李伟，顾得恩，龙剑平．太阳能电池材料及其应用．成都：电子科技大学出版社，2014.

[12]　张红梅，尹云华．太阳能电池的研究现状与发展趋势．水电能源科学，2008，26（06）：193-197.

[13]　邹小平，程进．纳米材料与敏化太阳电池．上海：上海交通大学出版社，2014.

[14]　房文健，上官文峰．太阳能光催化制氢反应体系及其材料研究进展．工业催化，2016，24（12）：1-7.

[15]　赵雨，陈东生，刘永生，等．太阳能电池技术及应用．北京：中国铁道出版社，2013.

[16]　吴芝，孙岚，林昌健．太阳能光催化制氢研究进展．电化学，2019，25（05）：529-552.

[17]　沈文忠．太阳能光伏技术与应用．上海：上海交通大学出版社，2013.

[18]　何远东，张伟才，杨静，等．有机太阳能电池的研究进展．电子工业专用设备，2022，51（02）：5-9.

[19]　云斯宁．新型能源材料与器件．北京：中国建材工业出版社，2019.

[20]　王其召，佘厚德，王磊．$TiO_2$ 基材料及光催化还原 $CO_2$ 制备碳氢燃料．北京：中国石化出版社，2020.

[21]　Zeng Q, Bai J, Li J, et al. Combined nanostructured $Bi_2S_3$/TNA photoanode and Pt/SiPVC photocathode for efficient self-biasing photoelectrochemical hydrogen and electricity generation. Nano Energy, 2014, 9: 152-160.

# 第9章
# 碳中和与CCUS技术

随着人类的城市化和工业产能急剧提升，以二氧化碳为首的温室气体排放带来了全球变暖、极端天气和海洋酸化等一系列问题。将二氧化碳从大气、工业或能源相关的排放源中分离或直接加以利用或封存，可实现二氧化碳减排、达成"双碳"目标。二氧化碳捕集利用与封存（CCUS）减排潜力巨大，是实现碳中和目标的重要手段之一。本章先介绍碳中和背景，然后重点讲述二氧化碳减排和资源化利用技术。

## 9.1 碳中和背景

工业革命以来，工业化和城市化导致了温室气体的大量排放，大气中的二氧化碳、甲烷等温室气体浓度显著增加，造成了全球气候变化，从而严重威胁着人类的生存和发展。

从1900年至2000年的百年内，全球经济迅速发展，人类社会创造了高度发达的工业化文明，并正向信息化、智能化时代迈进。工业化进程的驱动力主要是化石能源，在这一时段内，全球使用化石燃料排放的$CO_2$约为9860亿吨，全球大气中$CO_2$浓度从290$cm^3/m^3$上升至380$cm^3/m^3$，上升了90$cm^3/m^3$，100年内大气温度约上升了0.85℃。进入21世纪以来，全球$CO_2$排放量仍持续增加，全球极端气候现象频繁出现，引起了世界各国的高度重视。

### 9.1.1 碳中和概念及全球气候治理原则

碳中和是指人为排放源与通过植树造林、碳捕集与封存技术等人为吸收汇达到平衡。可用碳中和概念描述的实体可以是全球、国家城市、企业活动等不同层面，狭义的碳中和指二氧化碳的排放，广义也可指所有温室气体的排放。而在碳中和前，出现了另一个概念，即碳达峰，碳达峰是指全球、国家、城市、企业等主体的碳排放在由升转降的过程中，碳排放的最高点，即碳峰值。

气候变化的影响和治理均是全球性的，依靠单一国家的努力难以有效应对气候变化，有了碳中和、碳达峰这两个标准，全球的气候治理便有据可循。通过国际合作可为应对全球气候变化提供规划目标和路径。一方面，通过国际交流合作，可提升国际社会对气候问题的认识并确立行动目标，促进气候友好技术的开发和普及应用；另一方面，通过国际合作引导投资、市场及经济发展方向，促进建立气候与环境友好型市场体系，引导建立低碳经济的《联合国气候变化框架公约》等国际合作机制，为国家间开展气候治理提供合作平台。通过在联合国平台下开展气候行动目标谈判，以及二十国集团（G20）、亚太经济合作组织（APEC）等相关国际机制下开展气候对话，促进各国进一步凝聚共识，提升气候行动成效。各国发展阶段不同，应对气候变化的能力存在差异，国际合作可以帮助和推动更多国家实现低碳转型发展的同时保障全球气候安全。

《联合国气候变化框架公约》《京都议定书》"巴厘岛路线图"和《巴黎协定》通常被认为是全球气候治理进程中的四大里程碑。

## 9.1.2　中国的碳中和挑战及意义

中国积极参与了与气候问题相关的国际治理进程，并力争 2030 年前实现碳达峰，2060年前实现碳中和，这是党中央经过深思熟虑作出的重大战略决策。

中国充分发挥大国影响力，加强与各方沟通协调，推动全球气候治理的发展。一方面，中国与其他国家保持密切沟通，寻求共识。在发展中国家发挥建设性引领作用，维护发展中国家的团结和共同利益。另一方面，中国积极帮助其他受气候变化影响较大、应对能力较弱的发展中国家。多年来中国通过开展气候变化相关合作为非洲国家、小岛屿国家和最不发达国家提高应对气候变化能力提供积极支持。

在碳中和的背景下我国也面临着严峻的挑战。当前我国能源消费总量仍将增长。由于我国能源资源禀赋"富煤、贫油、少气"，煤炭开发利用成本相对较低，加之非化石能源发展存在瓶颈等，这些因素共同决定了化石能源，特别是碳排放强度较高的煤炭在我国一次能源生产和消费结构中占据主导地位。这就要求我国必须在加强化石能源清洁高效开发利用的同时，积极调整能源结构，大力发展非化石能源，持续提高非化石能源在能源消费中的比例。

## 9.1.3　中国实现碳中和的路线

（1）降低能耗

关于碳中和的路线，首当其冲的是能耗的控制。现阶段我国经济发展对能源的依赖度仍然较高，但降低能耗总量不能以牺牲发展为代价，而是要依靠技术进步，提升效率。在工业方面，产业结构调整与技术攻坚刻不容缓，工业高端化、绿色化变革是降低工业能源消费的关键。在建筑方面，采用房屋重构等低能耗技术，并就地取材利用好地热能、风能等自然可再生能源，可在保障舒适度的前提下，大大降低建筑运行能耗。在交通方面，随着新能源车的快速发展，辅以智能化、信息化交通的完备，交通用能问题可得到较好解决。

（2）发展零碳电力

发展零碳排放的电力供应结构也是实现碳中和的重要路径。零碳电力是中国乃至人类社会最优的二次能源，随着碳中和目标的推进，能源结构"去煤化"势在必行，可再生能源与储能技术及智能电网的结合是未来社会能源供应的希望，核聚变技术的突破也是能源供应的曙光。

（3）化石能源的资源化

化石能源资源化利用是指将煤炭、石油、天然气等作为原料投入非能源产品的生产。化石能源资源化利用可使碳元素以化合物的形式转向下游产品而非转向大气，化石能源得以从能源结构中脱离，与碳排放解绑。随着低碳需求的不断增加，化石能源的比重必定加速下降，化石能源资源化利用是响应碳中和目标、推动产业转型的必然选择。

（4）应用推广各种 CCUS 技术

捕集的二氧化碳可通过植树造林、CCUS 技术回收，然而由于长周期视角下森林通过光合作用固定的碳最终仍会随着植物的腐化回归大气，植树造林只能作为一种短期储碳手段，不是回收二氧化碳的首选方式。对于植物固定的碳，建议通过干馏分解为可利用化学品和多孔生物碳，使之成为长效肥料、农药的载体回归土壤，提高土壤碳汇。

可以预见的是，随着新能源的不断发展，人类将逐渐迈进能源自由时代。在充沛能源的支撑下，资源化利用是回收二氧化碳、实现碳中和最理想的途径。二氧化碳资源化利用方式主要包括光合作用、矿化处理、化学品合成等。

### 9.1.4 碳中和背景下的能源化工技术发展

因势而变是碳中和背景下能源化工技术发展的必然趋势，首先应当是对常规能源的高效利用。

（1）煤炭资源

煤炭的清洁高效利用是指把经过加工的煤炭作为燃料或原料使用，包括高效燃烧和高效转化。煤炭作为燃料使用，是将煤炭的化学能转化为热能直接加以应用，或将煤炭的化学能先转化为热能再转化为电能加以利用。煤炭的清洁转化是将煤炭作为原料使用，可将煤炭转化为气态、液态、固态燃料或化学产品及具有特殊用途的炭材料。

煤炭能源的转换利用技术发展方向主要有：

① 通过煤气化技术将煤转化成可燃气体（氢气、甲烷和一氧化碳等）进行高效利用；

② 通过煤液化技术将煤炭转化为液体燃料，其中间接液化煤制油在中国已经开始应用；

③ 通过煤气化联合循环发电技术，利用煤气化后的可燃气体燃烧带动汽轮机高效发电，其发电效率可达 45%；

④ 使用燃煤磁流体发电技术实现更高效的发电模式（50%～60%），其原理是在煤燃烧时得到的高温等离子气体直接高速切割磁感线产生直流电，最后通过转化得到交流电，此技术仍在研究与开发阶段。

洁净煤技术的发展也可帮助改善气候环境。煤炭直接燃烧会产生大量的 $CO$、$SO_2$ 和 $NO_x$ 等有害气体，同时还伴有大量煤尘，这是造成环境危害的主要原因。对于此，主要预防措施有：①对产生的污染物进行处理；②在加工和转化过程中控制有害气体产生；③采用先进能量转换技术与节能技术。

为使煤炭得到清洁高效利用，各国都在推进洁净煤技术。该技术是指在煤炭开发利用过程中，减少污染排放和提高利用效率的加工、燃烧、转化及污染控制等高新技术的总称。洁净煤技术可分为煤炭燃前技术、燃中技术、燃后技术、煤炭转化技术、煤系共伴生资源利用及有关新技术五类。其基本内容包括煤炭加工、煤炭转化、煤炭高效洁净燃烧以及污染物控制与废弃物管理等四个方面。其主要内容是煤炭的洁净加工与高效利用。污染物控制与废弃物管理包括烟气净化，粉煤灰综合利用，煤矸石、煤层气、矿井水和煤泥水的矿区污染治理。

此外，煤基多联产技术也是一个重要发展方向。煤基多联产是指以煤为原料，集煤气化、化工合成、发电、供热、废弃物资源化利用等单元工艺构成的煤炭综合利用系统，也称煤基多联产系统。煤基多联产的龙头工艺是煤气化，核心是煤化工和发电的有机结合，获得电、甲醇、城市煤气、氢等多种二次能源和多种高附加值的化工产品。煤基多联产技术是一个非常复杂的系统过程，它不是多种煤炭转化技术的任意简单叠加，而是以煤炭资源合理利用为前提，在相关技术发展水平的基础之上，以提高煤炭资源利用价值、利用效率、经济效益和减轻环境污染等为综合目标的系统优化集成，强调煤炭资源化的分级利用、高效率利用、高经济效益及低污染排放。

（2）石油资源

与未来煤炭的利用方向类似，围绕石油的能源化工发展方向也将以石油资源化利用为主。根据目标产品的不同，石油加工方案大体上可分为燃料型、燃料-润滑油型和燃料-化工型三种基本类型。随着社会的发展，中国石化产品结构调整势在必行。未来，石化工业的主要产品将是石油化工原料、合成树脂、合成纤维与合成橡胶等合成原材料，这是石化产品结构调整的重点。

（3）天然气资源

未来，以下利用方式将是天然气低碳化、资源化和高效化发展的重要方向：

① 规模化天然气发电。天然气作为燃料用于发电，主要有天然气联合循环发电（NGCC）和热电冷联产（BCHP）两种类型。前者可满足局部电力需求，并网发电，易于实现大型化；后者主要用于大型楼宇的供电、制冷和供热。

② 天然气燃料电池的应用。燃料电池按采用的电解质不同，可分为磷酸燃料电池（PAFC）、熔融碳酸盐燃料电池（MCFC）、固体氧化物燃料电池（SOFC）和质子交换膜燃料电池（PEMFC）四类。其中 MCFC、SOFC 还处于试验研究阶段，PAFC、PEMFC 技术已经成熟，但需进一步降低成本。燃料电池是通过燃料（一般为 $H_2$）在电池内进行氧化还原反应产生电能的装置。天然气燃料电池是以天然气为原料，先通过天然气重整制氢，再进行发电。

③ 天然气化工产品合成。天然气化工是以天然气为原料的工业的简称。目前，天然气化工的主要产物为合成氨、甲醇、氯甲烷、二硫化碳、氢氰酸、乙炔等及其下游加工产品，其中合成氨和甲醇为主导产品。未来，将天然气通过间接或直接转化方向转变为石油替代化学品是重要发展方向。

（4）生物质能

生物质是指由光合作用产生的各种有机体。中国的生物质资源主要包括农业废弃物、农林产品加工业废弃物、薪柴、人畜粪便和城镇生活垃圾等。生物质能是太阳能以化学能形式储存在生物中的一种能量形式，一种以生物质为载体的能量，直接或间接来源于植物的光合作用。在各种可再生能源中，生物质比较特殊，是唯一可再生的碳源，可转化为常规的固态、液态和气态燃料。生物质能的利用技术主要包括：

① 直接燃烧技术。传统的直接燃烧不仅利用效率低，还严重污染环境，利用现代化锅炉技术直接燃烧生物质发电，可实现其清洁而高效的利用。

② 热化学转化技术。包括木材或农副产品热解、液化和气化技术，产品有燃气、生物质油和多孔生物炭等。

③ 生化转化技术。主要利用厌氧消化和特种酶技术，将生物质转化成沼气或燃料乙醇。

④ 动力燃油技术。植物油除了可以食用或作为化工原料外，也可以转化为动力油，作为能源利用。随着生物质能越来越被关注，车用生物质燃料的开发已成趋势，开发中的新型车用生物质燃料主要有醇类（甲醇和乙醇）以及生物质柴油等。

（5）氢能

氢能是一种清洁能源，也是一种二次能源。氢是自然界中储量最丰富的元素之一，但天然存在的氢单质极少，只能依靠人工把含氢物质分解来制取氢。最常见的含氢物质是水，其次是各种矿物原料（煤炭、石油、天然气等）以及各种生物质。常用的大规模工业制氢方法有电解水制氢、化石能源制氢和生物质制氢。另外，太阳能制氢也是目前最有发展前景的制氢技术。

（6）高效的化学储能技术

经过多年发展，电化学储能技术与产品性能得到了快速提高，种类也在不断增多，性能也各具特色。在大规模储能中得到实际工程验证的主要包括铅酸电池、钠硫电池、锂离子电池和液流电池等。电化学储能具有系统简单、安装便捷、运行方式灵活等优点，储能规模可达百千瓦至百兆瓦。典型的电化学储能技术性能比较见表 9-1。电化学储能系统既可用于分布式微网，也可配置在电源侧、电网侧进行大规模储能，用于电力系统调峰、调频，正成为国内外电力系统储能行业的主要发展方向。

表 9-1　几种典型电化学储能技术的性能比较

| 性能 | 铅酸电池 | 钠硫电池 | 锂离子电池 | 钒液流电池 |
|---|---|---|---|---|
| 功率上限/MW | 5 | 10 | 5 | 100 |
| 比容量/(Wh/kg) | 35～50 | 100～150 | 150～200 | 25～40 |
| 循环寿命/次 | 1000～3500 | 1500～5500 | 1000～5000 | >16000 |
| 服役寿命/年 | 3～5 | 3～8 | 3～6 | >15 |
| 充放电效率/% | 60～75 | 70～85 | 85～95 | 65～75 |
| 安全性 | 高 | 中 | 差 | 高 |
| 技术优势 | 成熟、廉价 | 能量密度高 | 能量密度高 | 可大规模、长寿命 |
| 技术劣势 | 能量密度低 | 条件苛刻 | 容量低 | 价格高、能量密度低 |

# 9.2　$CO_2$ 减排技术

随着全球人口数量的增加、人类使用能源强度的增长和生活水平的提高，$CO_2$ 排放超过了自然承受的能力，导致全球气候变化异常，严重影响人类社会的持续发展。如何减少 $CO_2$ 的排放量（碳减排）和通过各种措施处理排放的 $CO_2$，以实现 $CO_2$ 在大气中的净零排放（碳中和）是世界各国面临的一项紧迫任务。下面介绍三种重要的 $CO_2$ 减排技术。

## 9.2.1　$CO_2$ 燃烧前捕集技术

电力行业燃烧前二氧化碳捕集流程如图 9-1 所示，首先是燃料与氧气和蒸汽反应产生以一氧化碳和氢气为主要组成的"合成气"或"燃料气"，一氧化碳再在催化反应器中与蒸汽发生变换反应产生 $CO_2$ 和更多的氢气。然后通常通过物理或化学吸收工艺分离 $CO_2$，并产生富氢燃料，可用于许多工业应用中，例如锅炉、燃气涡轮机、发动机和燃料电池等。整体煤气化联合循环（integrated gasification combined cycle，IGCC）系统是最典型的可以进行燃烧前脱碳的系统，一般来说，IGCC 系统中的气化炉都采用富氧或纯氧加压气化技术，这使得所需分离的气体体积大幅度减小、$CO_2$ 浓度显著增大，从而大大降低了分离过程的能耗和设备投资，成为未来电力行业捕集 $CO_2$ 的优选。但是，由于目前全球正在运行的 IGCC 电站装机容量都很小（约为 8000MW），因此该项技术主要用于新建电站。$CO_2$ 燃烧前捕集技术被视为未来最具前景的脱碳技术，适合采用燃烧前脱碳的 IGCC 电站已经成为国际上新建燃煤电站的重要选择。

IGCC 系统将煤气化技术和联合循环发电相结合，先将煤气化为煤气，然后进行燃气-蒸汽联合循环发电，结合二者的优势以实现发电的高效率与污染物的低排放。燃气-蒸汽联合

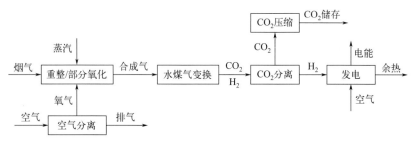

图 9-1　电力行业燃烧前二氧化碳捕集流程

循环就是利用燃气轮机做功后的高温排在余热锅炉中产生蒸汽，再送到汽轮机中做功，把燃气循环和蒸汽循环联合在一起的循环，其热效率显著提高。IGCC 系统由两大部分组成，第一部分为煤气化与净化部分，第二部分为燃气-蒸汽联合循环发电部分。

　　图 9-2 为 IGCC 系统的煤气化与净化部分流程，煤气化与净化部分的主要由气化炉、空分装置和煤气净化设施所构成；燃气-蒸汽联合循环发电部分主要由燃气轮机发电系统、余热锅炉以及蒸汽轮机发电系统构成。

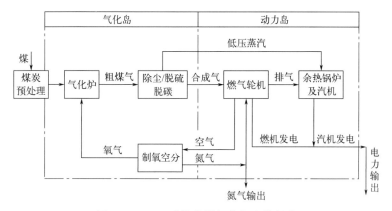

图 9-2　IGCC 系统的煤气化与净化部分

　　图 9-3 为整个 IGCC 系统的工艺过程，首先是煤在氮气的带动下进入气化炉，与空分系统送出的纯氧以及通入的水蒸气在气化炉内发生燃烧/气化反应，生成以合成气（$CO+H_2$）为主的燃气，燃气再经除尘、水洗、脱硫、变换、脱碳等工序处理后，到燃气轮机做功发电，燃气轮机的高温排气进入余热锅炉加热给水，产生过热蒸汽驱动汽轮机发电。整个 IGCC 系统大致可分为煤的制备、煤的气化、热量的回收、煤气的净化和燃气轮机及蒸汽轮机发电几个部分。

　　与传统煤电技术相比，IGCC 是目前国际上被验证的、能够工业化的、最具发展前景的清洁高效煤电技术，具有以下优点：

　　① 效率高。IGCC 的高效率主要来自联合循环，燃气轮机技术的不断发展又进一步提高了发电效率。现在，燃用天然气或油的联合循环发电系统净效率已超过 50%，有望达到 60% 或更高。

　　② 煤洁净转化与非直接燃煤技术使 IGCC 具有极好的环保性能。先将煤转化为煤气，净化后再燃烧，克服了煤直接燃烧造成的环境污染问题，其 $NO_x$ 和 $SO_2$ 的排放远低于环保排放标准，除氮率可达 90%，脱硫率≥98%。废物处理量少，副产品还可销售利用，能更好地适应新时代火电发展的需要。

　　③ 耗水量少。IGCC 技术电站比常规汽轮机电站的耗水量少 30%～50%，这使它在水

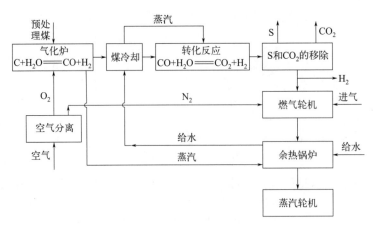

图 9-3　IGCC 系统工艺流程图

资源紧缺的地区更有优势，也适用于矿区建设坑口电站。

④ 易大型化。IGCC 系统的单机功率可达到 600MW 以上。

⑤ 能充分综合利用煤炭资源，煤种适用性强，可和煤化工结合成多联产系统，能同时生产电、热、燃料气和化工产品。

因此，IGCC 是目前具有很大优势的发电和燃料制备技术，不仅能满足电力发展需求，还能满足环境保护和应对气候变化的要求。IGCC 电站可以通过水煤气变换反应实现制氢和 $CO_2$，是实现燃煤发电和洁净煤技术途径之一。另外，所产生的氢也是具有广阔应用前景的新能源。

### 9.2.2　$CO_2$ 燃烧后捕集技术

化学溶剂吸收法是当前最成熟的 $CO_2$ 燃烧后捕集方法，具有较高的捕集效率，且能耗和捕集成本较低，除了化学溶剂吸收法，还有吸附法、膜分离等方法也可用于燃烧后 $CO_2$ 捕集。由于燃煤烟气中不仅含有 $CO_2$、$N_2$、$O_2$ 和 $H_2O$，还含有 $SO_x$、$NO_x$、粉尘、$HCl$、$HF$ 等污染物。杂质的存在会增加捕获与分离的成本，因此烟气进入吸收塔之前，需进行预处理，包括水洗冷却、除水、静电除尘、脱硫与脱硝等。

烟气在预处理后，进入吸收塔，吸收塔温度保持在 $40\sim60℃$，$CO_2$ 被吸收剂吸收，常用的吸收溶剂是胺基吸收剂，如一乙醇胺、二乙醇胺和甲基二乙醇胺等。之后烟气进入水洗容器以平衡系统中的水分并除去气体中的溶剂液滴与溶剂蒸气，之后离开吸收塔。吸收了 $CO_2$ 的富气溶剂经热交换器被抽到再生塔的顶端，吸收剂在温度为 $100\sim140℃$ 和比大气压略高的压力下得到再生，水蒸气经过凝结器返回再生塔，再生吸收溶剂通过热交换器和冷却器后被抽运回吸收塔重复利用，而 $CO_2$ 从再生塔分离外送。该技术工艺比较成熟，煤燃烧产生的烟气经过脱硫脱硝，再经过吸收塔等设备捕集 $CO_2$，余下的气体中几乎全为 $N_2$，可以直接排放到大气中，其工艺流程如图 9-4 所示。该技术的关键是如何选取在吸收速率、再生能耗、吸收剂损失和容器腐蚀等方面性能好的吸收剂。

燃烧后捕集技术相对于其他碳捕集方式来说，适用于烟气排放体积大、排放压力低、$CO_2$ 分压小的排放源。对于燃煤电厂来说，不仅适用于新建电厂，而且也适用于现有电厂改造，对现役机组改造工作量小，对电厂发电效率影响较小。该技术的缺点是脱碳能耗高、出口温度高、设备腐蚀较严重、设备投资和运行成本较高。但随着技术的进步，燃烧后 $CO_2$ 捕集技术将会是未来应用广泛、较低成本的碳捕集技术。

图 9-4　电力行业燃烧后二氧化碳捕集流程

表 9-2 比较了电厂不同二氧化碳捕集方式对其热效率、投资成本、发电成本及二氧化碳回避成本的影响。从表 9-2 中可以看出，对燃气电厂而言，$CO_2$ 回避成本由高到低的顺序为燃烧前＞富氧燃烧＞燃烧后；而对燃煤电厂而言，$CO_2$ 回避成本由高到低排列为富氧燃烧＞燃烧后＞燃烧前。

表 9-2　电厂加装 $CO_2$ 捕集系统前后性能比较

| 技术名称 | 热效率/% | 投资成本/[美元/(kW·h)] | 发电成本/[美分/(kW·h)] | $CO_2$ 回避成本/(美元/t) |
|---|---|---|---|---|
| 无捕集燃气电厂 | 55.6 | 500 | 6.2 | — |
| 燃烧后捕集 | 47.4 | 870 | 8 | 58 |
| 燃烧前捕集 | 41.5 | 1180 | 9.7 | 112 |
| 富氧燃烧 | 44.7 | 1530 | 10 | 102 |
| 无捕集燃煤电厂 | 44 | 1410 | 5.4 | 34 |
| 燃烧后捕集 | 34.8 | 1980 | 7.5 | 34 |
| 燃烧前捕集 | 31.5 | 1820 | 6.9 | 23 |
| 富氧燃烧 | 35.4 | 2210 | 7.8 | 36 |

## 9.2.3　$CO_2$ 空气捕集技术

与传统的 CCUS 技术相比，空气捕集法不受限于时间和地域，可直接从空气中捕集低浓度的 $CO_2$。$CO_2$ 空气捕集主要有三种方法，第一种是吸收法，即 $CO_2$ 溶解到吸收剂中；第二种是吸附法，即 $CO_2$ 分子附着在吸附剂材料的表面；第三种是低温精馏法，其本质上是一种气体液化技术，利用混合气体中各组分沸点的不同，通过连续多次的部分蒸发和部分冷凝来分离混合气体中各组分。通过上述三种方法分离出的 $CO_2$ 可地质封存或用于生产碳基燃料和其他化学品。

1999 年，K. S. Lackner 等首次提出了从空气中捕集 $CO_2$ 技术的概念并进行了可行性分析，经过近 20 多年的发展，该技术已从概念设想走到了具备工业示范能力的阶段。开展 $CO_2$ 空气捕集技术的主要公司包括加拿大的 Carbon Engineering 公司、瑞士的 Clime Works 公司和美国的 Global Thermostat 公司，每年捕获 $CO_2$ 的量能够达到 1 万吨左右。

全球首个空气捕集 $CO_2$ 设备位于冰岛首都雷克雅未克郊外，该设备利用地热发电厂的余热作为动力，将 $CO_2$ 从空气中提取后转为固态矿物质埋入地下。但直接从空气中捕获 $CO_2$ 能源损耗大，所耗成本远大于效益，如何降低成本是目前的研究方向。国内中国科学院、上海交通大学、浙江大学等单位也正在开展空气捕集 $CO_2$ 的实验研究。由于大气中 $CO_2$ 含量低，空气捕集 $CO_2$ 目前的主要问题是成本高，未来通过新型技术、材料的突破有望实现大幅度降低成本，空气捕集 $CO_2$ 将为碳减排带来革命性的效果。

（1）碱性溶液吸收法

空气捕集最成熟的方法是将空气与强碱性液体（如氢氧化钾或氢氧化钠溶液）接触，

$CO_2$ 和碱溶液发生化学反应，形成碳酸盐溶液，碳酸盐溶液再与沉淀器中的氢氧化钙溶液结合，形成固体碳酸钙沉淀，并使碱液再生。固体碳酸钙在沉淀煅烧窑中与氧气发生高温反应（约 800℃），形成高浓度 $CO_2$ 和氧化钙，CaO 在水化器中与水结合，形成 $Ca(OH)_2$，以便重复使用，其捕集流程如图 9-5 所示。

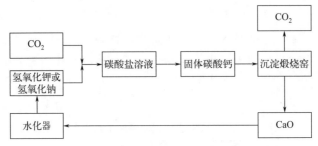

图 9-5　碱液吸收法空气 $CO_2$ 捕集工艺流程图

（2）固体吸附法

由于碱性溶液吸收法从空气中直接捕集 $CO_2$ 在脱附阶段的能耗较高，且煅烧阶段预热利用效率较低，导致大量热损失，后来学者们提出了脱附温度较低（40～120℃）的固体吸附法。固体吸附法通过吸附/解吸循环过程实现从空气中直接捕集 $CO_2$，在吸附阶段，空气中的 $CO_2$ 被吸入吸附模块上，$CO_2$ 通过化学键结合在吸附模块。当吸附模块达到饱和时，将该装置密闭并用热介质将吸附模块加热，此时 $CO_2$ 从吸附模块解吸并被收集。固体吸附法的吸附过程发生在较低环境温度和压力下，解吸通过温度-真空摆动过程发生，有效地省去了碱液吸收法高耗能的煅烧步骤。目前固体吸附法所用的吸附剂主要包括分子筛类吸附、金属有机框架类吸附剂、负载胺基吸附剂、变湿吸附剂以及气凝胶、水凝胶等新型吸附剂。

# 9.3　$CO_2$ 的资源化利用

$CO_2$ 是一种重要的资源，在无机化工领域可用来生产碳酸盐产品、硼砂、纯碱、白炭黑、轻质氧化镁等；在有机化工领域，主要依托 $C_1$ 化工路线，生产甲醇、二甲醚、低碳烃等；在高分子领域，主要用于合成碳酸酯、聚酯、聚氨基甲酸酯、聚酮、聚醚等。另外，由于 $CO_2$ 临界参数适宜、无毒、化学惰性的特点，是优质的超临界萃取溶剂，可用于天然咖啡豆的脱咖啡因过程、从鱼油中提取不饱和脂肪酸、磷脂的分离纯化以及植物芳香成分的提取等。此外，$CO_2$ 也是常用的灭火剂、食品保鲜剂、碳酸饮料的充气添加剂。

二氧化碳资源化利用是指利用人为产生的二氧化碳制造建筑材料、合成燃料、化学品和塑料等增值产品的过程。实现 $CO_2$ 资源化利用的规模化发展对于缓和全球气候变化问题及推动传统产业转型升级均具有重大意义，是国内外科学界与工业界的重要研究方向。$CO_2$ 资源化利用主要面临能耗问题和氢源问题。$CO_2$ 作为碳的最高阶氧化产物，其化学性质非常稳定，目前转化 $CO_2$ 的工艺都必须向系统输入很高的能量，而这部分能量又由化石燃料的燃烧提供，并非低碳清洁可再生能源提供，这种 $CO_2$ 转化的本身没有实际应用价值。近年来破解 $CO_2$ 转化难题、实现 $CO_2$ 资源化利用成为各国研究者们关注的热点。

## 9.3.1　合成化学品技术

捕集回收 $CO_2$ 并将其综合利用，转化为附加值较高的化工产品，不仅为 $C_1$ 化学工业提供了价廉易得的原料，开辟了一条极为重要的非石油原料化学工业路线，而且在减轻温室效应方面也具有重要的生态意义和社会意义。20 世纪，$C_1$ 化工获得了极大的发展，成为了石化工业的一个重要分支，主要领域包括天然气化工、合成气化工、甲醇化工和二氧化碳化工等。近年来，随着世界各国对 $C_1$ 化学研究的深入，$CO_2$ 的化学利用不断获得突破，$CO_2$ 在有机合成化学中的应用已成为现代化学重要的课题之一，以 $CO_2$ 为原料已能制造出众多有机化工产品，因此，$CO_2$ 可能成为未来的重要碳源。目前，$C_1$ 化工的一个重要开拓方向是以 $CO_2$ 作为天然气的接替资源，将 $CO_2$ 直接转化成有用的化工产品，主要有 $CO_2$ 催化加氢、$CH_4$ 与 $CO_2$ 重整制取合成气、$CO_2$ 氧化低碳醇等方面。

（1）二氧化碳加氢制能源产品

① 逆水煤气变换反应 CO 是一种重要的气体工业原料，由 CO 出发可以制备几乎所有的液体燃料或基础化学品。随着石油资源的日趋枯竭和合成化学的发展，由 CO 出发的 $C_1$ 化学路线已成为一种重要的化学品生产途径。虽然 CO 已经可由多种技术路线生产，但低耗、绿色 CO 生产技术的研发仍具有重要现实意义。将低值 $CO_2$ 转化为 CO 是 $CO_2$ 高值利用的重要途径，从节约资源和能源的角度考虑，是生产 CO 的绿色途径。

$CO_2$ 热催化加氢制 CO 是水煤气变换反应的逆过程，称为逆水煤气变换反应，是利用 $CO_2$ 生产 CO 的有效方法之一。其反应方程式为

$$H_2 + CO_2 \longrightarrow CO + H_2O \qquad \Delta H_{298K}^{\ominus} = 41 kJ/mol \qquad (9-1)$$

该反应是一个吸热过程，需要高的反应温度，在 300℃、1MPa 条件下，$CO_2$ 的平衡转化率约维持在 23%。当 $H_2 : CO_2$ 为 3:1 时，在 200℃ 下，$CO_2$ 的转化率达到 10%；而在 500℃ 时，$CO_2$ 的最大转化率可达到 50%。目前，该反应体系的催化剂普遍存在稳定性较差的问题。如 Cu 基催化剂在高温下易烧结，氧化失活，工业用中易发生硫中毒；Al/Zn 基催化剂易高温还原失活；Pt/Ce 基催化剂积碳失活。因此，研究开发高活性和高稳定性的逆水煤气变换反应催化剂是实现逆水煤气变换反应过程制备 CO 的关键。

② $CO_2$ 甲烷化反应 法国化学家 Paul Sabatier 较早提出了 $CO_2$ 的甲烷化技术，因此 $CO_2$ 甲烷化反又称为 Sabatier 反应。随后学者们又提出了 $CO_2$ 循环策略来解决全球的 $CO_2$ 排放问题，该策略主要包括三个环节。首先利用太阳能发电，然后电解水产生 $H_2$；$H_2$ 再与 $CO_2$ 反应生成 $CH_4$ 和少量其他碳氢化合物；最后，生成的 $CH_4$ 作为能源消耗又生成了 $CO_2$，如此循环往复。其中的核心环节是利用太阳能发电和 $CO_2$ 催化加氢甲烷化反应。此外，甲烷化反应还被广泛应用于混合气体中 $CO_2$ 和 CO 的脱除，例如氨合成气（氢氮混合气）中微量 $CO_2$ 和 CO 的脱除。还可利用水煤气的甲烷化反应生成城市煤气。因此，$CO_2$ 催化加氢甲烷化因其战略性意义和实用性成为 $C_1$ 化学研究中引人注目的领域。

$CO_2$ 甲烷化反应方程式如下：

$$CO_2 + 4H_2 \longrightarrow CH_4 + 2H_2O \qquad (9-2)$$

该反应为放热反应，每消耗 1kg $CO_2$ 会释放出 4160kJ 的热量。反应的具体热力学数据如表 9-3 所示。

表 9-3 **$CO_2$ 甲烷化反应的热力学数据**

| 温度/K | $\Delta H_m^{\ominus}/(kJ/mol)$ | $\Delta G_m^{\ominus}/(kJ/mol)$ | $\lg K_P^{\ominus}$ |
|---|---|---|---|
| 300 | −152.55 | −113.29 | 19.724 |
| 400 | −170.08 | −95.26 | 12.440 |
| 500 | −174.80 | −76.01 | 7.940 |

| 温度/K | $\Delta H_m^{\ominus}/(\text{kJ/mol})$ | $\Delta G_m^{\ominus}/(\text{kJ/mol})$ | $\lg K_P^{\ominus}$ |
|---|---|---|---|
| 600 | −179.04 | −5.84 | 4.861 |
| 700 | −182.76 | −35.00 | 2.611 |
| 800 | −186.15 | −13.68 | 0.893 |
| 900 | −188.72 | 8.04 | −0.466 |
| 1000 | −191.01 | 30.01 | −1.568 |

由表 9-4 可知，在相当宽的温度范围内，$CO_2$ 甲烷化反应 $\Delta G_m^{\ominus}$ 为负值，且绝对值较大，这表明该反应在热力学上可行。$\Delta G_m^{\ominus}$ 和 $\lg K_P^{\ominus}$ 受温度影响较大，平衡常数随温度上升而减小；在 625℃ 左右时，$\Delta G_m^{\ominus}$ 趋于零，因此较低的温度有利于 $CH_4$ 的生成。$CO_2$ 甲烷化反应是强放热反应，大量的反应热可能导致催化剂失活，使反应难以继续进行。该反应还与原料气的组成密切相关，较高的 $H_2/CO_2$ 比例有利于提高 $CH_4$ 产率。一般情况下，压力对反应影响不大；但当温度超过 425℃ 时，压力对反应会有较大影响。较高的压力可使反应在较低的 $H_2/CO_2$ 比下进行，不易使催化剂表面积碳，但可能使放热增多而造成催化剂失活。因此，进行 $CO_2$ 甲烷化反应需综合考虑各因素，控制反应条件，保持较低的温度、较高的 $H_2/CO_2$ 比、适当的压力范围及良好的散热条件等。

③ $CO_2$ 加氢合成甲醇　甲醇是基本有机化工原料，广泛用于有机合成、医药、农药、涂料、染料、汽车和国防等工业中，也是汽油的替代燃料。目前，工业主要采用以煤炭为原料经过气化合成甲醇的技术路线，不仅浪费了大量的煤炭资源，还排放了大量的 $CO_2$。$CO_2$ 加氢合成甲醇是指在一定温度、压力下，利用 $H_2$ 与 $CO_2$ 作为原料气，通过在催化剂上的加氢反应生产甲醇。

$CO_2$ 加氢合成甲醇在气固相固定床催化反应器中进行，主要涉及的化学反应如式（9-3）～式（9-5）所示。其中，主反应式（9-3）为放热反应，副反应式（9-4）为吸热反应。副反应式（9-4）产生的 CO 进一步通过式（9-5）加氢合成甲醇，这也是工业生产中合成甲醇的主要方法之一。反应式（9-3）和式（9-5）都是体积减小的反应，增加反应压力有利于反应正向进行；而副反应式（9-4）是等体积反应，压力变化对该反应没有影响。因此，在工艺条件允许情况下，增大反应压力有利于获得更高的甲醇产率。

在反应总压力不变的情况下，反应气 $H_2$：$CO_2$ 进料摩尔比会影响 $H_2$ 和 $CO_2$ 的分压，对反应有较大影响。随着 $H_2$：$CO_2$ 摩尔比增大，体系中 $H_2$ 含量增加且其平衡转化率上升，导致 CO 和 $CO_2$ 含量降低，甲醇的含量增加；当 $H_2$：$CO_2$ 摩尔比大于 4 之后，甲醇平衡收率基本保持不变。因此，依据 $CO_2$ 加氢合成甲醇反应化学计量关系，$H_2$：CO 摩尔比为 3.0 左右较适宜，甲醇产率较高。

主反应式（9-3）与副反应式（9-4）都有 $H_2O$ 生成，在反应体系达到化学平衡时，产物中 $H_2O$ 的含量比较高。$H_2O$ 的存在直接影响反应进行的程度及平衡时甲醇的含量，而脱除 $H_2O$ 可以打破原有的化学反应平衡，使平衡向有利于甲醇生成的方向移动。$CO_2$ 加氢合成甲醇反应过程中，副产物 $H_2O$ 可以从系统中脱出，而未反应的 $H_2$、$CO_2$ 和 CO 可循环回反应器中进一步反应转化为甲醇。因此，$CO_2$ 加氢合成甲醇可以最大限度地利用 $CO_2$ 资源，尽可能地消除反应过程中废物的排放，是环境友好的绿色化学合成过程。

$$CO_2 + 3H_2 \longrightarrow CH_3OH + H_2O \qquad \Delta H_{298K}^{\ominus} = -49.01\text{kJ/mol} \qquad (9\text{-}3)$$

$$CO_2 + H_2 \longrightarrow CO + H_2O \qquad \Delta H_{298K}^{\ominus} = 41.17\text{kJ/mol} \qquad (9\text{-}4)$$

$$CO+2H_2 \longrightarrow CH_3OH \qquad \Delta H^{\ominus}_{298K}=-90.01kJ/mol \qquad (9\text{-}5)$$

1945 年，Ipatieff 和 Monroe 首次报道了 Cu-Al 催化剂上 $CO_2$ 加氢合成甲醇的研究，讨论了催化剂组成、反应温度、$H_2/CO_2$ 配比及反应压力等因素对甲醇合成反应的影响。20 世纪 60 年代以来，合成甲醇催化剂的研究日益受到重视。Cu 基催化剂的诞生实现了低温、低压合成甲醇的工艺技术，是一次重大突破。20 世纪 80 年代初期 Holder Topspe 公司利用炼油厂废气中含有的 $H_2$ 和 $CO_2$ 为反应原料气，开发了一种以 Cu-Zn 为主的 $CO_2$ 加氢合成甲醇催化剂，并建立中试装置完成甲醇合成反应：在 280℃ 的反应条件下，将 $H_2$ 和 $CO_2$ 通过装有催化剂的绝热反应器进行甲醇合成，同时产生了少量醚及酯等副产物。德国南方化学公司、德国鲁奇公司也相继在反应器设计和低压反应催化剂体系研究方面取得突破：在 260～270℃ 的反应温度下，利用 $H_2$ 和 $CO_2$ 合成甲醇，同时伴有生成 CO 和 $H_2O$ 的副反应。

④ $CO_2$ 加氢合成甲酸　甲酸作为最简单的脂肪酸，是一种基本化工原料，在工业中有重要用途。甲酸亦可作为液态储氢材料应用于新能源领域。传统的甲酸合成方法主要包括甲醇基合成法（又称为甲酸甲酯水解法）、甲酰胺法等，采用 CO 作为碳源。自 20 世纪 90 年代开始，以 $CO_2$ 为碳源，经过还原反应制备甲酸、甲酸盐或者甲酸酯的过程引起了研究人员的兴趣，涌现了大量研究成果。

$CO_2$ 加氢合成甲酸是原子经济性为 100% 的反应，其反应方程式如式(9-6) 所示：

$$CO_2+H_2 \rightleftharpoons HCOOH \qquad (9\text{-}6)$$

其中，$\Delta G^{\ominus}_m=32.9kJ/mol$；$\Delta H^{\ominus}_m=-31.2kJ/mol$；$\Delta S^{\ominus}_m=-215J/(mol\cdot K)$。

由该反应的热力学性质可知，$CO_2$ 加氢生产甲酸的过程是热力学受限的，通常需要加入有机碱或者无机碱捕获甲酸生成甲酸盐，使反应平衡正向移动，促进反应进行。在反应体系中加入伯胺/仲胺，在一定条件下可脱水生成甲酰胺，而加入醇则可生成甲酸酯，反应过程如下：

$$CO_2+H_2+NH_3 \longrightarrow HCO_2^-+NH_4^+ \qquad (9\text{-}7)$$

其中，$\Delta G^{\ominus}_m=-9.5kJ/mol$；$\Delta H^{\ominus}_m=-84.3kJ/mol$；$\Delta S^{\ominus}_m=-250J/(mol\cdot K)$。

与 $CO_2$ 的气固相催化氢化反应相比，利用金属配合物均相催化的 $CO_2$ 氢化，反应条件相对温和，体系更为高效。所涉及的金属配合物催化剂主要有 Ni 配合物、Rh 配合物、Ru 配合物、Ir 配合物和其他非贵金属配合物等。

（2）二氧化碳与甲烷重整反应

$CO_2$ 与 $CH_4$ 是典型的温室气体，又是重要的含碳资源，将 $CO_2$ 与 $CH_4$ 在一定条件下转化为合成气称为 $CO_2$ 和 $CH_4$ 干重整 （dry reforming of methane，DRM）。DRM 直接将 $CO_2$ 与 $CH_4$ 中的碳、氢、氧传递到能源产品中，提供了一条综合利用碳源、氢源和转化两种难活化小分子并消除两种主要温室气体的技术路线，对于高效利用 $C_1$ 资源、减缓日益严重的环境问题有着重要意义。DRM 反应方程式如下：

$$CH_4+CO_2 \longrightarrow 2CO+2H_2 \qquad \Delta H^{\ominus}_{298K}=247kJ/mol \qquad (9\text{-}8)$$

相较于传统的甲烷水蒸气重整，DRM 反应产生的 $H_2/CO_2$ 摩尔比约为 1，可以直接作为羰基合成或 F-T 合成的原料，弥补了水蒸气重整过程中合成气 $H_2/CO_2$ 摩尔比较高的不足。随着人类对可持续清洁能源需求的日益增长，DRM 引起了世界范围内研究者的兴趣，从催化剂、工艺条件、反应装置、反应热力学、反应动力学等方面对 DRM 反应进行了大量的研究和探索，取得了重要进展。2017 年，中国科学院上海高等研究院、山西潞安矿业（集团）有限责任公司和荷兰皇家壳牌石油公司通过研发高效纳米镍基催化剂和专用反应器，优化工艺路线，建成了国际首套万 $m^3$/h 级规模 DRM 制合成气工业侧线装置，并实现了装置稳定运行、$CO_2$ 的高效资源化利用以及产品气 $H_2/CO_2$ 的灵活可调。

DRM 反应需要吸收大量的热,当反应温度大于 463℃时该反应在热力学上才是可行的,因此高温利于 DRM 反应发生。此外,高的 $CO_2/CH_4$ 进料比也利于反应进行。$CH_4$ 裂解反应和 $CO_2$ 歧化反应是 DRM 反应过程中积碳的主要原因。由于 $CH_4$ 的裂解反应是较强的吸热反应,$CO_2$ 歧化反应是强放热反应,高温会阻碍歧化反应的进行。因此,当温度很高时,甲烷的深度裂解是催化剂表面积碳的主要来源。从热力学角度来讲,积碳是不可避免的,因此催化剂的设计至关重要。

(3) 二氧化碳与甲醇反应制乙酸

乙酸是重要的大宗化学品,目前主要通过甲醇的羰基化反应($CH_3OH + CO \longrightarrow CH_3COOH$)制备。尽管在一些 $CO_2$ 的加氢反应中检测到了乙酸的存在,但由于热力学限制,直接由 $CO_2$ 加氢制乙酸未见成功实例。因此,科学家们另辟蹊径,发展了以 $CO_2$ 为原料与甲醇反应合成乙酸的新途径。以 $CO_2$ 为羰基化试剂,通过甲醇的加氢羰基化反应制备乙酸的新路线如式(9-9)所示:

$$CH_3OH + CO_2 + H_2 \longrightarrow CH_3COOH + H_2O \tag{9-9}$$

反应(9-9)的标准焓变为 $-137.6\text{kJ/mol}$,标准吉布斯自由能为 $-66.4\text{kJ/mol}$,因此该反应在热力学上可行,高收率获得乙酸的关键在于催化体系。以 $Ru_3(CO)_{12}/Rh_2(OAc)_4$ 为催化剂,DMI 为溶剂,咪唑为配体,LiI 为促进剂,在 200℃和 $CO_2$、$H_2$ 压力均为 4MPa 条件下,反应 12h,可高收率获得乙酸,其转换频率(TOF)达到 $30.8\text{h}^{-1}$,基于甲醇的乙酸产率为 70.3%,气体产物主要为 $CH_4$,未检测到 CO。

可见,$CO_2$ 催化加氢制备能源产品已经取得了重大进展。通过发展高效催化体系,成功地将 $CO_2$ 转化为一氧化碳、甲烷、甲醇及低碳有机酸等,实现了相对温和条件下的 $CO_2$ 还原转化。尽管 $CO_2$ 催化氢化制备能源产品得到了长足发展,但是大量研究仍然处于实验的反应路线。要实现其工业化应用,仍然需要研发稳定高效的新型催化剂和经济可行的工艺路线。未来,开发更加经济且在温和条件下仍表现出高活性、高选择性的新型催化剂,以及为避免高温高压条件下气体反应带来的不安全性,寻找高效经济的供氢体代替氢气,以实现 $CO_2$ 的高效催化转化制备能源产品是本领域的重要研究方向。

## 9.3.2 生物利用技术

$CO_2$ 生物转化是通过植物光合作用将 $CO_2$ 合成生物质,从而实现 $CO_2$ 资源化利用。$CO_2$ 生物利用技术研究主要集中在微藻转化和 $CO_2$ 气肥使用上,其中微藻固定 $CO_2$ 转化技术主要用于生物燃料和化学品、食品和饲料添加剂、生物肥料等的生产。利用生物法固定 $CO_2$ 可为生物合成提供重要碳源,也是减少大气中 $CO_2$ 的主要途径。

(1) $CO_2$ 微藻生物利用技术

碳是微藻的主要元素,微藻含碳量约为干基生物质的 36%~65%,$CO_2$ 微藻生物利用技术是微藻通过光合作用将 $CO_2$ 转化为多碳化合物用于微藻生物质的生长,经下游利用最终实现 $CO_2$ 资源化利用的技术。微藻对 $CO_2$ 的固定包括通过光合作用合成细胞内的有机物和有机物溶解在微藻悬浮液中,如图 9-6 所示。

$CO_2$ 微藻生物利用技术主要包括微藻固定 $CO_2$ 转化为生物燃料和化学品技术、微藻固定 $CO_2$ 转化为食品和饲料添加剂技术及微藻固定 $CO_2$ 转化为生物肥料技术等。

① 制备生物燃料和化学品技术 微藻固定 $CO_2$ 转化为生物燃料和化学品技术主要是利用微藻的光合作用,通过式(9-10)将 $CO_2$ 和水在叶绿体内转化为单糖和 $O_2$,单糖可在细

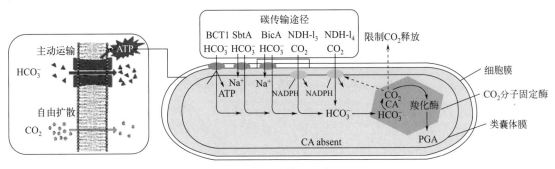

图 9-6　微藻通过光合作用固定 $CO_2$ 机理

胞内继续转化为中性甘油三酯（TAG），甘油三酯进一步酯化后可生成生物柴油，如式(9-11)所示。

$$6CO_2 + 6H_2O \xrightarrow[\text{叶绿体}]{\text{太阳光}} C_6H_{12}O_6 + 6O_2 \tag{9-10}$$

$$C_6H_{12}O_6 \xrightarrow{\text{酶}} \begin{matrix} CH_2OOCR_1 \\ | \\ CHOOCR_2 \\ | \\ CH_2OOCR_3 \end{matrix} \xrightarrow[\text{酯化}]{CH_3OH} \begin{matrix} CH_2OH \\ | \\ CHOH \\ | \\ CH_2OH \end{matrix} + \begin{matrix} R_1COOH \\ R_2COOH \\ R_3COOH \end{matrix} \tag{9-11}$$

利用微藻制备生物柴油的工艺方法如图 9-7 所示，整个制备过程要经历产油微藻选育、产油微藻规模培养、产油微藻收获、藻泥干燥、微藻细胞破碎、藻粉油脂提取和生物油转酯化法制备等步骤。

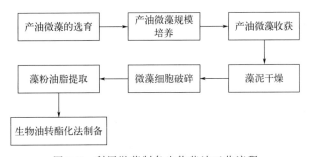

图 9-7　利用微藻制备生物柴油工艺流程

② 制备生物肥料技术　微藻固定 $CO_2$ 转化为生物肥料技术主要是利用微藻的光合作用，先将 $CO_2$ 和水在叶绿体内转化为单糖和 $O_2$，同时丝状蓝藻能通过式(9-12)将空气中的无机氮转化为可被植物利用的有机氮。微藻固定 $CO_2$ 转化为生物肥料技术能够将生物固碳和生物固氮、工厂附近固碳和稻田大规模固碳结合起来。

$$N_2 + 8H^+ + 8e^- + 16ATP \xrightarrow[\text{酯化}]{CH_3OH} 2NH_3 + H_2 + 16ATP + 16Pi \tag{9-12}$$

③ 制备食品和饲料添加剂技术　微藻固定 $CO_2$ 转化为食品和饲料添加剂技术是利用部分微藻的光合作用，将 $CO_2$ 和水在叶绿体内转化为单糖，然后将单糖在细胞内转化为不饱和脂肪酸和虾青素等高附加值次生代谢物，其原理如图 9-8 所示。根据选用的微藻种类不同，该技术的产品包括一系列不饱和脂肪酸、虾青素和胡萝卜素等高附加值次生代谢物。

$CO_2$ 微藻生物利用技术可直接利用太阳能，具有节约能源、光合作用效率高、原料适应性强、产品丰富等一系列优势。$CO_2$ 微藻生物利用技术能够显著减少碳排放，包括直接和间接减排，直接减排主要是微藻通过光合作用将 $CO_2$ 转化为生物质固定 $CO_2$；间接减排

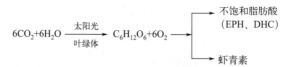

$$6CO_2+6H_2O \xrightarrow[\text{叶绿体}]{\text{太阳光}} C_6H_{12}O_6+6O_2 \longrightarrow \begin{cases} \text{不饱和脂肪酸（EPH、DHC）} \\ \text{虾青素} \end{cases}$$

图 9-8　微藻固定 $CO_2$ 转化为食品和添加剂技术原理

主要是微藻固定 $CO_2$ 转化成的生物燃料替代化石燃料，从而减少使用化石燃料产生的 $CO_2$ 排放。

（2） $CO_2$ 气肥利用技术

$CO_2$ 气肥利用技术是将能源、工业生产过程中捕集、提纯的 $CO_2$ 注入温室，增加植物生长空间中 $CO_2$ 的浓度，以提升作物光合作用速率、提高作物产量的 $CO_2$ 利用技术。植物体干物质中 45% 为碳元素，光合作用是植物摄取碳元素的唯一方式。$CO_2$ 是植物光合作用的原料，也是植物机体碳元素的唯一来源。适宜的 $CO_2$ 浓度是日光温室中农作物进一步增产的一个重要影响因素。作物光合作用所需的适宜 $CO_2$ 浓度一般是 0.08%～0.1%，而大气中的 $CO_2$ 浓度明显低于作物光合作用所需的适宜浓度。因此，通过提高光照强度、光合作用旺盛时段温室内的 $CO_2$ 浓度，即施用 $CO_2$ 气肥可以大幅度提高作物的光合作用速率，增加产量，增强作物抗病能力和提高产品品质。

$CO_2$ 气肥施用技术目前已有一些应用实例，如 $CO_2$ 发生器装置（稀硫酸与碳酸氢铵化学反应）、$CO_2$ 气肥棒技术、双微 $CO_2$ 气肥、新型 $CO_2$ 复合气肥（颗粒气肥）等是典型的 $CO_2$ 室温增排技术。但 $CO_2$ 室温气肥利用技术具有一次投入较高、操作复杂等缺点，仍处于研发示范阶段。

### 9.3.3　二氧化碳矿化封存

二氧化碳矿化封存主要是利用各种天然矿石与二氧化碳进行碳酸化反应得到稳定碳酸盐的方法来储存和固定二氧化碳。二氧化碳的自由能并不是含碳化合物中最小的，碳酸盐的自由能要比二氧化碳低 60～180kJ/mol，说明碳酸盐比二氧化碳更稳定。因此，从理论上来说二氧化碳可以与硅酸盐矿物进行碳酸化反应得到碳酸盐和二氧化硅并放出热量。在自然条件下，硅酸盐矿石能够自发与二氧化碳反应生成碳酸盐与二氧化硅，这个过程在自然界中普遍存在，如岩石风化、溶洞的形成等。在现实工业中，利用人工二氧化碳矿化技术可加速无机碳酸化反应，实现工程化手段加速二氧化碳地质封存与再利用，工业生产过程的二氧化碳矿化封存原理如图 9-9 所示。

"低碳水泥"是二氧化碳矿化封存的有效途径，水泥生产行业是世界第三大能源消耗行业，也是全球第二大工业 $CO_2$ 排放行业（每生产 1 吨水泥约排放 0.8 吨二氧化碳）。因此，减少水泥行业的 $CO_2$ 排放、发展绿色环保的"低碳水泥"是实现节能减排、改善全球气候问题的重要举措。如果水泥企业能将生产水泥过程中排放的 $CO_2$ 进行现场捕集回收并"注入"水泥制品中，便能够有效减少 $CO_2$ 的净排放甚至实现"零排放"，这种"低碳水泥"技术的应用便可以让水泥行业从加剧温室效应的"刽子手"变成缓解温室效应的"有功之臣"。

（1）二氧化碳矿化机理

$CO_2$ 中的碳元素和碳酸盐化合物中的碳元素均处于最高价态，根据其标准吉布斯自由能，碳元素的最终稳定形态应为碳酸盐。二氧化碳溶解在反应溶液中产生 $HCO_3^-$，然后硅酸盐矿石溶解在溶液中产生 $Mg^{2+}$，最后发生碳酸化反应得到 $MgCO_3$ 和其他沉淀物，其详细反应化学方程式如下：

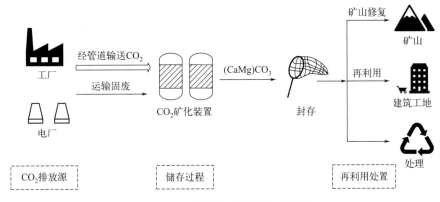

图 9-9　二氧化碳矿化封存示意图

$$CO_2 + H_2O \longrightarrow H_2CO_3 \longrightarrow H^+ + HCO_3^- \tag{9-13}$$

蛇纹石
$$Mg_3Si_2O_5(OH)_4 + 6H^+ \longrightarrow 3Mg^{2+} + 2SiO_2 + 5H_2O \tag{9-14}$$

$$Mg^{2+} + HCO_3^- \longrightarrow MgCO_3 + H^+ \tag{9-15}$$

橄榄石
$$Mg_2SiO_4 + 2HCO_3^- \longrightarrow 2MgCO_3 + 2OH^- + SiO_2 \tag{9-16}$$

$$CO_2 + OH^- \longrightarrow HCO_3^- \tag{9-17}$$

（2）二氧化碳矿化工艺

根据二氧化碳矿化反应的过程，可将 $CO_2$ 矿化工艺分为直接法和间接法两类。直接矿化法是利用矿化原料与 $CO_2$ 直接一步碳酸化反应生成碳酸盐产物。直接法又可分为直接干法和直接湿法。直接干法工艺如图 9-10 所示，其工艺比较简单，矿化原料经压碎、磨粉和筛分后与 $CO_2$ 气体直接接触反应。但直接干法工艺在常温常压下的反应速率较慢，通常需要对硅酸盐矿物进行 650℃ 的高温活化，才能与 $CO_2$ 发生直接反应。升高反应体系温度会促进反应的进行，但是并不利于反应的平衡，其过程的可持续性会面临挑战。

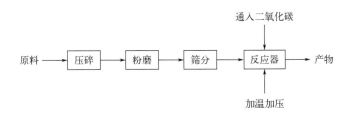

图 9-10　直接干法矿化反应流程示意图

直接湿法是利用 $CO_2$ 溶于水形成碳酸，然后再与矿化原料反应。该法与直接干法相比，明显地提高了反应速率。然而直接湿法只适用于反应活性较高的工业固废，在天然矿石矿化的应用中，成本过于高昂。

间接矿化法流程如图 9-11 所示，先用某种媒介将矿化原料转化为中间产物，然后再与 $CO_2$ 发生反应，最终生成固体碳酸盐。间接矿化法一般要选取一种合适的物质作为反应媒介，目的是提高碳酸化的反应活性，从而提高反应速率与转化率。

（3）"低碳水泥"技术

如图 9-12 所示，"低碳水泥"技术主要是指将水泥浆料制作成型后与 $CO_2$ 接触，使 $CO_2$ 与水泥熟料中的硅酸钙及少量水化产物反应生成碳酸钙，进而使得水泥制件的强度在

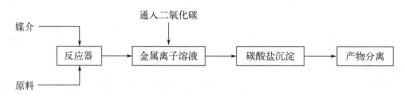

图 9-11　间接湿法矿化反应流程示意图

短时内快速提升的一种水泥制品养护技术。该碳化养护过程会将 $CO_2$ 变成固定矿物，永久封存于水泥制品中。"低碳水泥"技术的固碳能力突出，每吨水泥至少可吸收固定 $0.1 \sim 0.2$ 吨 $CO_2$。水泥制件在经 $CO_2$ 养护后能获得较高的早期强度，大大缩短养护时间，并且有较好的尺寸稳定性。此外，养护后的水泥制品孔隙率降低，力学性能和耐久性也得到明显提升。

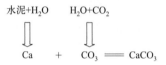

图 9-12　"低碳水泥"技术碳化反应原理示意图

将 $CO_2$ "注入"水泥的"低碳水泥"技术不改变水泥制品的现有配方及制作流程，只需在其基础上增加一道 $CO_2$ 养护工序，而且浓度为 $20\% \sim 100\%$ 的 $CO_2$ 均可作为反应气体。当采用浓度为 $20\%$ 的 $CO_2$ 进行养护时，只需适当延长反应时间即可达到与浓度为 $100\%$ $CO_2$ 相同的养护效果，可操作性高，适用性强。"低碳水泥"技术与现行的蒸汽养护技术相比更低碳和节能，蒸汽养护技术产生蒸汽需要消耗能量，并会产生 $CO_2$ 排放。因此，"低碳水泥"技术不仅是一项节能减排、绿色环保的高品质水泥制品生产技术，而且具有投资小、收益高等经济优势，是一项值得大力推广的 CCUS 技术。"低碳水泥"技术的水泥养护过程通常在如图 9-13 所示的实验装置中进行。

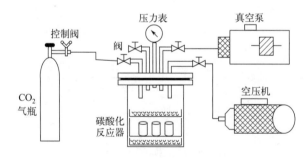

图 9-13　碳化养护装置原理图

（4）二氧化碳矿化优势和难点

$CO_2$ 矿物储存相比于其他二氧化碳储存方法，具有以下优点：

① 模拟自然界风化过程，在自然界中可以自发进行，无需额外动力；

② 天然碱基硅酸盐岩储量丰富，易于开采，可以实现大规模二氧化碳处理；

③ 理论上，可用的矿物储量高，足够储存所有化石燃料燃烧后产生的 $CO_2$；

④ 矿物分布范围广，在全世界范围内都有大量可以储存二氧化碳的富镁矿物，如蛇纹石、橄榄石、海水中的氯化镁等；

⑤ 矿物碳酸化产物为稳定的碳酸盐，环境污染小且能够永久封存二氧化碳；

⑥ 储存后生成稳定的碳酸盐，二氧化碳不会存在泄漏的危险；

⑦ 矿物碳酸化反应为放热反应，具有商业化应用的潜力。

但 $CO_2$ 矿物储存技术也具有以下需要攻克的难题：

① 目前矿物储存的方法主要集中于研究蛇纹石和富镁橄榄石，采用高温高压以及在较纯浓度的二氧化碳下进行反应，反应所产生的固体产品难以分离提纯；

② 目前二氧化碳矿化反应的条件与矿化原料的类别密切相关，反应过程的稳定控制比较难；

③ 二氧化碳矿化反应过程中涉及的因素比较多，如矿石的热活化、溶液的酸度、颗粒的粒度等，可供参考基础试验和理论信息较少；

④ 自然风化的碳酸化二氧化碳属于大自然缓慢过程，基本不具备商用价值；

⑤ 直接干法的速度慢，需要高温高压来提高反应速率，成本高。

## 思考题

1. 碳中和进程中都有哪些国际性框架条约？
2. 碳中和背景下传统化石能源有哪些重要的发展方向？
3. 二氧化碳燃烧前捕集技术包括哪些环节？
4. 直接从空气中捕集二氧化碳的方法有哪些，遵循什么原理？
5. 以二氧化碳为原料能合成哪些化学品？
6. 二氧化碳矿化封存技术的产品有哪些应用场景？

思考题答案

## 参考文献

[1] 陈迎，巢清尘. 碳达峰、碳中和 100 问. 北京：人民日报出版社，2021.
[2] 杨建初，刘亚迪，刘玉莉. 碳达峰、碳中和知识解读. 北京：中信出版集团，2021.
[3] 袁志刚. 碳达峰碳中和国家战略行动路线图. 北京：中国经济出版社，2021.
[4] 姚兴佳，宋俊. 风力发电机组原理与应用. 北京：机械工业出版社，2020.
[5] 宋俊，宋再旭. 驭风漫谈——风力发电的来龙去脉. 北京：机械工业出版社，2020.
[6] 宋俊. 风力机空气动力学. 北京：机械工业出版社，2019.
[7] 宋俊. 风能利用. 北京：机械工业出版社，2014.
[8] 李建林，李蓓，惠东. 智能电网中的风光储关键术. 北京：机械工业出版社，2013.
[9] 宋亦旭. 风力发电机的原理与控制. 北京：机械工业出版社，2012.
[10] 吴佳梁，曾赣生，余铁辉，等. 风光互补与能系统. 北京：化学工业出版社，2012.
[11] 姚兴佳，刘国喜，朱家玲，等. 可再生能源及其发电技术. 北京：科学出版社，2010.
[12] 惠晶. 新能源转换与控制技术. 北京：机械工业出版社，2008.
[13] 吴治坚，叶枝全，沈辉. 新能源和可再生能源的利用. 北京：机械工业出版社，2006.
[14] 牟书令，王庆一. 能源词典. 北京：中国石化出版社，2005.
[15] 陆成宽. 坚持全国一盘棋找出碳达峰碳中和的科技"最优解". 科技日报，2021-09-26.
[16] 张宁宁，王建良，刘明明，等. 碳中和目标下欧美国际石油公司低碳转型差异性原因探讨及启示. 中国矿业，2021，30（9）：8-15.
[17] 杜祥. 低碳发展总论. 北京：中国环境出版社，2016：63-67.
[18] 刘玮，万燕鸣，熊亚林，等. "双碳"目标下我国低碳清洁氢能进展与展望. 储能科学与技术，

2022, 11（2）：635-642.

[19] 上官方钦，刘正东，殷瑞．钢铁行业"碳达峰""碳中和"实施路径研究．中国冶金，2021，31（9）：15-20.

[20] IPCC. Special report: global warming of 1. 5℃. ［2021-07-02］. https: //www. ipcc. ch/sr15/.

[21] Jenkins C, Chadwick A, Hovorka S D. The stat of the art in monitoring and verification-Ten years on. International Journal of Greenhouse Gas Control, 2015, 40: 312-349.

[22] 绿色煤电有限公司．挑战全球气候变化：二氧化碳捕集与封存．北京：中国水利水电出版社，2008.

[23] Gibbins J, Chalmers H. Carbon capture and storage. Energy Policy, 2008, 36（12）: 4317-4322.

[24] Riedel T, Schaub G, Jun K W, et al. Kinetics of $CO_2$ hydrogenation on a K-promoted Fe catalyst. Industrial Engineering Chemistry Research, 2001, 40（5）: 1355-1363.

[25] 靳治良，钱玲，吕功煊．二氧化碳化学：现状及展望．化学进展，2010，22（6）：1102-1115.

[26] Hashimoto K, Yamasaki M, Meguro S, et al. Materials for global carbon dioxide recycling. Corrosion Science, 2002, 44（2）: 1371-1386.

[27] Mills G A, Steffgen F W. Catalytic methanation. Catalysis Reviews, 1973, 8（2）: 159-210.

[28] Ipatieff V N, Monroe G S. Synthesis of methanol from carbon dioxide and hydrogen over copper-alumina catalysts. Mechanism of reaction. Journal of the American Chemical Society, 1945, 67（12）: 2168-2171.

[29] 张忠涛，李方伟，迟克彬，等．甲醇工艺新进展，辽宁化工，2001，30（11）：477-480.

[30] Fisher F, Tropsch H. Conversion of methane into hydrogen and carbon monoxide. BrennstChem, 1928, 3（9）: 39-46.

[31] Ashcroft A T, Cheetham A K, Green M L H, et al. Partial oxidation of methane to synthesis gas using carbon dioxide. Nature, 1991, 352: 225-226.

[32] He C, Tian G, Liu Z, et al. A mild hydrothermal route to fix carbon dioxide to simple carboxylic acids. Organic Letters, 2010, 12（4）: 649-651.

[33] Qian Q, Zhang J, Cui M, et al. Synthesis of acetic acid via methanol hydrocarboxylation with $CO_2$ and $H_2$. Nature Communication, 2016, 7: 11481.